红壤重构力学特性及影响机制

张 川 李效顺 著

中国科学技术出版社
·北京·

图书在版编目（CIP）数据

红壤重构力学特性及影响机制 / 张川，李效顺著 . 北京：中国科学技术出版社，2024.9. -- ISBN 978-7-5236-0934-7

Ⅰ . S155.2

中国国家版本馆 CIP 数据核字第 2024BW4347 号

策划编辑	王晓义
责任编辑	李新培
封面设计	郑子玥
正文设计	中文天地
责任校对	张晓莉
责任印制	徐　飞

出　　版	中国科学技术出版社
发　　行	中国科学技术出版社有限公司
地　　址	北京市海淀区中关村南大街 16 号
邮　　编	100081
发行电话	010-62173865
传　　真	010-62173081
网　　址	http://www.cspbooks.com.cn

开　　本	720mm×1000mm　1/16
字　　数	208 千字
印　　张	11.25
版　　次	2024 年 9 月第 1 版
印　　次	2024 年 9 月第 1 次印刷
印　　刷	涿州市京南印刷厂
书　　号	ISBN 978-7-5236-0934-7 / S・800
定　　价	89.00 元

（凡购买本社图书，如有缺页、倒页、脱页者，本社销售中心负责调换）

序

  《红壤重构力学特性及影响机制》是一部专注于研究红壤重构力学特性及其影响机制的学术著作。红壤作为中国南方广泛分布的土壤典型类型之一，是重要的农业生产资源，土壤物理性质的重构直接关系农业生产力的提升和生态环境的可持续发展。如何通过高效重构和配置红壤区的土壤、水分、植被等关键要素，根据红壤的利用特征分类重构土壤剖面，研发应用环境友好型的生态、复合型材料，研究土壤要素与其他要素的耦合机理，制定土壤剖面重构方案和科学合理的施工技术等，对下一步创新土地整治理论方法，研发生态化整治技术，有效提高土地生态系统的生产和生态服务功能显得尤为重要。

  该书基于土壤重构视角，构建了"改土—调水—培植"的研究理论框架，采用理论分析、室内试验、数值模拟等研究方法，以云南省红壤为研究对象，通过设置木纤维、糯米胶和混合（木纤维/糯米胶），以及2种草本植物（白三叶、黑麦草）重构红壤的土水性能，揭示了红壤在重构过程中的力学特性变化，如抗剪强度、基质吸力、土—水特征曲线等关键参数的演变规律；探讨了干湿交替、植物根系等自然因素对红壤力学特性的影响机制，进一步揭示了红壤力学特性的复杂性和多样性。

  该书对红壤力学特性的研究，从基础数据收集到试验设计，再到结果分析和理论探讨，形成了完整的研究体系，具有较强的系统性，不仅有助于深入理解红壤的力学特性，也为后续研究提供了可借鉴的方法和思路。该书介绍了作者在红壤力学特性研究方面取得的多项创新性成果，如探明了添加适量的糯米胶、木纤维或混合重构材料可以增强红壤的抗剪强度，同时能抑制干湿交替作用对土体抗剪性能的衰减效应，以及能减缓干湿交替作用对红壤水力特性的滞回效应；揭示了红壤力学特性与植物根系生长的相互关系，提出了红壤结构形成的新机制等。这些研究成果不仅丰富了土地整治研究的理论体系，也为红壤重构和利用提供了新的思路和方法。该书介绍的研究成果具有较强的实践应用价值，筛选根土体的最优含量配比及草本植物类型，建立草本植物参数与根土体的抗剪特性、水力特性的响应关系模型，发现适量的重构材料可以提高根土体的持水和保水能力，增加草本植物的生物量，可为红壤区的土地整治、土地复垦、水土保持和生态修复等提供理论基础和技术支撑。

该书是一部具有较高学术价值和工程实践价值的著作。它不仅填补了红壤力学特性研究领域的空白，也为土地资源的科学管理和高效利用提供了重要的理论依据和技术支持。然而，红壤重构研究是一个复杂而长期的过程，还需要更多的学者和科研人员共同努力。希望通过该书，对各级自然资源、水利、农业农村和生态环境等管理部门、高校师生、科研院所等单位的读者有所启示，唤起社会各界对水土资源利用与保护的理性关注，共同促进土地整治与生态修复工作的高质量发展。

中国工程院院士
中国农业大学教授
农业水土工程专家
2024 年 5 月

前 言

　　土地是一个有机的生命体。土壤是土地生态系统的基底和基础，是人类生存和发展的物质基础，是经济发展和农业重要的资源。随着矿产资源的开采、水力侵蚀和化肥农药等不合理使用，引发土壤结构紊乱、土壤肥力下降、土壤污染，造成土壤生产和生态功能部分或全部的损毁或丧失，而土地整治是解决土壤退化的重要途径之一。当前，中国将生态文明建设提升到国家战略高度，必须牢固树立和践行"绿水青山就是金山银山"的理念，谋划人与自然和谐共生的高质量发展。但由于土地整治理论研究滞后于实践应用，土地生态化整治技术及其机理机制研究还有待深入探索。

　　红壤是一种在高温多雨气候条件下淋溶形成的特殊土壤，具有高塑性、高孔隙比、高含水率、低压缩性、黏性重、易结块、土壤偏酸性、保水保肥性差和抗剪强度偏低等特性。红壤是中国分布面积广泛的土壤类型之一，总面积为 $5.690 \times 10^7 hm^2$，主要分布在长江以南的低山丘陵地区，也是云南省分布较为典型的土壤类型。然而，降雨、灌溉、高温蒸发和生产建设工程扰动等引起干湿交替作用，导致红壤干旱时失水收缩、地表下降并产生裂隙，降雨时土壤膨胀、表层上移、裂隙逐渐封闭，土水特性变化表现异常剧烈，干湿交替时空差异性显著。因此，亟须开展红壤区的土壤重构。

　　土壤重构已成为土地整治工程的一项关键技术，也是工矿区土地复垦、生态修复和高标准农田建设等领域研究的热点之一。鉴于此，本书的研究围绕红壤区土地整治工程中面临的松散边坡如何稳定、土壤持水保水性能如何提升、稀缺土水资源如何保持、植物群落如何快速恢复、土壤重构过程中影响机制如何响应等主要技术和科学问题展开。因此，本书基于土壤重构视角，构建了"改土—调水—培植"的研究理论框架，采用理论分析、室内试验、数值模拟等研究方法，以云南省红壤为研究对象，通过设置4种添加量（0、0.5%、2.5%、5.0%）的木纤维、糯米胶和混合（木纤维/糯米胶），以及2种草本植物（白三叶、黑麦草）重构红壤的土水性能，开展基于土壤重构的红壤复合土力学特性及影响机制研究。研究结果进一步完善了土地整治理论方法体系，为生态脆弱区的土地整治、生态修复和水土保持等生态化工程实践提供理论依据和技术指导。

　　本书共分8章：第1章绪论，梳理中国红壤的现状、特性和存在的问题，以及土壤重构目的、对象、内容及意义等，分析国内外土壤重构力学效应及影响机制的研究进展与发展趋势；第 2 章理论分析与研究框架，重新界定土壤重构的概念和内涵，并构建"改土—调水—培植"系统化的土壤重构理论框架；第 3 章材料与方法，阐述试验材料、研究方法、数据处理与分析等；第 4 章干湿交替下红壤复合土抗剪特性研究，揭示添加适量的糯米胶、木纤维或混合重构材料可以增强红壤的抗剪强度，同时能抑制干湿交替作用对土体抗剪性能的衰减效应；第 5 章干湿交替下红壤复合土水力特征研究，阐明添加适量的重构材料后可以增强红壤的持水保水性能，同时能减缓干湿交替作用对红壤水力特性的滞回效应；第 6 章草本植物对红壤复合土抗剪特性的影响，筛选根土体的最优含量配比及草本植物类型，建立草本植物参数与根土体的抗剪特性的响应关系模型；第 7 章草本植物对红壤复合土水力特性的影响，发现适量的重构材料可以提高根土体的持水和保水能力，增加草本植物的生物量；第 8 章结论与展望，凝练取得的研究成果、创新点及未来研究方向。

本书获得国家自然科学基金项目"干湿循环条件下非饱和土的界面—吸力、界面—强度特性研究"（项目编号：41867038）、自然资源部西南多样性区域土地优化配置与生态整治科技创新团队开放基金项目"金沙江干热河谷生态隔离带对梯田土—水—作物的影响机理研究"（项目编号：YNTD2018KF05）和云南省农业基础研究联合专项项目"干湿交替下木纤维添加对云南红壤水力效应的影响机理研究"（项目编号：202301BD070001-180）等项目的经费支持。在此，特别感谢云南农业大学的余建新教授，以及云南农业大学和中国矿业大学其他专家和老师们提供的帮助和提出的宝贵意见。对参与试验测试和数据整理的所有研究生和本科生，在此也一并表示感谢！

土地生态系统是一个动态系统，土地资源利用与保护总体上向"数量·质量·生态"三位一体新要求发展，而土壤系统是土地生态系统的基底和基础，今后还将不断地延伸与完善。本书以云南省红壤为研究对象，针对云南省红壤的黏性重，干湿交替作用下土体失稳、极易容结块、形成裂隙，干湿交替下土水特性变化差异性显著，植被恢复困难等问题，采用木纤维、糯米胶和草本植物重构红壤，并对红壤重构的力学特性及影响机制开展深入研究。但鉴于作者水平所限，书中难免存在不妥、疏漏或错误之处，敬请广大读者批评指正，提出宝贵意见！以便进一步丰富、完善土地整治理论和革新土地整治工程技术。

张　川　李效顺
2024 年 5 月

目录

1 绪论 ... 1
1.1 研究背景与意义 ... 1
- 1.1.1 云南省红壤的现状与特征 ... 1
- 1.1.2 现有土壤重构技术特点与不足 ... 2
- 1.1.3 木纤维和糯米胶在红壤重构中可行性及优势 ... 3

1.2 国内外研究现状 ... 4
- 1.2.1 改性材料在土壤重构技术中的应用 ... 4
- 1.2.2 土壤重构对土壤力学特性的影响 ... 5
- 1.2.3 干湿交替对土壤力学特性的影响 ... 8
- 1.2.4 植物对土壤力学特性的影响 ... 10
- 1.2.5 文献评述 ... 13

1.3 研究内容与技术路线 ... 14
- 1.3.1 研究内容 ... 14
- 1.3.2 技术路线 ... 14

2 理论分析与研究框架 ... 17
2.1 关键理论分析 ... 17
- 2.1.1 土壤发生学理论 ... 17
- 2.1.2 土地（壤）生态学理论 ... 18
- 2.1.3 土水耦合理论 ... 19
- 2.1.4 生态恢复与重建理论 ... 20
- 2.1.5 系统工程理论 ... 21

2.2	主要概念界定	22
	2.2.1 红壤复合土	22
	2.2.2 土壤重构	22
	2.2.3 土壤干湿交替	23
	2.2.4 土体抗剪特性	24
2.3	研究框架构建	24
2.4	本章小结	25

3 材料与方法　　26

3.1	试验材料	26
	3.1.1 供试土样	26
	3.1.2 红壤复合土材料	27
	3.1.3 根土体材料	28
3.2	研究方法	29
	3.2.1 红壤复合土抗剪强度测定方法	29
	3.2.2 红壤复合土基质吸力与含水率测定方法	30
	3.2.3 草本植物基本参数测定方法	31
	3.2.4 根土体基质吸力和含水率测定方法	34
	3.2.5 土—水特征曲线模拟方法	34
3.3	数据处理与分析	35

4 干湿交替下红壤复合土抗剪特性研究　　36

4.1	试验设计与过程	36
4.2	干湿交替下复合土抗剪强度变化分析	38
	4.2.1 糯米胶复合土抗剪强度分析	38
	4.2.2 木纤维复合土抗剪强度分析	42
	4.2.3 混合复合土抗剪强度分析	46
4.3	干湿交替下复合土黏聚力变化分析	50
	4.3.1 糯米胶复合土黏聚力分析	50
	4.3.2 木纤维复合土黏聚力分析	53
	4.3.3 混合复合土黏聚力分析	56
4.4	干湿交替下复合土内摩擦角变化分析	59
	4.4.1 糯米胶复合土内摩擦角分析	59

  4.4.2 木纤维复合土内摩擦角分析 62
  4.4.3 混合复合土内摩擦角分析 65
 4.5 本章小结 68

5 干湿交替下红壤复合土水力特征研究 69
 5.1 试验设计与过程 69
 5.2 脱湿/吸湿过程基质吸力变化规律 71
  5.2.1 糯米胶复合土基质吸力变化 71
  5.2.2 木纤维复合土基质吸力变化 72
  5.2.3 混合复合土基质吸力变化 73
 5.3 干湿交替下基质吸力变化规律 75
  5.3.1 糯米胶复合土 75
  5.3.2 木纤维复合土 76
  5.3.3 混合复合土 77
 5.4 SWCC 变化规律 77
  5.4.1 糯米胶复合土 SWCC 变化 77
  5.4.2 木纤维复合土 SWCC 变化 79
  5.4.3 混合复合土 SWCC 变化 81
 5.5 基于 Logistic 模型的红壤复合土 SWCC 模拟 83
  5.5.1 糯米胶复合土 83
  5.5.2 木纤维复合土 85
  5.5.3 混合复合土 87
 5.6 本章小结 89

6 草本植物对红壤复合土抗剪特性的影响 91
 6.1 试验设计与过程 91
 6.2 白三叶根土体抗剪强度分析 93
 6.3 黑麦草根土体抗剪强度分析 96
 6.4 白三叶根土体的黏聚力与内摩擦角分析 99
  6.4.1 糯米胶复合土 99
  6.4.2 木纤维复合土 100
  6.4.3 混合复合土 102

6.5	黑麦草根土体的黏聚力与内摩擦角分析	103
	6.5.1　糯米胶复合土	103
	6.5.2　木纤维复合土	105
	6.5.3　混合复合土	106
6.6	本章小结	107

7　草本植物对红壤复合土水力特性的影响　　109

7.1	试验设计与过程	109
7.2	不同复合土对草本植物生物量的影响	110
7.3	植物参数对根土体基质吸力的影响	112
	7.3.1　根表面积指数（RAI）与基质吸力关系	112
	7.3.2　根系体积比（R_V）与基质吸力关系	117
	7.3.3　叶片面积指数（LAI）与基质吸力关系	122
	7.3.4　地下生物量（UB）与基质吸力关系	127
7.4	基于 Logistic 模型的白三叶根土体 SWCC 模拟	131
	7.4.1　糯米胶复合土根土体	133
	7.4.2　木纤维复合土根土体	134
	7.4.3　混合复合土根土体	135
7.5	基于 Logistic 模型的黑麦草根土体 SWCC 模拟	138
	7.5.1　糯米胶复合土根土体	139
	7.5.2　木纤维复合土根土体	140
	7.5.3　混合复合土根土体	141
7.6	本章小结	144

8　结论与展望　　146

8.1	主要结论	146
8.2	创新点	148
8.3	不足与展望	148

参考文献　　150

1 绪论

1.1 研究背景与意义

1.1.1 云南省红壤的现状与特征

土地是一个有机的生命系统，为人类各类活动提供土壤、水、植物和能量等。土壤是土地生态系统的基底和基础，是人类生存和发展的物质基础，是经济发展和农业重要的资源。根据国务院第三次全国国土调查领导小组办公室、自然资源部、国家统计局联合公布的《第三次全国国土调查主要数据公报》表明，在全国 $1.28 \times 10^8 hm^2$ 耕地资源中，坡度大于 2° 的坡耕地面积占 38.07%，而水土流失是坡耕地质量退化的主要原因之一。云南省位于中国云贵高原，受亚热带季风气候的影响，出现多种化学类型的风化壳和成土母质，季节干湿分明，降水充沛，分布不均的特点加剧了水土流失和土壤侵蚀的发生。据统计，云南省水土流失面积达 $1.413 \times 10^7 hm^2$，占土地面积的 37%，土壤流失量约 $5.18 \times 10^8 t/a$，主要发生在大于 8° 的坡地上，占总面积的 90% 以上，其中云南省旱坡耕地 $1.975 \times 10^6 hm^2$，占总耕地面积的 67.4%。

红壤是中国分布面积广泛的土壤类型之一，总面积 $5.690 \times 10^7 hm^2$，主要分布在长江以南的低山丘陵地区，而云南省分布较为广泛。云南省土壤分布与生物气候带基本吻合，自南向北分为砖红壤带、赤红壤带、红壤带和棕壤带4个带。云南省红壤带分布于北纬 24°~北纬 27°，海拔 2500m 以下，处于中亚热带、北亚热带气候，年平均气温 14~17℃，年降雨量 1000mm 左右。中部和东部为云贵高原，断陷湖盆坝子较多，东南部石灰岩广泛出露，岩溶地貌发育，成土母质主要是深达数米至数十米的古红色风化壳，发育为山原红壤。西部为横断山脉，多为中山河谷，成土母质为砂岩、页岩、花岗岩、片麻岩、片岩、大理石和安山石等，主要土壤类型为山地红壤。山地红壤主要分布于滇东和滇西偏南的迎风坡或海拔稍高湿度较大的地区，红壤主要分布于水土流失较重的中山坡地。

红壤是云南省土壤中面积最大的一个土类，红壤土体剖面通常呈均匀的红色，表土层为暗棕色。云南省土壤分属7个土纲、18个土类，其中以铁铝土层纲红壤系列的土壤为主，占全省土地面积的55.30%。红壤心土层紧实而黏性重，构造面上常形成红色或棕色的铁质胶膜。土壤呈酸性至强酸性，一般pH值为5.0~5.5。表层有机质含量高，往下明显减少。红壤是云南省松林和半湿润常绿阔叶林下的主要土壤。红壤是一种在高温多雨气候条件下淋溶形成的一种特殊土壤，具有塑性高、高孔隙比、高含水率、低压缩性、黏性重、易结块、土壤偏酸性、保水保肥力差和抗剪强度差等特性。降雨、灌溉、高温蒸发和生产建设工程扰动等引起干湿交替作用，促进红壤的团聚体形成、改变孔隙结构、容重增大紧实、孔隙分布状况改变、开裂和边坡失稳等现象，导致红壤干旱时失水收缩和地表下降，并产生裂隙；降雨时土壤膨胀，表层上移，裂隙逐渐封闭，其土水特性时空变化差异显著。因此，亟须开展红壤区的土壤重构，对改善红壤土水特性，提高土地利用效率和区域生态环境保护等具有重要意义。

1.1.2 现有土壤重构技术特点与不足

土壤重构已成为土地整治的一项关键技术，其研究已成为工矿区土地复垦、生态修复和高标准农田建设等研究的热点之一，土壤重构技术如下。

（1）土壤剖面重构技术，该技术是土壤重构技术的核心。土壤剖面重构指土壤物理介质和土壤剖面层次的重建，是表土的保护和构建，采用剥离、储存、回填等合理开采和改造工艺，构建有利于土壤剖面发展和植被生长的土壤环境和物理环境。根据土壤利用特征，将土壤剖面重构类型归纳为土壤功能退化型、土层损毁型、土层结构紊乱型和土壤污染型4类。

（2）土壤重构材料筛选技术，常用煤矸石、粉煤灰、垃圾、河湖淤泥等材料，由于土壤重构的材料不是原始土壤材料，如煤矸石和黄河泥沙通常粒径大，有机质含碳量高，保水性差，往往会对植物生长产生影响；粉煤灰可能会造成重构土壤的二次污染；河湖淤泥黏粒高，渗透性减小，不利于大气降水的补给。因此，在选择土壤重构材料时应充分考虑材料的优缺点，除上述单一材料重构，还可采用2种或多种材料混合重构，同时考虑环境友好型生态材料的研究开发和应用，全方位考虑土地重构后对土壤质量效应和生态效应的影响。

（3）土壤重构施工技术，常用土地平整法、修筑梯田法、标准条田法、深沟台田法、挖深垫浅法等，传统的充填和泥浆泵充填方式存在土壤结构紊乱和养分流失严重等问题，不利于土壤的生产力恢复，之后提出的表土剥离技术和多层交替填土法解决了原有充填方式的缺陷。为降低土壤重构工程的经济效益和施工难度，有必要对不同区域条件的土壤剖面结构进行研究。因此，亟待厘清土壤重构的系统逻辑，特别是在干湿交替作用剧烈的环境下，如何通过高效重构和配置云南省红壤的土壤、水分、植被等关键要素，根据红壤的利用特征分类重构土壤剖面，研发应用环境友好型的生态、复合型材料，研究土壤要素与其他要素耦合机理，制定土壤剖面重构方案和科学合理的施工技术等，对下一步创新土地整治理论方法，研发生态化整治技术，有效提高土地生态系统的生产和生态服务功能显得尤为重要。

1.1.3 木纤维和糯米胶在红壤重构中可行性及优势

目前，改性材料已广泛应用于土壤重构实践中，常用石灰、木质类纤维、石膏、磷矿粉、腐殖酸、有机肥、微生物菌肥等有机质添加剂重构红壤，侧重改善土壤pH值与氮磷等化学性质。木纤维和糯米胶作为生态型土壤改良剂，与现有抗旱保水剂相比，价格低于现有抗旱保水剂材料价格，具有成本较低（木纤维50～100元/亩，糯米胶100～150元/亩，1亩≈666.67平方米），市场易获取，在农田整治、矿区土地修复和生态修复等土地整治工程中推广应用。木纤维是一种丝质状，如同棉絮一样的物质，其有大量亲水性能高、不规则的天然空隙，会有更多的水分能被容纳，再者木纤维混入土壤中具有加筋作用，可以使土壤团聚，改变孔隙，稳定土体，改善土壤持水保水能力。糯米胶是一种以糯米淀粉为原料制成的纯天然糯米黏合剂，可使土体内部颗粒黏结团聚，提高土壤水分，但不同改性材料施用后对红壤土水特性的影响还尚未完全清楚。

因此，本书通过添加不同施用量的木纤维、糯米胶和草本植物，揭示木纤维、糯米胶和草本植物重构对红壤力学特性及其影响机制，以期为红壤区的土地整治、土地复垦和生态修复等提供理论基础和技术支撑。

本书主要依托国家自然科学基金项目"干湿循环条件下非饱和土的界面—吸力、界面—强度特性研究"（项目编号：41867038）和自然资源部西南多样性区域土地优化配置与生态整治科技创新团队开放基金项目"金沙江干热河谷生态隔离带对梯田土—水—作物的影响机理研究"（项目编号：YNTD2018KF05），开展基于土壤重构的云南省红壤复合土力学特性及影响机制深入研究。

1.2 国内外研究现状

1.2.1 改性材料在土壤重构技术中的应用

随着土地资源过度开发利用，土壤质量退化日趋严重，土地污染问题愈发凸显。人类通过对土壤中添加不同的材料来改变土壤理化性质，实现固土保水，促进植物生长的目的。目前，土壤重构材料种类可分为土壤调理剂、土壤保水剂、土壤改良剂、土壤修复剂，且形态多样。当前，土壤改良剂的定义仍然未被统一。20世纪90年代，土壤改良剂是指土壤的理化性质和生物性状在其加入之后将会被改善。其主要用于达到改善土壤的结构和环境、改善土壤微生物群落结构、调节土壤酸碱度、增强蓄水能力、土壤质量和肥力等各个方面的目的，通过改良土壤特性及结构来达到改善作物的土壤生长环境的目的。

在此基础上，学者们按照不同的性质对其进行了分类。其中，最为普遍的为按照其功能及原料进行分类。按照土壤改良剂的功能，可以将其分为土壤结构改良剂、土壤酸碱度调节剂、土壤保水剂和污染土壤修复剂等。按照土壤改良剂的原料，可以将其分为天然改良剂、合成改良剂、天然—合成共聚物改良剂和生物改良剂。目前，土壤改良剂普遍分为2大类：天然土壤改良剂和人工土壤改良剂。多糖、淀粉共聚物等试验原料被西方国家用来进行土壤结构改良方面的试验，但因其施用时期的时效性较短的缺点，导致其未被广泛使用。人工合成的高分子土壤结构改良剂，最早是在20世纪50年代的美国得到应用，后出现更多的种类，如聚丙烯酰胺（PAM）、沥青乳剂（ASP）等都引起了学者们研究的兴趣，其中聚丙烯酰胺（PAM）被较为广泛的应用。20世纪七八十年代，比利时的TC调理剂、印度的Agri-Cs调理剂和聚丙烯酰胺（PAM）等在土壤调理剂的人工合成时代表现较为突出。

在众多土壤改良材料中，土壤保水剂因其抑制土壤水分和防止水土流失等功效而将其广泛应用于果树花卉、植树造林和大田作物等方面；对土壤结构的改善方面表现为改良黏重、漏水、漏肥的土壤和次生盐碱土；保水剂的另外一种作用机理就是通过土壤中的微生物来达到提高土壤有机物利用效率的目的。刘东、于健等学者研究发现，在土壤中加浓度不同的PAM后，土壤蓄水能力与PAM施用量呈正相关，土壤容重和饱和导水率与PAM施用量呈正相关。近年来，纳米技术被应用于工农业生产中，其为一种具有高比表面积、高吸附性质的材料，但纳米材料的制备工艺的复杂程度及成本昂贵，不适于大规模的推广应用。土壤改良剂应用中重点关注土壤的类型、水分状况、作物种类及其自身性质等。许多地区旱季和雨季分明，干湿交替现象较频繁，土壤结构破坏严重，保水保墒能力下降。采用土壤改良剂进行修复，需要具有无危害性、多功能性和经济实用性等要求。

目前，木纤维和糯米胶在土壤重构中已成为一种环境友好型的土壤重构材料，其中，木纤维来源于稻壳、秸秆、作物叶片和枝干等农业废弃生物资源，棕榈、剑麻纤维、干草纤维、自然合成纤维等为天然加筋材料。秸秆通过炭化处理后，能够吸附和保持土壤水分，改善土壤理化性质，提高土壤含水量；粉碎秸秆纤维施用能提高土壤饱和含水量，在低吸力段对土壤持水、保水能力明显优于原秸秆。木纤维作为一种有机废料，其成本较为低廉，可有效改善红壤透水性、抗剪能力、有机质含量与群落生态等土壤特性。

糯米胶具有高吸水性，逐渐吸水软化变成"胶状"，胶结效果增强，黏结力增加。随着含胶量的增加，土壤的抗剪强度和内摩擦角随糯米胶含量先增后减，当含胶量过高时，土粒会被分离包裹，从而减少土壤颗粒之间的接触面积，并使土壤形成"软的"塑料形状；用固化剂 PX 研究砂的强度时，观察到固化剂 PX 会形成凝胶，从而改变黏附力土壤颗粒之间的强度，导致整体强度增加；采用纤维素、有机胶、秸秆覆盖等措施进行坡面植被恢复，研究结果表明 3 组处理的植被数量、干重生物量和植被覆盖度都优于素土播种。

1.2.2 土壤重构对土壤力学特性的影响

1.2.2.1 土壤重构对土力学特性的影响

在土壤重构过程中，由于各种土地工程措施，土壤容重往往会发生显著变化。天然土壤容重为 1.35 ~ 1.53 g/cm³，而重构的土壤为 1.5 ~ 1.8 g/cm³，在土壤重构施工过程中会使用大型机械对土壤进行翻、挖、垫、平等工程措施，使土壤压实并增加其容重。土壤重构中的非充填重构对土壤的结构扰动较小，用机械轧制的频率较低，所以重构后表土容重（1.20 g/cm³）比天然土壤容重（1.50 g/cm³）小，但土壤总孔隙度和毛管持水量比重构的土壤大。陈龙乾等对不同时期不同土层的重构土壤进行检测和分析，揭示了泥浆泵重构土壤物理特性的时空演化规律，发现泥浆泵重构后土壤质地表层与正常农田相比偏黏性，底层偏砂性；土壤容重表层偏高，底层偏低，随时间的推移表现为表层容重不断降低和底层容重不断增加。娄义宝等发现弃渣边坡在植被作用下土壤容重

（1.59 g/cm³）均大于原地貌单元（1.38 g/cm³），严重超过适合植物生长土壤容重（0.9~1.49 g/cm³）。Wang等以黄土地区的露天煤矿和平朔煤矿为研究区域，采用实地调查与抽样、时空置换、定性与定量相结合的研究方法，基于土壤质量指数法构建了重构的土壤质量演替模型。长期开垦后，重构土壤的理化性质明显改善，但土壤物理性质仍在一定程度上限制了重构土壤质量的提高，土壤容重和田间持水量比原始地貌差得多，在倾倒和复垦过程中，重型机械的反复碾压增加了倾倒区的土壤容重，降低了田间持水量。

由于非充填重构对土壤扰动较小，土壤容重接近正常农田。对土壤容重和团聚体影响因充填重构中使用不同的机械设备而不同，使用自卸汽车的土壤容重达到 1.5 g/cm³，而使用推土机的土壤容重则高达 1.8 g/cm³。由于土壤孔隙决定土壤透水性、通气性和肥力保持，因此未受干扰的土壤比压实的土壤对土地复垦有更有利的反应，压实土壤的微观结构已被严重破坏，土壤物理性质（容重、团聚体等）产生较大的变化，土壤容重增加，导致入渗速率和持水量降低，不利于植物生长，因此应该考虑土壤重构的技术方法，减少土壤的压实扰动。

1.2.2.2 土壤重构对土壤水分的影响

土壤重构中的土壤剖面构型会影响土壤容重、质地和水分，因此土壤重构中充填材料和不同表土替代材料必然影响土壤水分运动。涂安国、曹瑞雪、吴国龙等根据不同的土壤剖面结构，分析了层状土壤水分入渗过程的研究现状，揭示了土壤的饱和导水率主要取决于土壤的导水特性，以及不同土壤对水分和溶质运移的影响，建立了浅层与深层之间水分运移的定量模型。陈帅等运用 Richards 方程模拟层状夹砂土柱的水分运移过程，发现几何平均和三点平均更适合层状夹砂土壤水分运移数值模拟。王春颖等建立 S-Green-Ampt 模型模拟层状夹砂土柱水分运动的机理，证明了该模型模拟基质吸力较大时的土柱水分运动的结果误差较大。白东升、于亚军等使用煤矸石作为土壤重构的填充材料，煤矸山复垦重构土壤中林地和草地 1 m 土层的平均含水量和总贮水量明显高于普通农田，60~100 cm 的差异最大。徐良骥等研究表明，重构土壤温度和水分随土层深度增加而增加，超过 25℃，土壤水分随土层深度增加而降低。陈敏等发现 Hydrus-1D 软件可以更好地检测不同深度的重构土壤剖面含水量分布，土层之间的界面存在一个"障碍带"，当水汽接触"障碍带"时便开始受阻，导致水在土层中积聚。吴国龙等分析了不同土层的水分垂直分布变化规律，建立了浅层与深层的水分含量运移的定量模型。对于高潜水位采煤塌陷区的土壤重构，李新举等设置土柱上层 0~50 cm 为土壤填充，

50~80 cm 为粉煤灰、煤矸石、粉煤灰与煤矸石填充，采用室内土柱试验对固定地下水位土壤水分运移过程进行检测，揭示了煤矸石和粉煤灰混合物回填土壤重构模式含水率、保水性和渗透性，该模型是高潜水位采煤塌陷区土壤重构最理想的模式。Chen 等发现煤矸石重构的土壤 12 年再生表土（0~10 cm）的持水能力是原状土壤的 0.77 倍，粉煤灰填充的粉煤灰层含水量明显高于表层土壤，水分垂直向上运移能力较差。

1.2.2.3 土壤重构对土壤渗透特性的影响

土壤水分入渗是指水从土壤表面渗入土壤的过程，土壤入渗特性是土壤保水和抗侵蚀能力的重要指标。由于层状界面存在毛管障碍，降低了土壤水分入渗率，提高了土壤持水能力，土壤剖面的层状结构不同层的土壤入渗能力有所差异。孙增慧等利用 Hydrus-1D 模型模拟土壤重构中土壤容重对入渗能力的影响，发现土壤容重从 1.2 g/cm^3 到 1.6 g/cm^3，土壤水分入渗深度依次降低。荣颖等以风沙土、红黏土、煤矸石、玉米秸秆和腐蚀酸 5 种材料替代表土，证明了 Kostiakov 入渗模型和 Rose 蒸发模型均适合模拟含表土替代材料的夹层土壤水分入渗和蒸发过程。王晓彤等研究不同位置设置黏土夹层对黄河泥沙填重构土壤水分入渗特性的影响，发现当夹层距表土 60 cm 时，土壤水分入渗特性更接近普通农田，是黄河泥沙夹层式充填复垦的理想选择。陈秋计等提出混掺树叶沙土—壤土可以提高上层土壤（0~15 cm）的含水量，提高水分入渗率，使土壤有更好的通气性。土壤重构中夹层式充填对采煤塌陷裂缝区的土壤水分入渗更接近普通农田，但对于露天矿区排土场而言，黏土夹层缩短了降水入渗系数，不利于降水入渗补给。郭婷婷等发现分层重构方式可以提高土壤的累积入渗量，降低湿润锋运移和土壤水分入渗的速率，增加了土壤表层水分入渗量，提高了土壤保水能力。王晓彤等研究表明，夹层厚度、数量和位置的增加，均能在一定程度上提高重构土壤入渗过程的持水量。

1.2.2.4 土壤重构对土—水特征曲线的影响

土—水特征曲线是模拟土壤基质吸力和土壤含水率变化的模型，反映了不同土壤的持水特性和失水特性，该曲线反映了土壤理化性质和土壤持水能力之间的相互关系，是研究土壤水分必不可少的重要参数。李品芳等以滨海盐渍土和历经 5 年的配置客土作为研究对象，利用 Van Genuchten（VG）模型、Dual-porosity（DP）模型、Lognormal distribution（LND）模型和 Brooks and Corey（BC）模型对这 2 种土壤不同土层的土—水特征曲线进行拟合，研究发现配制客土有效含水量及田间持水量明显低于滨海盐渍土，盐渍化程度减弱，有机质增大，但持水特性和物理性质却没有明显的改善。汪怡珂等利用砒砂岩复配土壤对风沙土进行改良，运用高速离心机法测定复配土—水特征曲线，研究发现在相同土壤水吸力下，砒砂岩含量越高，土壤保水性越高且含水率均高于纯风沙复配土；低吸力阶段，砒砂岩的添加减少了土壤中大孔隙的比例，含水率降低；而在中高吸力阶段，砒砂岩的添加增大了土壤中小孔隙的比例，土壤的持水能力提高。王鑫等运用上覆岩层进行表土替代材料，发现AP（Arya and Paris 模型）和 MVVG（MV model with the van Genuchten 模型）可以准确地预测矿区上覆岩层土—水特征曲线和土壤有效含水量，粉砂壤土层次的土壤有效含水量最高。Logistic 模型能够较好地预测非饱和土 SWCC，且随着干湿交替次数的增大，模型中的待确定参数 a、b 的差异率也逐渐减少，同时验证了该模型的适用性。孙洁等提出露天矿区排土场"腐殖土＋黏土＋中砂"的土壤重构模式，利用 Van-Genuchten-Mualem 模型描述土—水特征曲线和土壤水分渗透系数，发现土壤重构模式大幅提高了腐殖土的含水率，对于露天矿区排土场的植被恢复有积极作用。

1.2.3　干湿交替对土壤力学特性的影响

1.2.3.1　干湿交替对土体强度特性的影响

土体强度特性主要是指土体在受应力作用时，发生应变而表现出来的抗性，从受力的方向可分为抗拉强度、抗剪强度、抗压强度等。土体强度特性的研究主要针对土体的稳定性而言，与土体的类型、密度、基质吸力、含水量和受力条件等因素有关。

土体强度特性受干湿交替或循环的影响存在明显的变化规律，周期性的干湿交替过程会导致岩土体材料力学性质的劣化。干湿循环效应会增加土体的裂隙发育，不同土体强度特性随干湿循环次数增加表现略有区别，但规律相近。红黏土前 4 次裂隙发育较快，第 5 次～第 6 次时增速放缓，而后裂隙度由于增速的缓慢降低而不再增长。在前 6 次时，黏聚力及内摩擦角与干湿循环的次数呈现出负相关的关系，即随着其增加而降低；土体强度参数在干湿循环进行到 10 次后将趋于稳定，近乎不变。膨胀土的黏聚力与干湿循环幅度的大小有关，表现为先快速降低，而后又缓慢的衰减，前 4 次干湿循环期间黏聚力的衰减程度由 50.97% 到 66.92%。黄土抗拉强度在干湿循环次数的增加下，其衰减幅度越来越小，在第 1 次干湿循环时其衰减幅度最大，在第 3 次干湿循环后趋于稳定。花岗岩出露区的崩岗土体无侧限抗压强度，呈现出逐渐衰减的趋势，并最终趋于稳定。在第 1 次干湿循环后无侧限抗压强度，衰减幅度最大，在第 2 次～第 4 次其幅度逐渐减小，在第 5 次后基本保持不变。

花岗岩残积土干湿循环下黏聚力在开始时衰减幅度显著，而后衰减幅度减缓，并最终趋于不变。随干湿循环会引起土体裂隙的增加，土体强度参数降低，其中黏聚力受其影响较内摩擦角大，当干密度和含水率不变时，试样黏聚力、压缩模量与循环次数呈负相关，而孔隙比增量、压缩系数则与循环次数呈正相关。

土体强度特性受干湿交替影响的因素众多。土样在干湿循环作用下，其由密实状态逐渐变为内部裂纹发育的松散状态，使得土样内部的结构损伤，从而抗剪强度参数降低。其原因可以归结为2个方面：①土体内部胶结物质会减少，土体在自然状态下经历反复干湿循环，导致土体黏聚力显著下降，而内摩擦角近乎不变，这也使得土与土之间的颗粒黏结降低，干燥过程中更易产生裂隙，造成这些的原因是土体内胶结物质流失，继而影响了土体的力学性质；②基质吸力会出现重复加卸载的现象。干湿循环是指当基质吸力在干湿、干燥而后又干湿、干燥这样一个反复的过程下进行加卸载的过程。在干湿循环作用下，土体胶结物逐渐溶蚀，造成原有土体中的中小孔隙向中大孔隙发展，另外颗粒会产生重新排列，局部某些黏粒会吸附于大颗粒上，而小孔隙是影响基质吸力的主要因素，随着小孔隙的逐渐减少，土体黏聚力随着吸力的减小而减小。边坡稳定性的降低也是由于随着基质吸力的降低使其吸附强度降低，进而使边坡裂隙进一步加速发展。

1.2.3.2 干湿交替对土—水特征曲线的影响

土—水特征曲线（SWCC）直观地描述了介质中水相与湿度或基质吸力之间的关系，反映了非饱和土的持水特性，它在非饱和土力学中的强度理论、渗流理论、本构模型中得到广泛应用，其主要的特征参数包括完全饱和度、残余饱和度、进气值、残余值和斜率。

土—水特征曲线受干湿交替的影响存在明显的变化规律。土的脱湿与吸湿过程中的土—水特性明显不同，在这2种情况下的特征参数均存在差异，而这种差异体现了吸应力的滞后特性，脱湿曲线位于吸湿曲线之上，即同一吸力水平，脱湿时含水量要比吸湿时高。一般来说，土体的土—水特征曲线主要受孔隙分布状态、土体颗粒矿物成分和孔隙溶液化学性质控制。因此，不同土体的土—水特征曲线变化存在差异。例如，何芳婵等研究发现原状与重塑膨胀土的土—水特征曲线均有明显的滞回特性，但原状膨胀土的滞回圈比重塑试样的大。而在干湿循环作用下，不同土体的土—水特征曲线有着相似的变化规律。黄英等发现当基质吸力一样时，红土脱湿时的含水率始终高于吸湿时的含水率，滞后性显著。易亮等研究发现随着干湿循环次数的递增，以上因素对土—水特征曲线的影响会被削弱。张芳枝等研究发现干湿循环使SWCC产生变化，相同含水率所对应的基质吸力减小，主要体现在第1次与第2次干湿循环中，而第2次与第3次干湿循环对土—水特征曲线的影响逐渐变小。赵佳敏等研究发现膨胀土随干湿循环次数增加，试样的持水性变差，但会在循环3次后趋于稳定。马学宁、张沛云等研究发现黄土的土—水特征曲线因干湿循环次数的增大呈整体下移趋势，滞回圈面积逐渐减小，滞回效应逐渐减弱，且第1次干湿循环的影响最大，滞回圈面积减小最多。随着干湿循环次数的增大，土样内部结构逐渐趋于稳定，经过5次干湿循环后，脱湿曲线与吸湿曲线大体重合。杨继凯等研究发现煤系土受干湿循环作用，土体的持水能力减弱，干湿循环对煤系土SWCC的影响主要集中在第1次干湿循环，3次干湿循环后煤系土的SWCC基本稳定。

土—水特征曲线受干湿交替影响的因素众多。干湿交替致使土—水特征曲线发生改变的原因主要有2种：①孔隙结构变化，土体的裂隙发育、孔隙增大，在干湿循环过程中，吸力随时间变化经历微弱变化期—急速变化期—平稳期3个阶段，这与土体胀缩应变呈对应关系，干湿循环导致裂隙发育，土体结构破坏，分布的孔径增大，持水能力降低，大粒径颗粒数量因干湿循环次数的增加而减少，小粒径颗粒数量反而增加，中粒径颗粒数量基本不变；②由易溶盐组成的胶结物被溶蚀，它们使颗粒之间的相对位置、接触状态等发生了改变，从而影响土—水特征曲线。土体的胶结物溶蚀、土体结构更新。干湿循环作用促使土体中孔隙贯通或扩张，大孔隙增多。在增湿过程中，水分的进入使得原有结构遭到破坏，而后又形成了新的稳定结构。在脱湿过程中，土样含水率逐渐降低，增加了土体中等孔隙和大孔隙的数量。土—水特征曲线的不可逆滞回效应，目前有以下5种观点较为认可：①不均匀孔径产生的几何效应，称为"墨水瓶效应"；②毛细冷凝作用；③吸湿过程的闭合气泡；④膨胀和收缩引起的结构改变；⑤接触角的滞后作用。

1.2.4 植物对土壤力学特性的影响

植物根系固土能力作用显著，植物根系通过其加筋效应，增加土壤颗粒与根表面之间的摩擦力、土粒之间的黏聚力来增大土壤抗剪强度以发挥固土效应。土体力学特性受植物根系的影响存在明显的变化规律。为量化分析植物根系对土体力学的影响，根系特征参数是有着不可替代的作用。研究较多的根系特征参数有含根量（Q）、根长密度（RLD）、根表面积密度（RASD）、根体积密度（RVD）、根系平均直径（Da）、根面积比（RAR）等。除此之外还有根系的空间构型特征参数，如根系分形维数（FD）、分形丰度（FK）、根系拓扑指数（TI）等。现有根系固土研究较多，研究对象有林木、灌木、草本植物和农作物。植物因其根系的生长穿插于土体中，对土体结构产生较大改变，但不同植物的根系形态是不一致的，根系分泌物的种类、数量大不相同，对土壤团聚体的影响也有所区别。以往研究主要从单一植物类别和混合植物类别2个方面分析草本植物对土壤力学特性的影响。

1.2.4.1 不同植物对土壤力学特性的影响

草本植物：王保辉等采用莎草科草本植物研究发现根土体试样的抗剪强度和黏聚力随着Q的增大而逐渐增加，根土体试样的内摩擦角随着Q的增大变化不明显。许桐等在柴达木盆地采用4种盐生植物研究指出根土体试样Q对黏聚力的影响较为显著。王耕等采用牛筋草研究得出不同的根土体存在最优含根量区域。段青松等采用斜生型根系非洲狗尾草、鸭茅、垂直型根系紫花苜蓿等不同草本植物研究时，指出草本植物根系的RLD、RASD与根土体无侧限抗压强度增量显著相关，可用它们来预测根系的固土能力。刘向峰等采用轴根型紫花地丁、根蘖型苦荬菜和根茎型水麦冬等草本植物研究时指出根茎型水麦冬提升土体的抗压强度能力最优，破坏面的RLD、RASD和RAR均最大；对于轴根型和根茎型草本植物，根系RAR相关性明显高于RLD和RASD。李本锋等对华扁穗草、垂穗披碱草根土体抗拉特性进行研究时也指出RAR对提高根土体抗拉强度具有重要的作用。

灌木植物：杨锐婷等采用柠条根系进行研究时指出抗剪强度、残余抗剪强度及黏聚力、内摩擦角均为柠条根土体优于相应素土。苏日娜采用柠条、沙棘和杨柴等进行研究时也得到了同样的结论，除此之外还发现黏聚力均随RD的增加呈先增大后减小的趋势。袁亚楠等对灌木植物（小叶锦鸡儿）进行根土界面摩阻特性及复合体抗剪强度研究时指出根段形态对根土界面摩阻特性、复合体抗剪强度和复合体黏聚力有较大影响。肖宏彬等对香根草和小叶女贞灌草混交根土体抗剪强度特性研究时认为这2种植物的根系都能提高根土体的抗剪强度，且混交后其仍符合库伦强度理论，黏聚力的提高对香根草根系的抗剪强度有显著影响，而小叶女贞则是内摩擦角。张立芸等对大豆（玉米）进行根土体抗剪强度研究时表明根系分形维数和丰度越大、拓扑指数越小时根土体的无侧限抗压强度越大，其根系固土效应越显著。

乔木植物：陈攀对云南松根土体的研究结果表明云南松增加了内摩擦角和黏聚力，且黏聚力的增幅要比内摩擦角大得多。田佳等通过分析贺兰山云杉林根土体提高边坡稳定性提出边坡稳定因素，影响因素作用大小依次为黏聚力、摩擦角、剪胀角，且坡度越陡峭的情况下根土体对边坡稳定性的提高作用越强，这是根土体可以显著影响边坡稳定性的根本原因之一。吕春娟等通过分析乔木植物（油松）进行矿区排土场边坡恢复植被根土体抗剪特性，提出只要根径增加，不论是根的形态与否，根土体的黏聚力均为增加的趋势；垂直埋根的根土体则随着根径的增加内摩擦角增大，而水平埋根的根土体的内摩擦角则有轻微的减小。王月等通过研究小叶杨和白羊草林草混交根土体抗剪强度指出随着RLD、RASD的增大，土壤内摩擦角随之均呈对数增长，而土壤黏聚力则均呈直线增长趋势。

1.2.4.2 植物根系对土体力学特性的影响

植物根系对土体的机械作用：①加筋作用，将根系看作三维加筋材料，根系将约束限制土体的变形，提高土体的强度，根系的加筋作用能够为土体提供附加黏聚力；②锚固作用，土壤中的根系可以承受一定的拉力，在剪切过程中，根系通过根土界面的摩擦作用，把土中的剪应力转化成为根的拉应力，根系能够调动大范围土体抵抗剪切变形，根系周围的剪切带和塑性区分布范围不断增加，并向根系周围集中，从而增强了根土体的抗剪强度；③阻裂增延作用，即阻止土体裂缝扩展，增加土体的延展性。土壤中的根系将土壤牢牢地包裹，形成一个整体。土体进入塑性状态后，由于摩擦作用土体中剪应力逐渐向根系转移并被扩散，从而提高了根土体的抗裂性和延展性，进而增加了边坡的稳定性。

植物根系对土体强度的影响。植物产生的生物作用会改变土壤结构，如根系的分泌物、粗糙度等。土体的内摩擦角随着根系在土体中穿插、缠绕、延伸，单位体积内的根系长度和表面积的增加，使根土界面的接触面积增加，而植物根系的粗糙程度将影响着两者之间的摩擦力和咬合力。

植物根系对土体的水文效应。植物产生的水文效应也对土体力学特性产生影响，如蒸腾作用、林冠截流、吸水降压等。吴宏伟指出植物在日照下会产生光合作用和蒸腾作用，除此以外，植物在任何时候还要进行呼吸作用，而根土体含水率是土体力学特性变化最重要的因素之一。另外，研究表明植物会引起根土体的吸力变化，有效减小土体入渗速率，使土体维持较低的孔隙水压力（较高的吸力）。刘琦等发现植物蒸腾作用产生的基质吸力可在土体中产生 $3 \ kPa \sim 4 \ kPa$ 的附加剪切强度，并且植物蒸腾作用通过根系吸水可以影响土体相对较深处的基质吸力，植物蒸腾作用产生的基质吸力比没有发生此作用土体的基质吸力高 $2 \sim 2.5$ 倍。

1.2.5 文献评述

（1）改性材料在红壤重构技术中的应用方面。目前改性材料应用研究主要聚焦在农区和矿区中土壤重构，农区重构材料侧重单一的土壤调理剂、土壤保水剂、土壤改良剂或土壤修复剂等化学类材料做了大量的研究，其应用成本高，单一化学性质改变造成土壤生态系统失衡；矿区重构材料侧重采矿废弃物、淤泥或垃圾等，会对土壤造成潜在的环境风险，易对土壤造成二次污染；同时，改性材料已在红壤重构技术中开展了大量的实践应用，但仍存在应用成本高、污染土壤、不易推广等问题。因此，红壤重构中如何筛选易获取、低成本、环境友好型和循环利用的生态材料等有待进一步研究。

（2）土壤重构对红壤力学特征的影响方面。目前主要在矿区损毁土地的土壤重构做了大量的研究，主要侧重工程扰动对土壤水分运移、渗透性、土—水特征曲线、土壤容重等土壤水力特性方面机理研究，而对于土壤重构后土壤团聚体、抗剪性和稳定性等土力特性研究相对不足；同时，土壤重构后力学特性研究主要集中在生产建设项目工程扰动土的影响研究，而对自然土重构后力学特性研究相对较少，主要集中在红壤重构后的化学和生物特性做了大量的研究，特别是缺乏对红壤重构后的物理力学特性研究。

（3）干湿交替对红壤力学特征的影响方面。现有关于干湿交替下红壤水力特性的研究主要聚焦在自然土方面，并证实干湿交替作用存在明显降低土体强度、增大土壤孔隙、增大土—水特征曲线的滞后效应等已形成基本共识，但部分研究成果并不完全适用于重构红壤复合土，干湿交替下添加重构材料后，对红壤的土体强度、持水性、保水性、渗透性和水分运移等变化规律、影响程度和影响机制等研究相对较少，还有待进一步深入探索。

（4）草本植物对红壤力学特性的影响。现有草本植物对红壤力学特性影响的研究主要集中在农业工程和岩土工程领域做了大量的研究。一方面，主要关注使用不同草本植物对自然红壤的力学特性的影响，而多种重构材料添加后对红壤复合土的力学特性研究较少。另一方面，农业工程领域主要关注土壤持水、保水、保肥性能的提升，但又忽略土壤的稳定性提高，而同时考虑坡地土壤稳定性和利于植物生长的研究相对不足；岩土工程领域主要关注固土、加筋、护坡等力学性质增强，抗剪强度越大越好，忽略保水性提高而不利于植物生长。因此，采用多种土壤重构材料，结合不同的材料含量和含水率的差异，特别是基于重构红壤复合土后，对根土体的抗剪特征、水力特性及其影响机理等方面的研究尚不完全清楚。

1.3 研究内容与技术路线

1.3.1 研究内容

1.3.1.1 干湿交替下红壤复合土抗剪特性研究

通过添加不同含量的木纤维、糯米胶、混合（木纤维和糯米胶），研究干湿交替下红壤复合土的抗剪强度、黏聚力和内摩擦角的变化特征，揭示干湿交替下不同含量复合土与红壤抗剪特性参数之间的响应关系，从土力学角度揭示木纤维、糯米胶对红壤强度特性的影响程度，并以红壤的土力参数作对比，推导、计算红壤复合土最优含量配比。

1.3.1.2 干湿交替下红壤复合土的水力特性研究

通过添加不同含量的木纤维、糯米胶、混合（木纤维和糯米胶），研究干湿交替下红壤复合土的基质吸力、含水率、土—水特征曲线的变化特征，从脱湿过程和吸湿过程条件下，研究红壤复合土土—水特征曲线变化规律及影响因素；从土壤的基质吸力和含水率等方面，建立红壤复合土的土—水特征曲线模型，并利用 Logistic 模型模拟其土—水特征曲线变化趋势，揭示不同改良剂对红壤复合土水力特性影响的定量响应关系。

1.3.1.3 草本植物对红壤复合土抗剪特性的影响

在红壤复合土的土水特性研究的基础上，通过研究草本植物对红壤复合土的土力作用，研究红壤根土体的抗剪特性的变化特征，建立根系表面积指数、根体积比与抗剪强度、黏聚力、内摩擦角的响应数学模型；揭示根系表面积指数、根体积比对抗剪特性的影响机理，并以红壤的土力参数作对比，推导、计算红壤复合土的最优含量配比。

1.3.1.4 草本植物对红壤复合土水力特性的影响

通过研究草本植物对红壤复合土的水力作用，研究红壤根土体的基质吸力和土—水特征曲线的变化特征，建立根系表面积指数、根体积比、叶片面积指数、地下生物量与基质吸力的响应数学模型；揭示草本植物特征参数与基质吸力的影响机理；根据不同株高建立根土体的土—水特征曲线模型，并利用 Logistic 模型模拟根土体的土—水特征曲线变化趋势。

1.3.2 技术路线

本书采用理论分析、室内试验、数值模拟等研究方法，以云南省红壤为研究对象，开展基于土壤重构的红壤复合土力学特征及影响机制研究，研究方法如下。

（1）理论分析方法：根据云南省红壤的特性，应用土壤发生学、土地生态学、土水耦合、生态恢复与重建、系统工程等理论方法，分析归纳红壤利用中存在的关键技术和科学问题，为本书的研究框架构建提供理论基础。

（2）试验测试方法：采用ZJ型应变控制式直剪仪进行土壤抗剪强度参数的测试；采用土壤张力计测出不同复合土在干湿交替下的基质吸力，采用土壤水分测定仪测定土壤含水率；对土体内的植物根系进行水洗后计量测定等。

（3）对比分析方法：对红壤添加不同含量的木纤维、糯米胶和混合，并对其土壤抗剪强度及其参数、基质吸力和土壤含水率等参数进行对比，揭示其差异性和变化规律等。

（4）土—水特征曲线模拟方法：采用滤纸法测定红壤复合土的基质吸力，并利用Logistic模型模拟其干湿交替下土—水特征曲线变化特征和趋势；在红壤复合土土—水特征曲线模型建立的基础上，通过种植白三叶和黑麦草2种草本植物，并模拟不同株高下根土体的土—水特征曲线及其参数、范围和适用条件。

（5）数据处理与分析：采用SPSS18.0软件在P小于0.05水平对试验结果进行方差分析和多重比较。采用Origin2018进行图表绘制土—水特征曲线，采用Logistic模型模拟其变化特征和趋势。本书的技术路线图如图1-1所示。

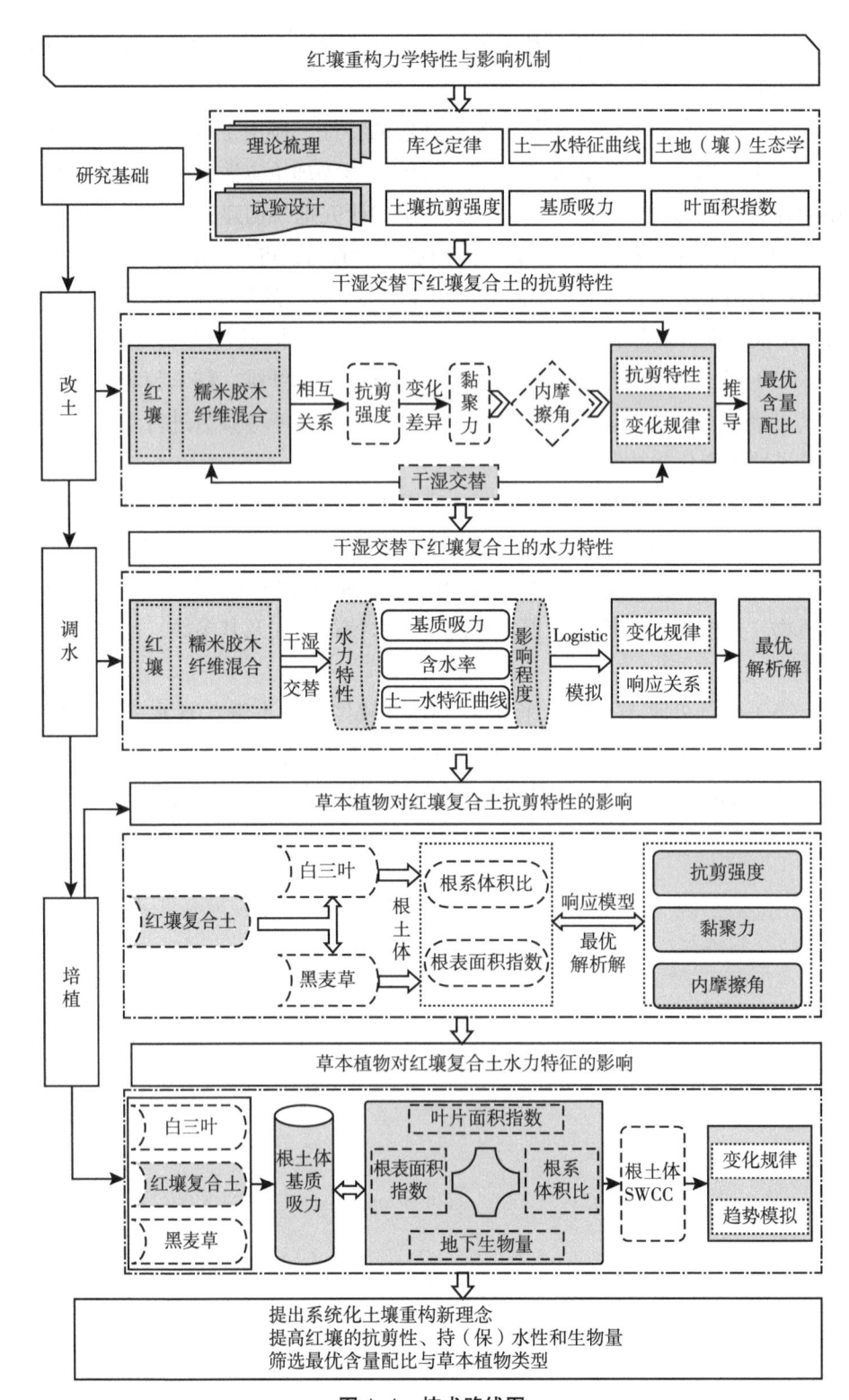

图 1-1 技术路线图

2 理论分析与研究框架

土地整治工程是一项系统性的工程,工程建设内容包括土地平整工程、灌溉与排水工程、道路工程、农田防护和水土保持工程、其他工程5大类,具体包含边坡开挖、表土剥离、回填、水资源配置和植被重建等。土地整治工程区主要涉及光照、温度、地形、土壤、水系、植物和用地方式等要素的重构和配置,但其他要素的变化都将直接和间接的反映在土壤、水和植物要素的变化上,因此土壤、水和植物要素重构和配置是土地整治工程的重点和关键点。

土壤重构技术作为土地整治的一项关键技术,胡振琪等学者提出土壤重构包括土壤剖面重构和土壤改良内容,本书土壤重构是指以低效土地、工程建设损毁土地为研究对象,运用物理、化学、生物和生态措施,构建和优化土壤生态位和土壤关键层的人工重构红壤,从而实现改善红壤的稳定性、持水保水性和恢复植被等目标。因此,针对土地整治工程扰动后形成了大量的边坡、平台、田块、设施用地、弃土场或临时占地等整治对象,基于红壤的土体稳定性差、易变形开裂、失水速率快、植被恢复困难等问题,结合土地整治目标、重构要素和技术措施等开展差异性土壤重构研究,具体如表2-1所示。

表2-1 土地整治工程扰动中土壤重构技术分析表

整治对象	整治目标	重构要素	关键技术	重要性排序
边坡、弃土场	坡面固土	土壤、水分、植物	改土、调水、培植	固土>排水>复绿
平台、田块	土体保水		调水、培植、改土	保水>复绿>固土
临时占地	恢复植被		培植、调水、改土	复绿>保水>固土

2.1 关键理论分析

2.1.1 土壤发生学理论

土壤发生学是一门研究土壤养分组成、性质、变化及其影响因素的学科,主要用来探讨土壤的组成、形成、蓄积及其差异的原因。土壤发生学不仅需要探讨土壤的组成、形成等问题，还要研究土壤之间的差异及其影响因素，包括空气温度、湿度、pH值、微生物群落、有机质、土壤水分、养分量和土壤结构等因素，以及它们对土壤功能及作物生长发育等方面的影响。土壤发生学不仅要研究土壤养分组成、性质、变化及其影响因素，还要研究土壤改良、增效技术，以提高土壤的肥力。例如，运用"土壤改良技术"来提高土壤的肥力，这种技术包括有机肥料的施用、土壤混合、适当排水、配制新肥添加剂等。

土壤发生学理论不仅运用于探讨土壤的组成、形成及其影响因素，还用于研究土壤改良和增效技术、土壤污染及其防治技术、土壤质量评价技术、土壤变化模拟技术及土壤保护技术等，为改善农业生产条件，延长作物的收获期，提高农业生产率等基础理论方法，对本书研究红壤的土水力学特性具有重要的理论指导意义。

2.1.2　土地（壤）生态学理论

土壤、水、植物是构成土地生态系统的关键要素，土地利用与土壤、水、植物的变化存在紧密的联系，因此土地生态学理论对于本书的研究具有理论指导意义。土地生态学概念体系分成2个部分：一部分来源于相邻学科，如土地、生态、生态系统等；另一部分是土地生态学发展过程中形成的概念，如土地生态功能、土地生态过程、土地生态变化、土地生态分异等。

在土地生态学中，土地被看成自然社会经济综合体，是一个复杂系统，它是地球陆地表面的全部。在土地生态学中，土地不但具有资源和资产属性，而且是生物和非生物之间能量、物质、信息价值交流的场所和载体，土地不仅具有人类利用产生财富的功能，而且具有为人类提供生产、生活的环境功能；土地不仅是人类物质需要的来源，而且是地球环境的组成部分，是保证生态环境处于良性发展的基底。因此，土地生态学中的"土地"是一个自然社会经济综合体。在生态学中的定位为生态系统生态学、景观生态学和区域生态学之间。土地生态学既研究土地生态功能、土地生态过程、土地生态变化、土地生态分异等基础理论，又研究和开发土地生态调查、土地生态评价、土地生态规划和设计、土地生态恢复和重建、土地的生态管理和管护等技术方法，还涉及土地生态经济、土地生态伦理等社会科学范畴。

土壤生态学是土地生态学的重要内容之一，其以土壤生物为中心的土壤生态系统，研究系统的组成、结构及功能特点，探讨系统内的物流、能流和信息流的过程和作用机制，探讨系统的经济和生态效益，并与生产实践和一系列区域性或全球性生态环境问题相结合的科学。土壤生态学是以土壤生态系统为研究对象，探讨土壤生物多样性及其生态功能，以及土壤生物与环境相互作用的科学。土壤生态学还可划分为森林土壤生态学、农田生态学、草原土壤生态学、湿地生态学、红壤生态学和污染土壤生态学等。

2.1.3 土水耦合理论

土资源和水资源对区域土地利用有着显著的影响，水资源的合理利用对土地利用结构的合理程度有着重要意义，因此土水耦合研究是水土资源研究的热点问题之一。水资源和土资源是可供开发的自然资源，是支持社会发展的基础，水土资源匹配可定义为水土要素及其相互作用对生态系统的物质循环和能量流动的过程。

目前土水耦合理论主要聚焦在宏观层面和微观层面。宏观层面水土耦合称为水土资源匹配、水土交互作用，以区域、流域或行政区划为单元，主要针对水资源或土地资源单个系统自身的情况，以概念、模型方法和耦合规律的研究为主，将土水资源系统当作一个相互耦合、相互联系的整体进行综合研究，主要集中水资源与土资源关系，尤其是土地利用对水质的影响、土水资源优化配置、土水资源耦合程度等方面。

微观层面水土耦合称为土—水特征曲线，英文缩写为"SWCC"，是指土壤水的基质势（或土壤水吸力）随土壤含水率而变化的关系曲线。该曲线反映了土壤水分能量和数量之间的关系，是研究土壤水动力学性质必不可少的重要参数。研究其与其他力学参数之间的关系，在生产实践中具有重要意义。

土体的持水特性主要采用土—水特征曲线进行描述，主要表示为土壤水分的含量与基质吸力之间的关系。一般来说，土体的土—水特征曲线主要受孔隙分布状态、土体颗粒矿物成分和孔隙溶液化学性质控制。对于含水合物土体、水合物的形成或是分解会改变土体孔隙结构状态，进而影响含水合物土体的土—水特征曲线。曲线的斜率倒数称为比水容量，是用扩散理论求解水分运动时的重要参数。曲线的拐点为相应含水量下的土壤水分状态，如当吸力趋于0时，土壤水分状态以毛管重力水为主；毛管水的上升高可用吸力稍微增加的负压水头表示；吸力增加而含水量减少微弱时，以土壤中的毛管悬着水为主，含水量接近于田间持水量等。土—水特征曲线可分为脱湿和吸湿2部分曲线，它们一起组成了一个滞回圈，当在脱湿过程时，基质吸力的增加使大孔隙先于小孔隙排水，且速率高于小孔隙，使小孔隙形成气压，形成水—气平衡交界；当在吸湿过程时，与脱湿过程相反，水首先会先填满小孔隙，然后才填大孔隙，这就使同一基质吸力有着多个含水量的对应值。因此，土壤水分运动、调节利用土壤水、进行土壤改良等方面都可以通过土壤水分特征曲线开展研究。

非饱和土土—水特征曲线通常具有复杂的形态，主要常用的典型特征参数为进气值、残余值和斜率。进气值又称气泡压力，可以通过将土—水特征曲线中斜率恒定部分的切线延长线与饱和段曲线的切线延长线相交来确定。残余值是指能够使水体进入土颗粒间的孔隙所对应的基质吸力值，残余值是土—水特征曲线的拐点所对应的基质吸力值。斜率指 SWCC 脱湿时的水分散失速率，反映了土体的脱水速率和持水性能，是土—水特征曲线进气值到残余值之间的数据散点拟合的一次函数直线的斜率，一般用绝对值来表示，如图 2-1 所示。

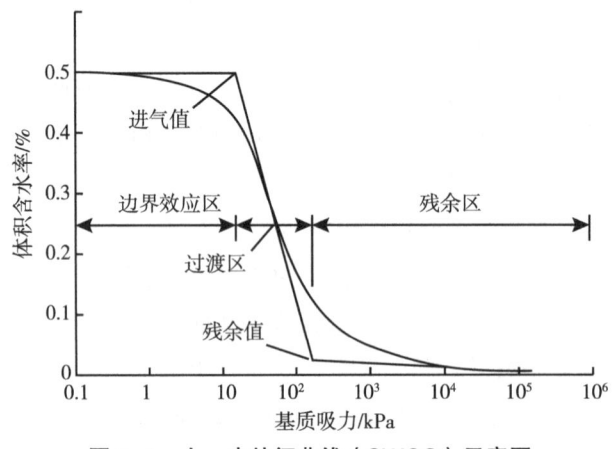

图 2-1 土—水特征曲线（SWCC）示意图

2.1.4 生态恢复与重建理论

任何一个生态系统均是动态变化的，其结构、功能也是随着物种组成、物质循环、能量流动及信息传递的变化而发生变化。一个运行正常的生态系统由于其具有抵抗性和恢复稳定性，因而系统的结构和功能不会因外部干扰而发生大的变化，保持在一定范围内波动，使生物群落和自然环境之间取得一种平衡。生态恢复与重建包括土地生态系统恢复、植被恢复及生态系统结构和功能恢复。人类不合理的干扰、破坏是生态系统生产力和结构破坏、功能下降的主要因素，因此生态恢复与重建的主要内容是消除人类的不合理的干扰和对生态系统的破坏，相关研究和实践已经从关注自然转而关注人地矛盾的协调。

土地生态恢复与重建研究集中在矿区生态恢复与重建、区域或流域生态恢复退化土地恢复与重建等领域。矿区生态恢复已发展起比较成熟的"地貌重塑、土壤重构、植被重建、景观再现、生物多样性重组与保护"的恢复技术，并进一步融入"边采边复"理念，实现矿区土地生态恢复重建目标。退化土地的生态恢复与重建正在由单一要素（如土壤、植被等）的退化机理研究和修复重建技术研发转向以流域为代表的自然地理单元或完整的区域生态系统作为恢复或评价对象。为避免传统植被重建措施可能引起的负面生态效应，人工恢复与诱导自然恢复相结合的方式成为重要的恢复重建措施。

2.1.5 系统工程理论

系统思想起源于贝塔朗菲提出的一般系统论原理，且他根据这个理论所出版的专著，被公认为系统理论这门学科的代表著作，其为系统理论奠定了基础。系统理论认为，整体性、关联性等是所有系统的共同的基本特征，这既是系统所具有的基本思想观点，也是系统方法的基本原则，体现了系统理论不仅是反映客观规律的科学理论。同时，系统理论能够将研究对象视为一个整体，采用数学定量方法，研究系统内要素之间、系统与外部环境之间的相互关系和作用，调整要素关系，使系统整体得到优化。

系统理论的主要观点有 2 个，分别是整体性原理和等级层次性原理。站在哲学角度来看，其体现了世界是关系的集合体这样一个基本思想，这是整体性原理的思想基础。系统理论简单来说是指 2 个或 2 个以上的要素相互作用而形成的整体。系统存在的各种相互作用的总和构成了系统的结构。任何系统要素本身也同样是一个系统，要素作为系统构成原系统的子系统，子系统又必然由次子系统构成，如此则形成了系统之间的层次递进关系，系统的这种层次结构被称为等级层次性原理。而动态性原理是基于上述 2 个重要观点外的另一重要观点。站在哲学角度来看，其体现了世界是过程的集合体，这是动态性原理的思想基础。动态性原理的基本内容为任何系统都是由内而外复杂的相互作用，且都要经历一个系统的发生到消亡的一个不可逆的动态演化过程。实质上，系统的存在是一个动态过程。系统动态演化形态总是每时每刻有序无序地进行着，热力学、信息论分别用熵、序参量和信息量来表现系统的有序与无序程度。土地是一个有机的生命系统，土壤、水、植物、能量和人等是构成土地系统关键子系统。因此，本书以系统工程理论的整体性原理和等级层次性原理为基础开展研究。

2.2 主要概念界定

2.2.1 红壤复合土

红壤是指在中亚热带湿热气候常绿阔叶林植被条件下，发生脱硅富铝过程和生物富集作用，发育成红色、铁铝聚集、酸性、盐基高度不饱和的土壤，其具有黏性重、偏酸性、有机质含量低、保水能力弱、失水速率快、耐旱耐蚀能力低、高塑性、低密度、高孔隙比、高含水率等特点。

复合土又称为改良土，是指集土壤学、生物学、生态学、力学等多种学科的理论与技术，旨在科学地运用这些技术和手段改善土壤的结构和成分，以改善土壤理化性质、提高土壤肥力、保水能力、土壤微生物和酶活性等的改性土壤。按改良方式划分，改良土分为物理改良土（石灰、砂、纤维、生物炭等）、化学改良土（化学试剂）和生物改良土（植物、微生物）。传统改良、加固土体的办法主要有石灰稳定土、水泥稳定土和石灰工业废渣稳定土，而土体改良是一种高效的、可行的加固土体的技术。改良土是比较复杂的研究对象，它改良土分为物理改良土和化学改良土，物理改良土是通过各种土工材料或者纤维材料对土体起到加筋的作用；化学改良土是通过掺入石灰、水泥、粉煤灰等固化剂材料，并加水搅拌后，形成更稳定的土体构成材料，用机器压实以提高工程性能的土体。生物改良土是通过植物或者微生物来改变土壤的理化性质，从而进行土体的良性改造，其拥有更加高效的改良效果，分布的面积更广，更加高效节能。改良土是为了改善土的工程地质性质，以达到工程活动目的的措施。改良后土体的微观结构发生了显著变化，其物理性质、强度特性及变形特性均有所增益。土体的透水性和力学性能取决于土的物质成分和结构特点。

根据研究目标和内容，本书的红壤复合土是指以自然红壤为对象，通过木纤维、糯米胶和草本植物等物理和生物技术措施，重构红壤结构和土水特性的复合人工重构土壤。改良后的红壤将改变土壤的土水特性和结构等，从而对植物的生长产生较大的影响。同时，改良后的土壤将对红壤区的土地整治、生态修复理论研究和技术示范等具有重要意义。

2.2.2 土壤重构

土壤重构是土地整治与复垦的研究重点和核心任务。胡振琪等提出了包括土壤剖面重构和土壤改良在内的完整的土壤重构概念，土壤重构主要是对工矿区损毁的土壤进行恢复或重建，以改善土壤质量、快速培肥为目的，采用人工施工和土壤栽培技术，重建适宜植物生长的土壤剖面、土壤肥力条件和稳定的地貌景观，使土壤在相对较短的时间内恢复并提高土壤生产力，改善重构土壤的环境质量。李晋川等进一步提出，土壤重构应以重塑土地为基础，创造一个人工土壤层，增加了对土壤的母质类型、元素组成、生物性状等的广泛研究。土壤重构是一门交叉学科，是土壤科学、工程生态学、土壤科学和农业科学的一个创新分支，旨在科学地设计和创建土壤结构要素，运用现代技术手段和天然或人工材料在土壤中构建不同的结构，以优化土壤性质、机制和生态功能。胡振琪等总结出土壤重构的研究重点是"受损的土地生态系统"，提出了"土壤生态位"和"土壤关键层"的概念，核心是优化设计土层生态位、确定和优化关键层，将土壤重构技术划分为工程、物理、化学、生物等改良措施，以重构土壤剖面和土壤肥力条件，在较短时间内恢复和提高土壤生产力，消除和抑制影响植被恢复和土壤生产力提高的障碍性因素。

土壤重构是一个长期的过程，研究对象是损毁的土地生态系统，以恢复土地使用价值、提高土壤质量、改善生态环境为目标，人为构建和培育新的土壤，使土壤功能更加完善。本书中土壤重构是指对低效、工程建设损毁的土地进行恢复或重建土壤，以土壤剖面重构和成分重组为重点，运用土地工程及物理、化学、生物和生态措施，确定和优化土壤生态位和土壤关键层，重新构造、提高红壤抗剪性、持水性和适宜植物生长的复合的剖面结构和成分的人工土壤，实现改善红壤的土水特性和恢复红壤生态功能的目标。

2.2.3 土壤干湿交替

一般来说，将土壤从干旱状态经过降雨又到干旱状态这一过程称为土壤干湿交替。干湿交替又称干湿循环，是指某种物质在反复干燥、湿润状态下进行某种指标的过程。《岩土工程勘察规范》（GB 50021—2001）中将干湿交替定义为地下水位变化和毛细水升降时，建筑材料的干湿变化情况。本书认为土壤干湿交替过程是指土体在反复的干燥、湿润状态下力学特性指标变化的过程。

在干旱、降水、蒸发、渗漏、灌溉等条件不断重复下，土壤出现干湿交替现象。土壤干湿交替的最直接表现就是土壤含水量的改变，团聚体因土壤水分含量的改变也使其出现干湿交替的现象，从而导致其内部结构发生改变。干湿交替主要由土壤变干（蒸散作用）和湿润（降雨）2个过程引起。脱湿过程中土壤由于失水收缩产生裂隙；吸湿过程中，土壤吸水膨胀，裂隙逐渐闭合。干湿交替在影响土壤呼吸和土壤理化性质的前提下，土壤的抗蚀性也会受到影响。干湿交替过程会促进土壤团聚体形成、改变土壤孔隙结构。同时，干湿交替过程中土壤孔隙明显增大，形成较大的孔隙水压力，土体的不断膨胀和收缩也会软化土体骨架，进而破坏土体结构，土壤逐渐变得紧实，容重增大，孔隙分布状况改变，导致土壤的土力特性、水力特性和热特性发生改变。本书中土壤干湿交替主要通过人为控制土壤含水率变化水平，对重构红壤复合土的力学特性及影响机制开展深入研究。

2.2.4　土体抗剪特性

土体强度通常是指它的抗剪强度，是土体在外力作用下达到屈服或破坏时的极限应力。土体的抗剪强度是确定地基承载力、计算土垂直压力及验算边坡稳定性的重要参数。土壤抗剪强度的影响因素众多，包括含水率、固结度、理化性质、密度等。再者，其作为土壤力学特性的重要指标，代表抵抗变形破坏的最大能力。土体的抗剪强度可分为2个部分：一部分与颗粒间的法向应力有关，其本质是摩擦力；另一部分是与法向应力无关，为黏聚力。这2个要素在边坡稳定性评价中起着相当重要的作用。测定土体抗剪强度的室内试验方法主要有直接剪切试验和三轴压缩试验。而土体强度一般是由屈服应力、破坏应力等确定。对于不同的土体，应力—应变关系曲线有所差异：①土体的应力随应变增大直至峰值时而出现破裂，而后应力缓缓降低，最后趋于稳定，即破坏强度；②当应力为峰值时，应变仍在增加，取应力峰值作为破坏强度；③应力未达到峰值，随应变继续增加，一般取其线性段和非线性段的界限值作为屈服强度。

土体抗剪特性作为边坡稳定性研究的基础，在研究土体力学性质时起到至关重要的作用。本书认为土体抗剪特性对稳定坡面和植物生长有着重要的影响，同时土壤含水率对红壤稳定性和植物也存在影响，抗剪强度、黏聚力和内摩擦角等也受含水率的影响，对研究植物、土壤与水分的关系是一项重要指标。

2.3　研究框架构建

本章构建了"改土—调水—培植"的研究理论框架（图2-2），以红壤区土壤重构为主线展开。具体理论框架是在土壤生态学、系统工程、水土耦合等理论方法指导下，探索土壤重构下红壤复合土的土—水—植被三者要素相互耦合力学关系，立足"土力学和水力学"视角，揭示干湿交替下红壤复合土的力学特性的影响机制，建立红壤复合土的土—水特征曲线模型，揭示不同重构材料对红壤复合土水力特性影响的定量响应关系；揭示根系表面积指数、根系体积比、叶片面积指数、地下生物量与抗剪特性、基质吸力的影响机理，建立根土体的土—水特征曲线模型，为红壤区土地整治和生态修复提供理论方法和技术指导。

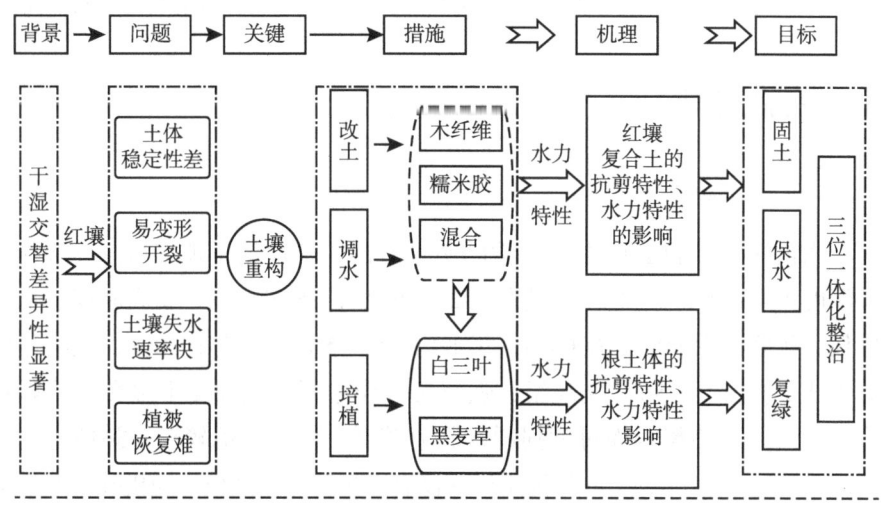

图 2-2 研究框架图

2.4 本章小结

（1）重新界定土壤重构的相关主要概念，明晰其内涵和对象。针对红壤的土体稳定性差、易变形开裂、失水速率快、植被恢复困难等问题，结合土地整治对象、目标、重构要素、技术措施和研究内容等，基于在土壤生态学、系统工程、水土耦合等理论分析下，重新界定红壤复合土、土壤重构、土壤干湿交替等相关概念和内涵。

（2）构建"改土—调水—培植"的系统化土壤重构理论框架。在现有理论方法和主要概念明晰的前提下，以土壤重构为中心，以土壤、水分、植物3个关键要素为研究对象，提出"改土—调水—培植"系统化土壤重构的技术措施，并揭示改性材料和植物对红壤土水力学特性及影响机制，实现"固土、保水、复绿"三位一体土地整治理论方法。

3 材料与方法

在理论分析和研究框架构建的基础上,本章通过试验材料、研究方法和数据处理等内容归纳与分析,为后续力学特性分析和影响机制研究做前期准备。

3.1 试验材料

3.1.1 供试土样

本书的土样取自云南农业大学昆明科研试验基地坡旱地红壤(图3-1),采样深度为0~20 cm。地理位置为102°44′57″E,25°7′44″N,属高原亚热带季风气候,年降雨量900~1000mm,年平均气温15℃,海拔1930 m,土壤质地为黏壤土,pH值为5.1。在高温、强蒸发等作用下,土壤受干湿交替的影响较大,水分受干热影响而过度损耗,肥力较低,砂粒质地较轻,黏性重。将红壤风干后过2mm干筛,并保证土样内没有石块和其他杂质,随机抽取6份土样于铝盒内置于烘箱中,计算土样的风干含水率,确定干密度为1.2~1.3g/cm³。土样基本物理特性指标如表3-1所示。

表3-1 红壤基本物理特性指标

水分参数				土颗粒质量分数 /%			最大干密度 /g·cm⁻³
风干含水率/%	最优含水率/%	液限/%	塑限/%	1~2mm	0.5~1mm	<0.5mm	1.43
6.50	26.09	53.28	24.63	14.74	28.59	56.67	

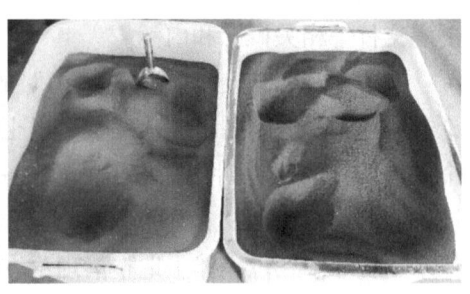

(a)野外红壤　　　　　　　　　　(b)过筛红壤

图3-1 云南省红壤土样

3.1.2 红壤复合土材料

本书的土壤重构材料在胶剂类和纤维类分别选用糯米胶、木纤维。糯米胶 [图3-2（b）] 选用的是糯米淀粉、玉米或小麦淀粉等为原料制成一种环保型黏合剂，具有超强的亲水性能，其吸湿速率快，吸湿量大，有机质含量99%，灰分含量8%，成本低（20~25元/kg），黏性长（黏性系数12000±2000mPa·s），糯米胶复合土由红壤与糯米胶均匀混合制备复合土。

木纤维 [图3-2（d）] 选用的是一种天然松木植物纤维，由宁国市东南木纤维科技有限公司生产。具有不规则的扇形结构，有效增加土体抗剪强度，具有抗拉能力强，吸附性好，易降解，成本低（5~10元/kg），有机质含量质量分数99%，灰分含量质量分数8%，pH值为6，纤维长度3~10 mm，横截面直径0.45 mm，平均抗拉强度8.62 MPa，比表面积6.597 cm^2/g，木纤维复合土由红壤与木纤维混合后均匀拌制而成。混合复合土即为红壤与糯米胶、木纤维均匀混合 [图3-2（f）]。

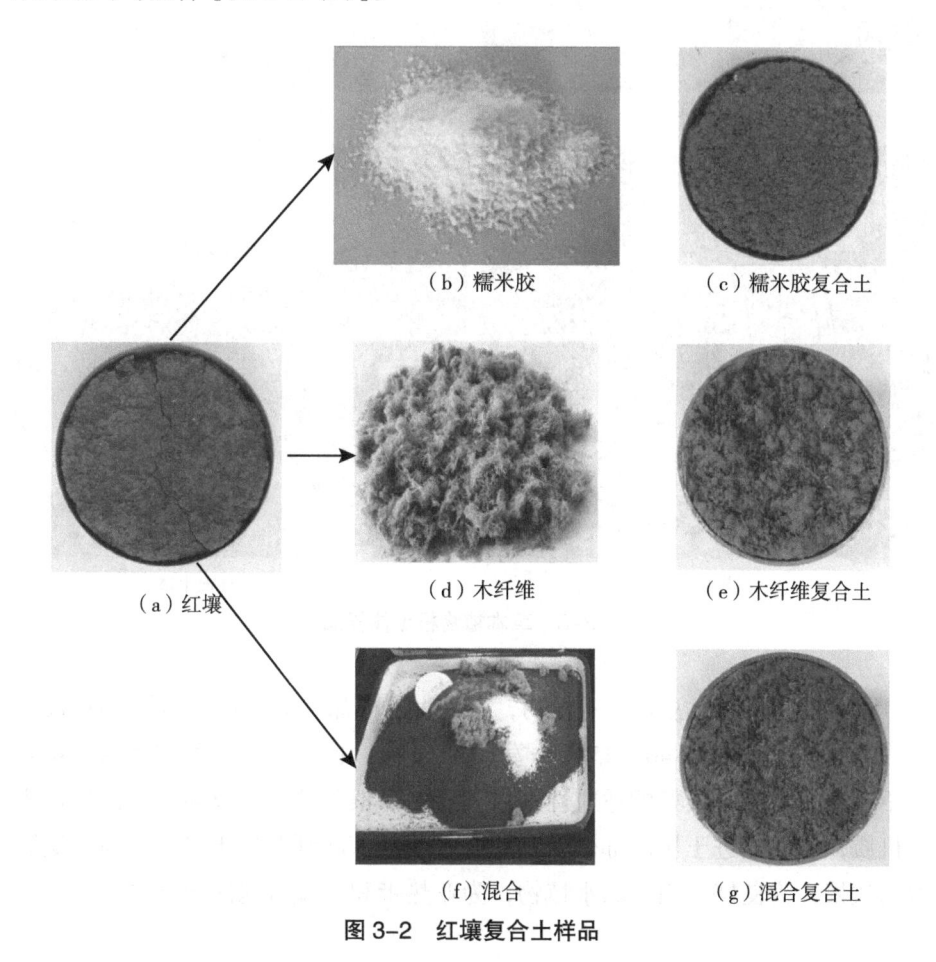

（a）红壤　（b）糯米胶　（c）糯米胶复合土　（d）木纤维　（e）木纤维复合土　（f）混合　（g）混合复合土

图3-2　红壤复合土样品

3.1.3 根土体材料

为实现植被恢复的生态效益和社会经济效益的最大化目标,本书的植物选择多年生豆科草本植物白三叶和禾本科草本植物黑麦草(图3-3),以上2种草本植物现已在水土保持、公路护坡和退化土地生态修复等工程中大规模应用,同时也是一种优质的牧草,增加当地农户的经济收入。

(a)白三叶幼苗　　(b)白三叶根土体

(c)黑麦草幼苗　　(d)黑麦草根土体

图3-3　草本植物根土体样品

白三叶为多年生豆科草本植物,其最大扎根深度20cm,清水洗净后浸泡5~12h播种,生长期40~45天,发芽3~5天,比较耐寒,种植地的土壤要求不是很高,具有很好的适应性。白三叶的草根分泌物可以向土壤内部输入有机质,从而促进土壤内部微生物的有效活动,起到改良土壤,提高土壤肥力的效果,为良好的固土保水植物,为亚热带和暖温带地区边坡绿化中最常见的固土护坡植物，可做优质牧草。

黑麦草为禾本科草本植物，其可分为草坪黑麦草种、中型黑麦草种和高株黑麦草种。本书选用多年生中型黑麦草种，其最大扎根深度30cm，清水洗净后浸泡5~12h播种，生长期40~45天，发芽7~10天。具有抗旱、耐寒、耐贫瘠及极好的环境适应性的特点，能固土保水、有效截留降水，是一种优良的水土保持及绿化护坡植物，可做优质牧草。

供试草本植物的基本生物学特性如表3-2所示。

表3-2 供试草本植物的基本生物学特性

草种	拉丁文	科属	适种期	气候要求
白三叶（B）	*Trifolium repens L.*	多年生豆科	春播3月中旬前，秋播10月中旬前	喜温暖湿润气候，不耐干旱和长期积水抗旱、耐热能力强，在酸性土壤上生长及结瘤情况好，耐铝离子能力强，根瘤菌专一性强
黑麦草（H）	*Lolium multiflorum*	多年生禾本科	春播3月中下旬，秋播8月上旬到11月底	喜温凉湿润气候，耐寒耐热性均差，不耐阴

草种	生长温度	生长pH值	生长期	株高	根长	根密集区	播种密度
白三叶（B）	16~24℃	5.5~7	花期5月，果期8~9月	10~30cm	20~40cm	0~15cm	10~15kg/亩
黑麦草（H）	10~27℃	6~7	花果期5~7月	30~90cm	10~20cm	0~10cm	25~30kg/亩

3.2 研究方法

3.2.1 红壤复合土抗剪强度测定方法

为研究干湿交替下红壤复合土和根土体的抗剪特性（图3-4），需要完成不同含水率阶段的样品剪切试验，本书采用南京土壤仪器有限公司生产的ZJ型应变控制式四联电动直剪仪进行直剪试验，试样面积30 cm²，高2 cm，剪切试样如图3-4（b）所示，剪切速率为2.4 r/min，四联电动直剪仪量力环系数（表3-3），为了得到完整的抗剪强度曲线，每个处理试样的4级垂直压力取50kPa、100kPa、150kPa、200kPa，并严格按照规范《土工试验方法标准》的规定进行快剪试验，其中公式如下。

$$\tau = \sigma \cdot \tan\varphi + c \tag{1}$$

式（1）中，τ为土体抗剪强度，单位为kPa；σ为剪切破坏面上的最大法向应力，单位为kPa；φ为内摩擦角，单位为°；c为黏聚力，单位为kPa。

（a）复合土试样　　　　　　　　　（b）根土体试样

图 3-4　室内直剪试样

表 3-3　四联电动直剪仪量力环系数

量力环系数 1 号 /kPa	量力环系数 2 号 /kPa	量力环系数 3 号 /kPa	量力环系数 4 号 /kPa
1.586	1.574	1.550	1.575

3.2.2　红壤复合土基质吸力与含水率测定方法

3.2.2.1　基质吸力测定

基质吸力常用的测定方法包括压力板法、滤纸法、离心机法和张力计法。滤纸法是一种可测量土壤全过程基质吸力的试验方法，具有价格低廉、操作简单等优点，且可测量较大基质吸力范围，已广泛应用于土壤学领域。该方法遵循热力学平衡原理，当土壤—滤纸—空气间的水气达到平衡时，由滤纸的平衡含水率来反映土壤的基质吸力值。为研究水分变化对复合土基质吸力的影响，通过滤纸法在 2 次脱湿和吸湿过程中测量基质吸力。由于试验目的主要是获得干湿交替过程中基质吸力的变化情况，通过接触式滤纸法测量土体基质吸力时，直接测得的是滤纸的质量含水率，并非土体的吸力值。因此，需要对应滤纸的率定方程进行计算，从而求得试验土体的基质吸力。本书试验所选的滤纸为国产"双圈"牌 No.203 型滤纸测定基质吸力，计算基质吸力时选用如下公式的率定方程。

$$\lg \psi = 5.2964 - 0.071 \omega_{fp} \quad (2)$$
$$\lg \psi = 2.6784 - 0.015 \omega_{fp} \quad (3)$$

式（2）和式（3）中，ψ 为基质吸力，单位为 kPa；ω_{fp} 为滤纸体积含水率，单位为 %；当 $\omega_{fp} < 47\%$ 时，用式（2）；当 $\omega_{fp} \geq 47\%$ 时，用式（3）。

3.2.2.2 含水率测定

红壤复合土含水率测定将土样放入 65 ℃（自然条件下的最高温度）的恒温烘箱中，每 3~5 h 称量样品质量，动态监测土样含水率变化，当样品的含水率下降到一定水平时称量样品质量，再换算为土样体积含水率。

3.2.3 草本植物基本参数测定方法

本书草本植物的播种时间为 2021 年 4 月，其特征参数于 2021 年 10 月测定。

3.2.3.1 草本植物生物量（B）测定

草本植物地上生物量：将白三叶和黑麦草的叶片和茎在烘箱（105℃）中烘干其水分，分别获得白三叶和黑麦草的地上生物量（AB）。

草本植物地下生物量（UB）：基质吸力研究时，在土柱的上、中、下位置（0~5cm、5~10cm 和 10~20cm）分层获得土体中白三叶和黑麦草的所有根系，用清水洗净后将根系置于根盘中，使用 WinRHIZO 根系分析系统根系分析仪测定根系长度、直径、面积、体积、根尖数等参数。将分析完成后白三叶和黑麦草的根系在烘箱（105℃）中烘干其水分，分别获得白三叶和黑麦草的地下生物量。

环刀地下生物量：根土体强度研究时，在土柱的上、中、下位置（0~5cm、5~10cm 和 10~20cm）分层通过环刀取含白三叶和黑麦草的根土体，每个环刀根土体试样的剪切试验完成后，分别取出白三叶和黑麦草的根系，用清水洗净。将根系置于根盘中，使用 WinRHIZO 根系分析系统根系分析仪测定根系参数，并烘干后分别获得环刀中白三叶和黑麦草的地下生物量，具体如图 3-5 所示。

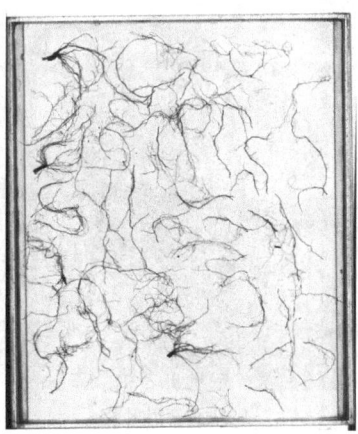

（a）土样分层根系　　（b）白三叶根系矢量图

图 3-5　白三叶和黑麦草的根系分布特征

(c)单个环刀根系　　　　　　　　(d)黑麦草根系矢量图

图 3-5（续）　白三叶和黑麦草的根系分布特征

3.2.3.2　叶片面积指数（LAI）

叶片作为植物蒸腾作用主要的发生部位，其面积直接影响植物的蒸腾速率。叶片面积指数（LAI）为单位地表面积上叶片总面积的投影面积，可以有效地描述单位地表面积上的植物叶片面积密度。植物叶片面积指数越大时，叶片表面的气孔越多，从而叶片获得的光照能量也越大，因此植物的蒸腾作用也相对较高。本书由试验植物叶片的总质量除以单位面积的叶片质量，得到植物叶片的总面积。通过叶片扫描仪扫描出叶片图像，利用 WinFOLIA 叶面积分析软件精确分析计算叶片面积，然后利用植物叶片的总面积除以树冠覆盖的地表面积，得到植物的叶片面积指数，具体如图 3-6 所示。

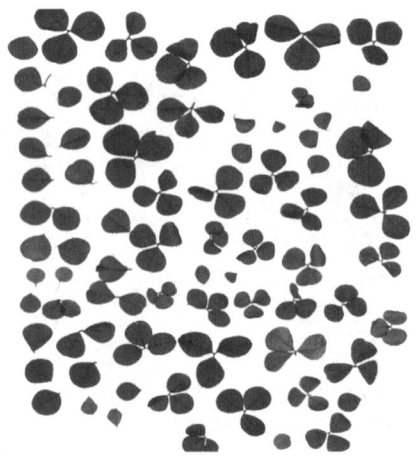

(a)白三叶叶片　　　　　　　　(b)白三叶叶片矢量化

图 3-6　白三叶和黑麦草的叶片和矢量图

（c）黑麦草叶片　　　　　　　　　　（d）黑麦草叶片矢量化
图3-6（续）　白三叶和黑麦草的叶片和矢量图

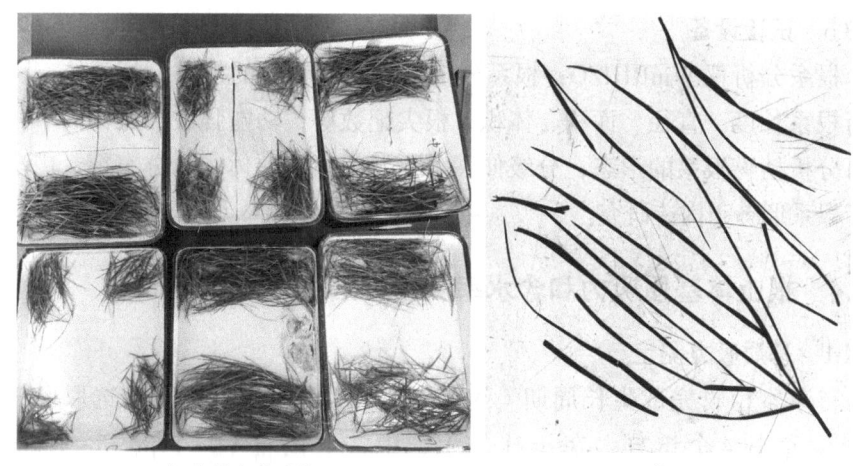

3.2.3.3　根表面积指数（RAI）

根表面积指数为一定深度的土体范围内，根系的总表面积与根域在水平方向面积的比值。植物根系作为吸收水分的器官，其在土体中的分布情况对土体基质吸力的分布变化有显著影响。

本书通过根系扫描仪扫描出根系图像，利用WinRHIZO根系分析系统分析出各段根系总表面积及其他参数，各分段范围内的平均根表面积指数如下。

$$\text{RAI} = \frac{S}{\frac{\pi D_r^2}{4}} \tag{4}$$

式（4）中，RAI为根表面积指数，S为根域内的根系总表面积，D_r为水平方向上根域的最大伸展直径。

3.2.3.4　根系体积比（R_V）

根系体积比为单位体积土体内植物根系的体积，为无量纲参数，是量化根系体积的参数，各分段范围内的根系体积比如下。

$$R_V = \frac{V_{根}}{\frac{\pi D_r^2}{4} \triangle h} \tag{5}$$

式（5）中，R_V为根系体积比，$V_{根}$为根域内根系的总体积，D_r为水平方向上根域的最大伸展直径，$\triangle h$为根域的深度。

3.2.3.5 试验设备

根系分析仪 WinRHIZO：根系分析仪是一套专业的根系分析系统，可以分析根系长度、直径、面积、体积、根尖记数等，功能强大，操作简单，软件可分析植物根系的形态，分级伸展分析及根系的整体结构分布等，广泛运用于根系形态和构造研究。

3.2.4 根土体基质吸力和含水率测定方法

3.2.4.1 基质吸力测定

待草本植物完成生长周期（约3个月）后，每个处理分别选取白三叶和黑麦草各4个试样，在土柱的上、中、下位置（0~5cm、5~10cm 和 10~20cm）分别打孔。采用张力计法是指用张力计测定土壤水势的方法。张力计为美国 METER 公司生产的 T5 型快速反应张力计（平衡时间小于 10 s），张力计陶瓷头的直径为 5 mm，其上通过一塑料管相连接，塑料管内存有蒸馏水。使用时使仪器内充满水且加以封闭，然后插入土壤中，使陶土管与土壤紧密接触。仪器内水通过陶土管细孔与土壤水相连且逐渐达到平衡，直到与土壤水的吸力相同为止，其数值则由水银压力表或真空压力表显示出来，试验周期为播种后 3 个月和 5 个月，研究不同根土体基质吸力变化规律和土—水特征曲线。

3.2.4.2 含水率测定

使用 Takeme 土壤温度水分测定仪测定根土体不同深度的土壤含水率，试验周期为播种后 3 个月和 5 个月。研究不同根土体基质吸力变化规律和土—水特征曲线。

3.2.4.3 试验设备

T5 微型土壤水势张力计：测量基质吸力的范围为 –85kPa~100kPa，分辨率为 0.01kPa，精度为 1 kPa，具有时间设置、自动保存功能，可自动抓取土壤基质吸力的最大峰值。

Takeme 土壤温度水分测定仪：测定土壤水分值，通过 LCD 液晶屏显示出来，测量水分范围广、精度高、测量迅速，使用简单方便。

3.2.5 土—水特征曲线模拟方法

3.2.5.1 土—水特征曲线拟合模型

目前较为常用的土—水特征曲线模型为 Garden 模型、BrookCorey 模型、Willams 模型、MCKee 模型、VanGenuchten 模型、Logistic 模型、Fredlund-

Xing 模型、Farrel 模型。其中，Van Genuchten 模型（VG 模型）常用于土—水特征曲线（SWCC）拟合。然而，有研究表明，其拟合的部分土体残余含水率会呈现负值。本书预试验结果也呈现类似的结果，因而本书不使用 VG 模型进行 SWCC 拟合。Logistic 模型也常用来拟合 SWCC，能够较好地预测非饱和土 SWCC，且随着干湿交替次数的增加，模型中的待确定参数 a、b 的差异率也逐渐减少，能在一定程度体现干湿交替对土壤的影响。因此，该研究采用 Logistic 模型模拟红壤复合土 SWCC 曲线，公式如下。

$$S_r = \frac{\theta_s - \theta_r}{1 + a \cdot \exp^b \cdot \lg\psi} \times 100\% \tag{6}$$

式（6）中，S_r 为体积含水率，单位为 %；θ_s 为饱和含水率，单位为 %；θ_r 为残余含水率，单位为 %；a、b 为待定参数。参数 a 为（$\theta_s/\theta_r - 1$）的计算值，参数 b 决定土—水特征曲线的斜率。

3.2.5.2 滞回度计算方法

为揭示干湿交替过程中红壤复合土的土—水特征曲线变化规律，通过滞回度来解析脱湿曲线和吸湿曲线上体积含水率最大差值、饱和含水率和残余含水率之间的变化关系，公式如下。

$$D_{d/w} = \frac{\triangle\theta_{\max}}{\theta_s - \theta_r} \tag{7}$$

式（7）中，$D_{d/w}$ 为滞回度；$\triangle\theta_{\max}$ 为体积含水率的最大差值，单位为 %；θ_s 为饱和体积含水率，单位为 %；θ_r 为残余体积含水率，单位为 %。

3.3 数据处理与分析

采用 Excel 2017 软件和 SPSS18.0 软件对试验数据进行分析和处理，采用 Origin2018 进行图表绘制和土—水特征曲线模拟。使用上海泽泉科技股份有限公司的 WinFOLIA 叶面积分析软件分析草本植物的叶片面积，使用加拿大某公司生产的 WinRHIZO 根系分析系统分析草本植物的根表面积和根系体积等。

4 干湿交替下红壤复合土抗剪特性研究

抗剪特性是土壤力学特征的重要内容之一，对土体强度和稳定性等具有重要的作用。干湿交替过程会引起土壤产生明显的膨胀和收缩现象：当脱水干燥时土壤收缩，土壤下降和产生裂隙；在含水量逐渐增加时，土壤膨胀引起裂隙封闭，土壤水分入渗受阻。在干湿交替过程中，土壤的干湿变化对土壤物理性状、结构和土力学特性有着重要的影响。抗剪强度、黏聚力和内摩擦角可反映干湿交替过程中土壤土力特性变化特征。因此，本章通过木纤维、糯米胶、混合改良对红壤抗剪特性影响及变化特征，研究干湿交替下不同复合土的土力学参数之间的相互关系，从土力学角度揭示木纤维、糯米胶和混合改良对红壤抗剪特性的影响机理。

4.1 试验设计与过程

本章试验设计素土（红壤）、糯米胶、木纤维、混合（糯米胶+木纤维）4个试验组。红壤复合土试验组分别设置4个含量水平：0、0.5%、2.5%和5.0%，共10个处理，每个处理的脱湿过程和吸湿过程各2次，共4次脱湿过程和吸湿过程。根据已有研究表明，在干湿交替起始的2~3次过程中对土体持水性能影响较大，因此本书试验干湿交替的次数设置为2次。根据不同复合土的含水率范围，将脱湿或吸湿过程设5个水分梯度，每个处理垂直压力取50kPa、100kPa、150kPa、200kPa。因此，每个处理重复制样80个，10个处理共800个试样（表4-1和图4-1）。

（1）试样制备：①称取一定量的水，在红壤土中加入一定含量的糯米胶或木纤维，采用无刀刃的搅拌器充分拌匀，保证土壤改良剂在土体后均匀分布制成红壤复合土；②采用轻型击实仪（NX.6-04，宁曦土壤仪器有限公司，南京）制作圆柱试样，试样直径为102 mm，高40 mm。由预试验反复测试后，将拌合料多次搅拌使水和土充分混合，确定拌合料含水率为17%左右，击实次数初步定为12次，将试样的干密度控制在1.2g/cm³左右；③采用环刀尺寸为 Φ61.8mm×H20mm 制备试样，用螺旋式千斤顶缓慢地将环刀压入试样约

表 4-1　红壤复合土抗剪强度试验处理组

序号	处理组	添加量 /%	含水率梯度	干湿交替数 / 次	垂直压力	样本数 / 个
1	红壤（CK）					80
2	糯米胶复合土	0.5				80
3		2.5				80
4		5.0			50kPa、	80
5	木纤维复合土	0.5	5	4	100kPa、	80
6		2.5			150kPa、	80
7		5.0			200kPa	80
8	混合复合土	0.5% 糯米胶 +0.5% 木纤维				80
9		2.5% 糯米胶 +2.5% 木纤维				80
10		5.0% 糯米胶 +5.0% 木纤维				80
合计						800

图 4-1　红壤复合土抗剪强度样品

30 mm，即环刀顶底面均留余 10 mm，以便后期切削时能最大限度地保证试样的完整性。压入速率不宜过大，以不超过 0.3mm/s 为宜；④将处理好的环刀试样在真空水下的浸泡时间不少于 24h，以保证土壤试样充分饱和，称重样品确保其饱和度为 100%。试样风干含水率用烘干法（105℃，24h）恒温烘箱中烘干获得。素土加一定量的水充分拌匀，重复以上步骤的②、③和④。

（2）干湿交替过程：根据红壤和不同红壤复合土的饱和含水率和最低含水率范围，将每次脱湿或吸湿过程的含水率范围设 5 个水分梯度。脱湿过程：首先，将饱和试样从真空水下移出后静止 2h（无明显流水），将其置于 65℃

（自然条件下的最高温度）恒温烘箱中脱湿。其间在一定时间内动态监测土样含水量变化值。当样品的含水量下降到10%左右停止脱湿，每个处理取出4个土样。其次，针对每个水分梯度，用保鲜膜密封样品后将其垂直放置在真空容器中4天使其达到水汽平衡（经预试验计算，10个处理的含水率在水汽平衡的第4~7天均达到稳定）。最后，将达到水汽平衡的试样进行直剪试验测试，将每个水分梯度重复上述步骤完成脱湿过程。吸湿过程：首先，对最低含水率的试样，采用注射器均匀点滴于试样表面的方法模拟降雨过程，分别加入一定质量的蒸馏水使其充分吸收水分，每个处理取出4个土样。其次，用保鲜膜密封样品后将其垂直放置在真空容器中72h使其达到水汽平衡。最后，将达到水汽平衡的试样进行直剪试验测试。将每个水分梯度重复上述步骤，当水分在表面有少许残留且不再浸入试样内部时表明1次加湿过程完成。至此完成1次干湿交替，重复上述步骤即为多次干湿交替过程。

（3）抗剪强度测试：每个处理试样的4级垂直压力取50kPa、100kPa、150kPa、200kPa，并严格按照规范《土工试验方法标准》的规定进行快剪试验。

4.2 干湿交替下复合土抗剪强度变化分析

4.2.1 糯米胶复合土抗剪强度分析

4.2.1.1 脱湿过程抗剪强度变化

如图4-2所示，随含水率逐渐增大，糯米胶复合土抗剪强度逐渐减小；同一含水率下，随着垂直压力的增大，抗剪强度也随之增大；同一级垂直压力下，糯米胶复合土最大抗剪强度要比素土的最大抗剪强度大，随着糯米胶含量的增加，最大抗剪强度也随之增大，但是增大幅度在减小，且随着糯米胶掺量的增加，抗剪强度随含水率的减小越快，曲线变得越陡。

如图4-2（a）所示，素土在30%含水率以下，第2次脱湿抗剪强度比第1次脱湿的都要小，30%含水率以上逐渐出现第2次比第1次大的情况，且30%含水率以后随含水率的增大抗剪强度减小的明显更快，曲线变得更陡。如图4-2（b）所示，糯米胶掺量为0.5%时，30%含水率以下在50kPa、100kPa、150kPa垂直压力下，第2次脱湿抗剪强度比第1次脱湿的要小，30%含水率以上逐渐出现第2次比第1次大的情况，与素土不同的是，在200kPa垂直压力下0.5%糯米胶掺量复合土的抗剪强度在已测含水率范围内第2次脱湿都比第1次脱湿的大。如图4-2(c)所示，糯米胶含量为2.5%时，在已测含水率范围内，50kPa和200kPa下第2次脱湿的抗剪强度比第1次脱湿的都大，而100kPa和150kPa下第2次脱湿的抗剪强度分别在20%和28%左右才超过第1次脱湿的抗剪强度。如图4-2(d)所示，糯米胶含量为5.0%时，虽然低含水率下第2次脱湿的抗剪强度要大于第1次的，但是抗剪强度随含水率的减小最快，曲线变得更陡。说明糯米胶的加入在低含水率范围内可以提高土体的抗剪强度，但也会降低土体的水稳性。

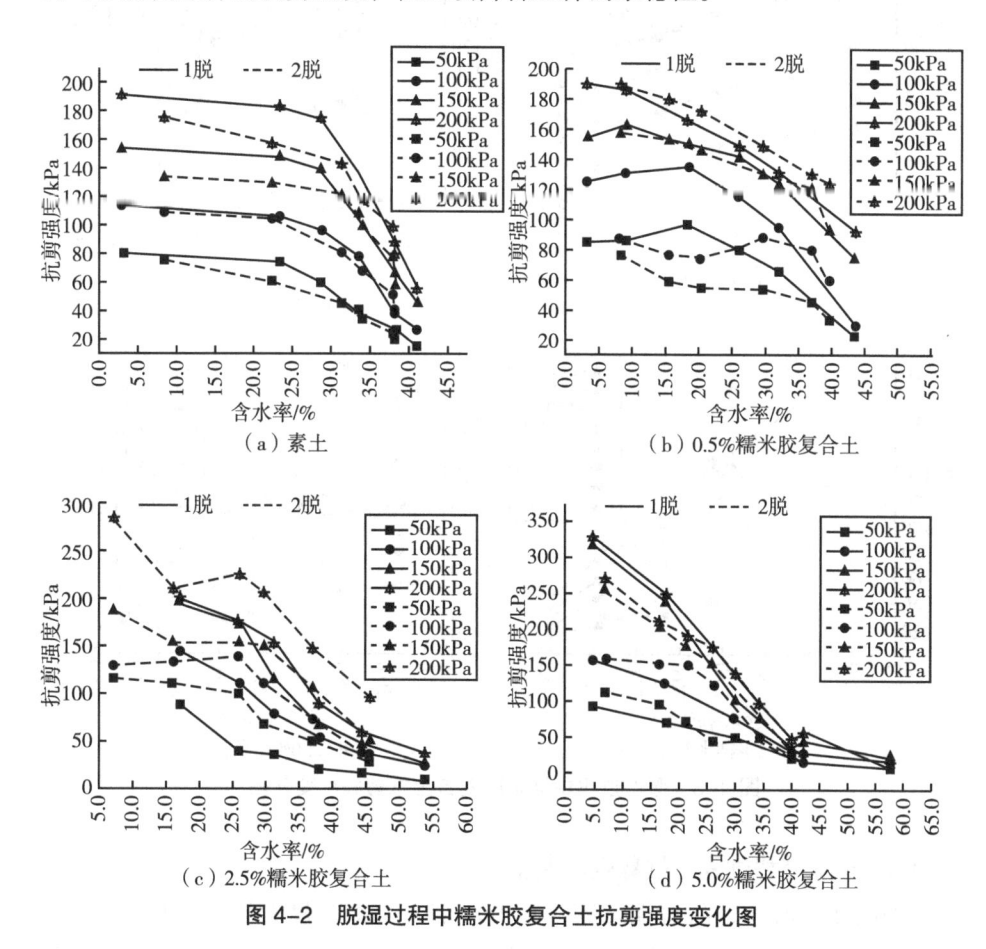

图4-2 脱湿过程中糯米胶复合土抗剪强度变化图

4.2.1.2 吸湿过程抗剪强度变化

如图4-3所示为吸湿过程糯米胶复合土抗剪强度随含水率的变化图。与脱湿过程相比，2次吸湿对土体的抗剪强度的影响较小。如图4-3（a）所示，素土的抗剪强度随含水率的曲线变化较平缓，在含水率为20%以下，第2次吸湿的抗剪强度要比第1次略小，含水率为20%以上，2次吸湿对抗剪强度的影响不大；加了糯米胶的复合土在不同的垂直压力下，2次吸湿过程对复合土的抗剪强度影响不大，但是随着糯米胶含量增加会使抗剪强度随含水率的增大而减小得更快。说明糯米胶的加入会降低土体的水稳性。

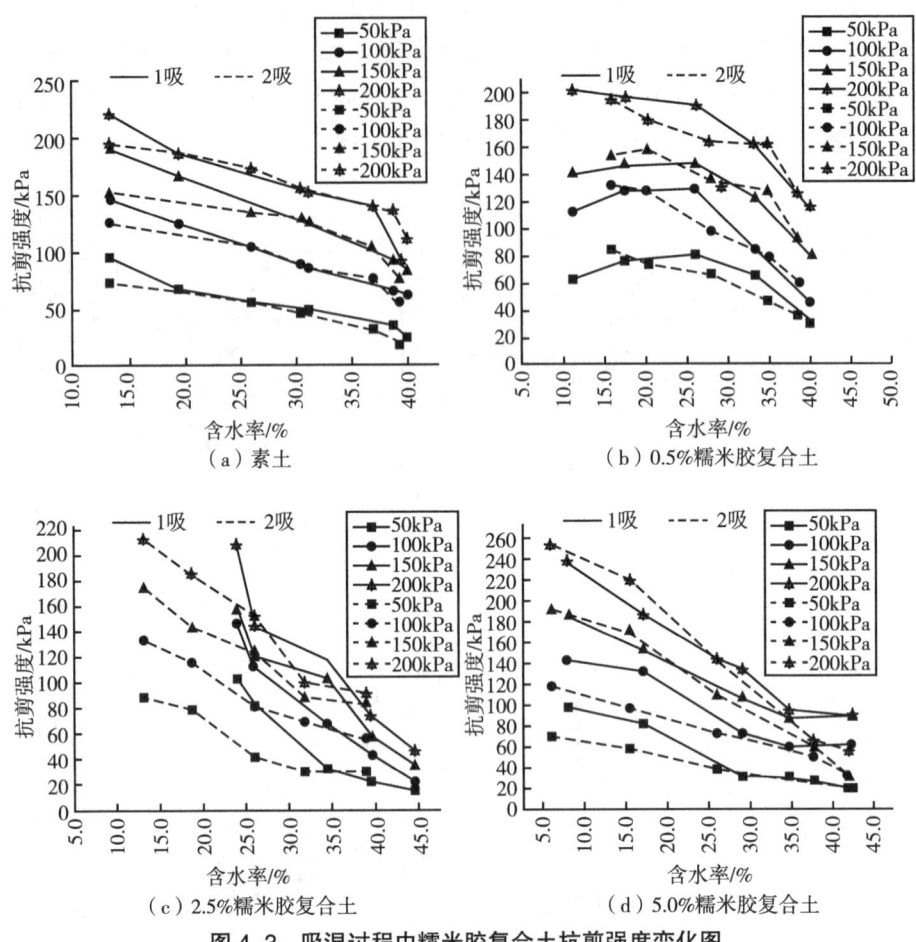

（a）素土

（b）0.5%糯米胶复合土

（c）2.5%糯米胶复合土

（d）5.0%糯米胶复合土

图 4-3　吸湿过程中糯米胶复合土抗剪强度变化图

4.2.1.3　干湿交替过程中抗剪强度变化

如图 4-4 所示，随着糯米胶含量的增加，抗剪强度有所增大但不明显，说明糯米胶在一定程度上提高了红壤的抗剪强度。如图 4-4（a）所示，素土除 100kPa 垂直压力下抗剪强度随干湿交替后增大 2.2% 外，其他垂直压力下的抗剪强度都在下降。如图 4-4（b）和图 4-4（c）所示，0.5% 和 2.5% 糯米胶含量的复合土随着干湿交替的进行抗剪强度都在下降。如图 4-4（d）所示，5.0% 糯米胶复合土在 150kPa 和 200kPa 垂直压力下抗剪强度随着干湿交替结束后分别上升了 5.3% 和 4.2%，50kPa 和 100kPa 垂直压力下的抗剪强度都在下降，5.0% 糯米胶复合土的抗剪强度在 50kPa 垂直压力下随着干湿交替的进行一直减小，100kPa、150kPa、200kPa垂直压力下先增加后减小，且在第2次脱湿达到最大值。

干湿交替后糯米胶复合土的抗剪强度变化情况：50kPa垂直压力下，糯米胶含量为0.5%的复合土第1次干湿交替呈现出上升的趋势，上升幅度为2.26%。其他呈现出下降趋势，下降幅度最大的为糯米胶含量为2.5%的复合土第2次干湿交替，为58.00%。100kPa垂直压力下，糯米胶含量为0.5%的复合土第1次干湿交替、糯米胶含量为5.0%的复合土第1次干湿交替呈现出上升的趋势，上升幅度分别为13.46%和6.17%。其他呈现出下降趋势，下降幅度最大的为糯米胶含量为2.5%的复合土第2次干湿交替，为41.25%。150kPa垂直压力下，糯米胶含量为5.0%的复合土第1次干湿交替，最大的为糯米胶含量为5.0%的复合土第1次干湿交替，上升幅度为8.18%。其他呈下降趋势，下降幅度最大的为糯米胶含量为5.0%的复合土第2次干湿交替，下降幅度为27.68%。200kPa垂直压力下同50kPa垂直压力下一样，素土第2

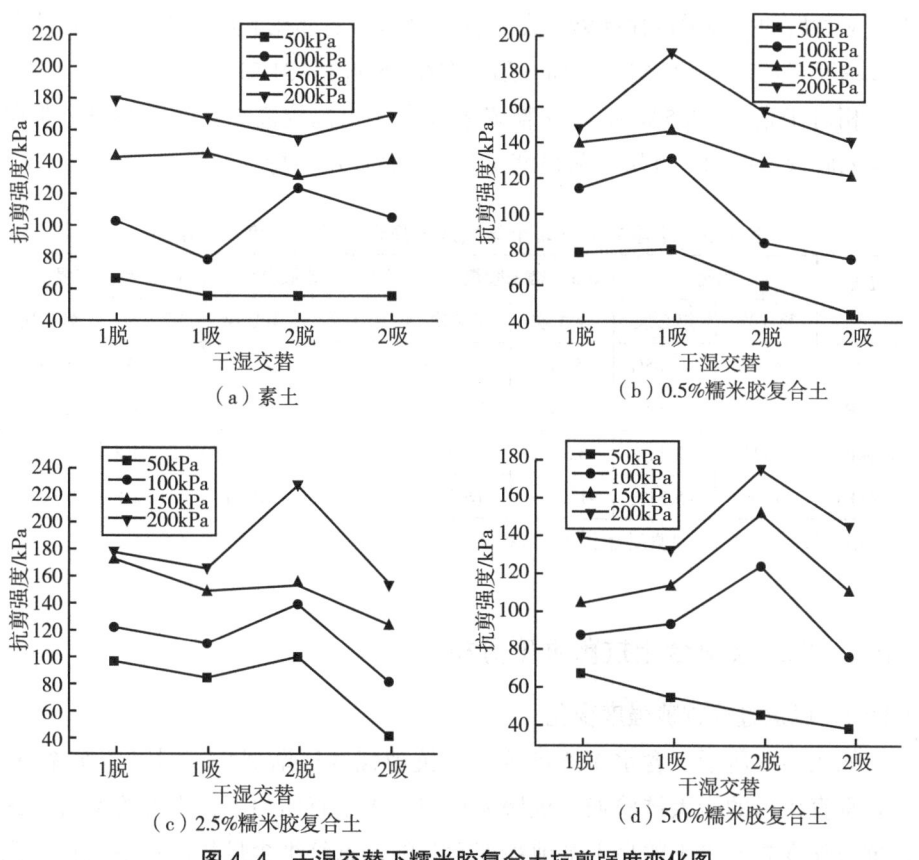

图4-4 干湿交替下糯米胶复合土抗剪强度变化图

次干湿交替、糯米胶含量为0.5%的复合土第1次干湿交替呈现出上升的趋势，上升幅度分别为9.41%和28.63%。其他呈现出下降趋势，下降幅度最大的为糯米胶含量为2.5%的复合土第2次干湿交替，为32.50%。

在干湿交替中，素土抗剪强度变化通过吸湿过程与脱湿过程的差值与吸湿值的比率计算而得，红壤复合土抗剪强度变化通过干湿交替变化值与素土变化值的比率计算而得。如表4-2所示，素土在经过第1次和第2次干湿交替后的抗剪强度都在下降，100kPa垂直压力下经过第1次干湿交替后的抗剪强度下降幅度最大为23.4%，说明干湿交替对素土的抗剪强度降低最大。

0.5%和2.5%糯米胶复合土在经过第1次干湿交替后的抗剪强度比起素土，除了在200kPa垂直压力下分别下降了13.79%和1.94%，其他垂直压力下均有所提高。但是在经过第2次干湿交替后都表现为下降，0.5%糯米胶复合土下降幅度在14.08%~28.63%之间，2.5%糯米胶复合土下降幅度在9.81%~24.71%之间。可以看出，适量的糯米胶加入有利于提高土样的抗剪强度，也可以降低干湿交替对土样抗剪强度衰减的影响。5.0%糯米胶复合土经过第1次和第2次干湿交替后的抗剪强度比起素土在所有垂直压力下都在下降。第1次干湿交替下降幅度在0.58%~22.64%之间，第2次在15.08%~31.53%之间。

相对于素土，0.5%和2.5%糯米胶复合土可以提高土体抗剪强度，但随着糯米胶含量增加，红壤抗剪强度受干湿交替作用会持续增强。

表4-2 干湿交替下素土与糯米胶复合土抗剪强度变化率表

垂直压力	素土 第1次	素土 第2次	0.5%糯米胶复合土 第1次	0.5%糯米胶复合土 第2次	2.5%糯米胶复合土 第1次	2.5%糯米胶复合土 第2次	5.0%糯米胶复合土 第1次	5.0%糯米胶复合土 第2次
50kPa	−16.56%	−16.05%	45.71%	−21.09%	51.09%	−24.71%	−0.58%	−31.53%
100kPa	−23.40%	−2.22%	65.61%	−28.63%	40.21%	−22.80%	−17.07%	−27.91%
150kPa	−1.11%	−2.26%	0.87%	−14.08%	1.10%	−12.03%	−22.64%	−22.12%
200kPa	−6.86%	−5.74%	−13.79%	−16.50%	−1.94%	−9.81%	−21.22%	−15.08%

注：以素土为基准，计算复合土的变化率，"−"表示降低。

4.2.2 木纤维复合土抗剪强度分析

4.2.2.1 脱湿过程抗剪强度变化

如图4-5所示，含水率逐渐增大，抗剪强度逐渐减小；同一含水率下，随着垂直压力的增大抗剪强度也增大；同一级垂直压力下，木纤维复合土最大抗剪强度要比素土的最大抗剪强度大，随着木纤维含量的增加最大抗剪强度随之增大，增大幅度比糯米胶复合土的要明显的多，相同的是增大幅度也在减小。随着木纤维掺量的增加抗剪强度随含水率的减小越快，曲线变得越陡。如图 4-5（a）所示，木纤维掺量为 0 时，30% 含水率以下第 2 次脱湿抗剪强度比第 1 次脱湿抗剪强度都小，30% 含水率以上逐渐出现第 2 次比第 1 次大的情况，且 30% 含水率以后随着含水率的增大抗剪强度减小的明显更快，曲线变得更陡。如图 4-5（b）所示，木纤维掺量为 0.5% 时，在已测的含水率范围内在 100kPa、150kPa、200kPa 垂直压力下，抗剪强度第 2 次脱湿比第 1 次脱湿的都小，50kPa 垂直压力下在 35% 含水率左右出现第 2 次脱湿比第 1 次脱湿大的情况。如图 4-5（c）所示，2.5% 木纤维复合土的抗剪强度第 2 次脱湿比第 1 次脱湿的都小，且比起素土和 0.5% 木纤维掺量复合土，曲线变得更陡更紧密，抗剪强度下降率更快。如图 4-5（d）所示，木纤维掺量为 5.0% 时，第 2 次脱湿的抗剪强度比第 1 次脱湿的抗剪强度基本要大，曲线变得更

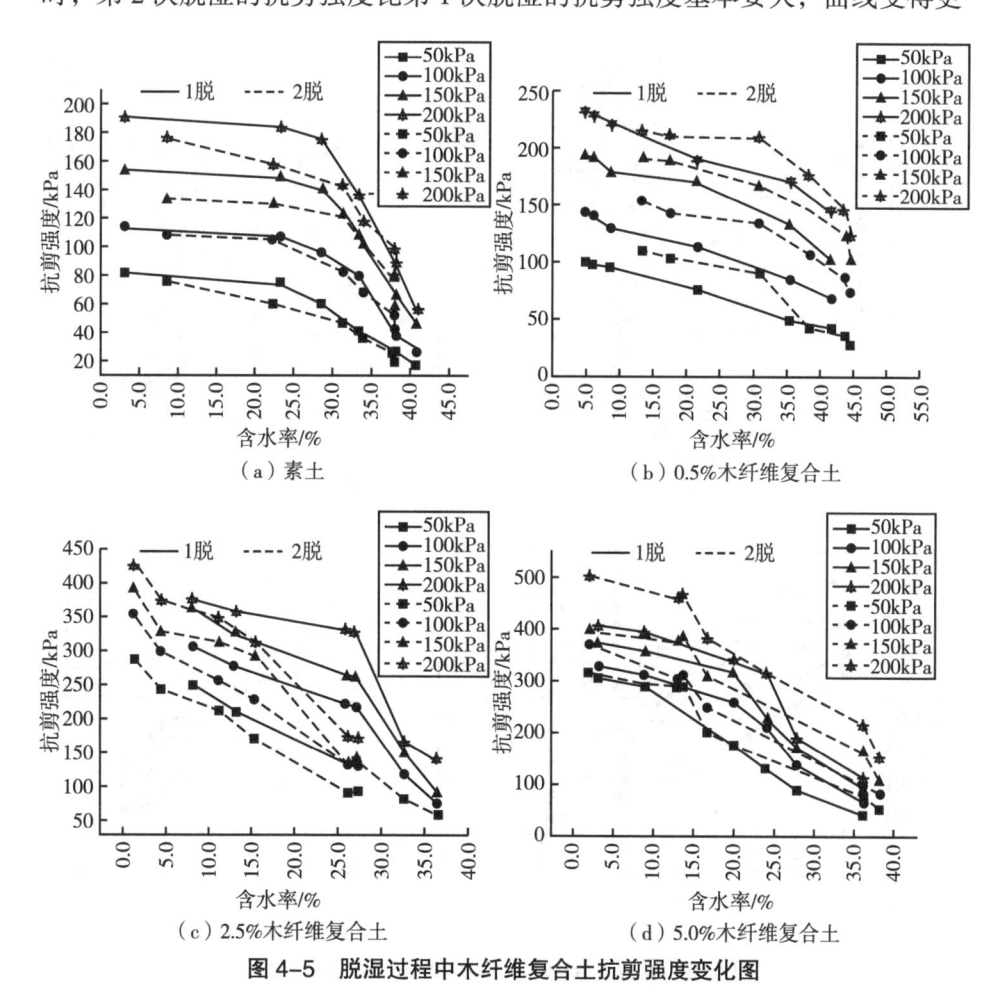

图 4-5 脱湿过程中木纤维复合土抗剪强度变化图

紧密,可以反映出随着木纤维含量的增加,干湿交替和垂直压力对抗剪强度的影响逐渐减小。

4.2.2.2 吸湿过程抗剪强度变化

如图 4-6 所示为吸湿过程中木纤维复合土抗剪强度随着含水率变化的关系图,与素土相比,如图 4-6(b)所示可以明显看出 0.5% 的木纤维复合土即使在 4 种不同的垂直压力下,在已测的含水率范围内第 2 次吸湿的抗剪强度都要比第 1 次吸湿的抗剪强度小得多。如图 4-6(c)所示,2.5% 的木纤维复合土在含水率为 26.09% 以下的抗剪强度第 2 次吸湿要略小于第 1 次吸湿,但含水率在 26.09% 以上的抗剪强度从趋势上看,第 2 次要大于第 1 次。而如图 4-6(d)所示,5.0% 的木纤维复合土在含水率为 30% 以下的抗剪强度第 2 次吸湿要略小于第 1 次吸湿,但含水率在 30% 以上的抗剪强度从趋势上看,第 2 次要大于第 1 次,说明 0.5% 木纤维复合土抵抗湿循环强度衰减的能力最

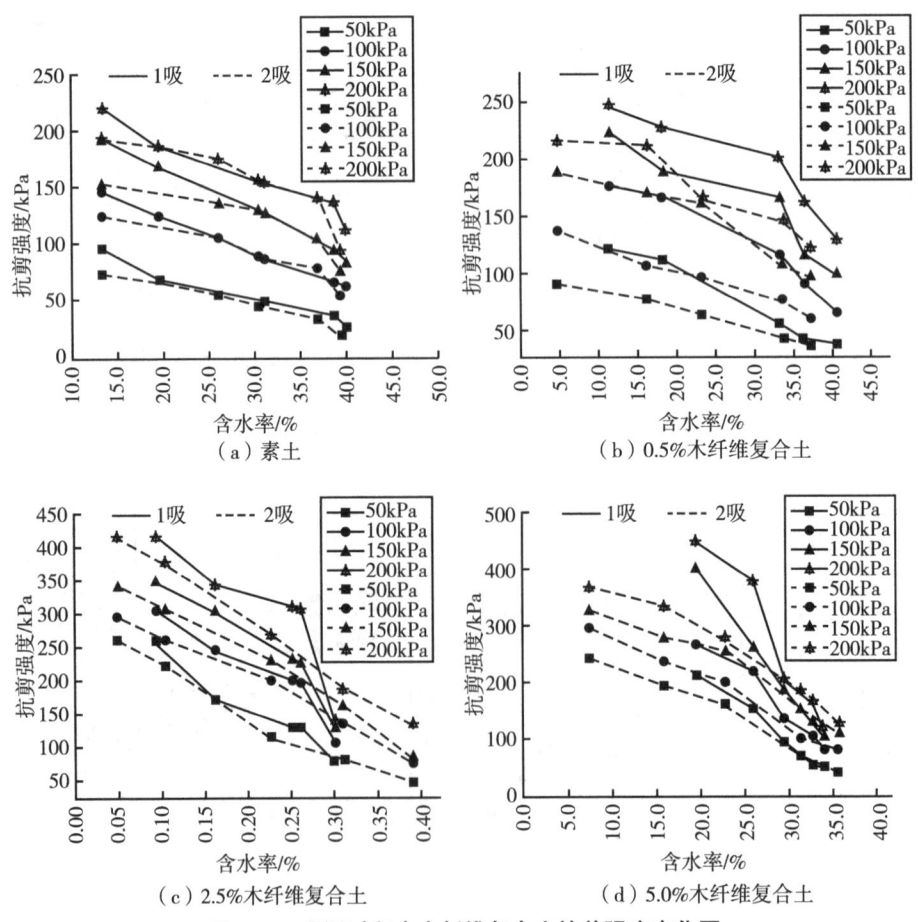

(a) 素土

(b) 0.5%木纤维复合土

(c) 2.5%木纤维复合土

(d) 5.0%木纤维复合土

图 4-6 吸湿过程中木纤维复合土抗剪强度变化图

差，2.5%木纤维复合土与5.0%木纤维复合土相比2次吸湿过程中第2次抗剪强度开始出现比第1次大时的含水率要小4.0%左右。

4.2.2.3 干湿交替过程中抗剪强度变化

如图4-7所示为在最优含水率26.09%下木纤维复合土抗剪强度随着干湿交替进行的变化情况。如图4-7所示，最大抗剪强度随着木纤维含量的增加而明显增大，说明木纤维的加入可以很大程度提高土体的抗剪强度。如图4-7（a）所示，素土除100kPa垂直压力下抗剪强度随干湿交替结束后增大了2.2%外，其他垂直压力下的抗剪强度都在下降。如图4-7（b）和图4-7（c）所示，0.5%和2.5%木纤维含量的复合土随着干湿交替的进行，抗剪强度都在下降。如图4-7（d）所示，除了5.0%木纤维复合土在50kPa垂直压力下抗剪强度随着干湿交替结束后上升了8.6%外，其他垂直压力下的抗剪强度都在下降，5.0%木纤维复合土的抗剪强度在第1次吸湿时出现增大的情况，并且50kPa和100kPa垂直压力下的抗剪强度在第2次脱湿时达到最大值，150kPa和200kPa垂直压力下的抗剪强度在第1次吸湿时达到最大值。

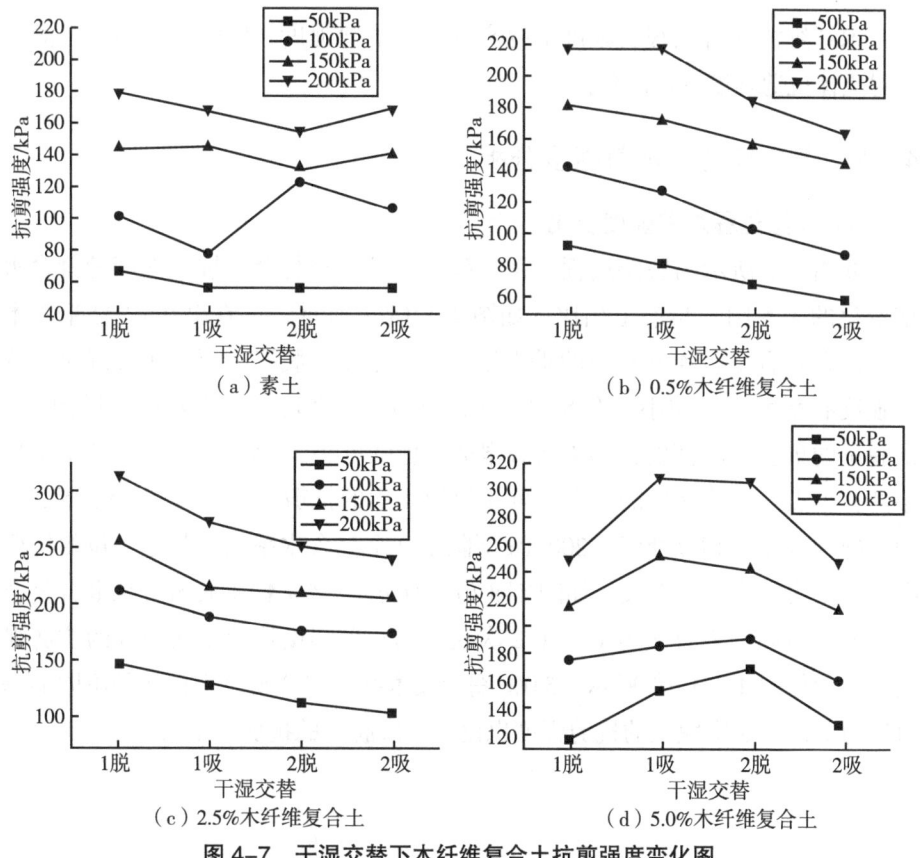

（a）素土

（b）0.5%木纤维复合土

（c）2.5%木纤维复合土

（d）5.0%木纤维复合土

图4-7 干湿交替下木纤维复合土抗剪强度变化图

如表 4-3 所示，相对于素土，0.5% 木纤维复合土的抗剪强度明显增大，第 1 次干湿交替的增大幅度在 19.17%~61.32% 之间，在经过第 2 次干湿交替后，抗剪强度的增大幅度有所减小，甚至在 100kPa 垂直压力下减小了 16.20%，200kPa 下减小了 3.20%。2.5% 和 5.0% 木纤维复合土的抗剪强度都在很大限度上得到增强。即使经过了第 2 次干湿交替，两者的抗剪强度相对于素土的抗剪强度还是有所增大。

表 4-3　干湿交替下素土与木纤维复合土抗剪强度变化率

垂直压力	素土 第1次	素土 第2次	0.5% 木纤维复合土 第1次	0.5% 木纤维复合土 第2次	2.5% 木纤维复合土 第1次	2.5% 木纤维复合土 第2次	5.0% 木纤维复合土 第1次	5.0% 木纤维复合土 第2次
50kPa	−16.56%	−16.05%	47.04%	5.27%	132.18%	85.56%	175.08%	128.65%
100kPa	−23.40%	−2.22%	61.32%	−16.20%	139.67%	65.36%	136.74%	52.97%
150kPa	−1.11%	−2.26%	19.17%	2.68%	47.37%	45.41%	73.57%	51.63%
200kPa	−6.86%	−5.74%	30.11%	−3.20%	61.74%	41.80%	85.72%	46.62%

注：以素土为基准，计算复合土的变化率，"−"表示降低。

木纤维添加可以很大限度上提高红壤的抗剪强度，同时也能减缓干湿交替对土体抗剪强度的消减作用。

4.2.3　混合复合土抗剪强度分析

4.2.3.1　脱湿过程抗剪强度变化

如图 4-8 所示为脱湿过程中糯米胶木纤维混合复合土抗剪强度随着含水率变化的关系图，与素土相比，如图 4-8（b）所示，可看出 0.5% 糯米胶木纤维混合复合土在 4 种不同的垂直压力下，第 2 次脱湿与第 1 次脱湿对比抗剪强度有增大也有减小。在 50kPa 垂直压力下，在已测的含水率范围内第 2 次脱湿的抗剪强度都要比第 1 次脱湿的抗剪强度小。100kPa 下除了含水率最小的 2 个点外，第 2 次的抗剪强度也比第 1 次的抗剪强度小。150kPa 下 2 次的抗剪强度曲线相互交织。200kPa 下除了 2 个高含水率点，其他点位的抗剪强度第 2 次都比第 1 次大。如图 4-8（c）所示，2.5% 糯米胶木纤维混合复合土在 4 种不同的垂直压力下，第 2 次脱湿的抗剪强度比第 1 次脱湿的抗剪强度大。而如图 4-8（d）所示，5.0% 糯米胶木纤维混合复合土在 4 种不同的垂直压力下，第 2 次脱湿的抗剪强度也比第 1 次脱湿的抗剪强度大。

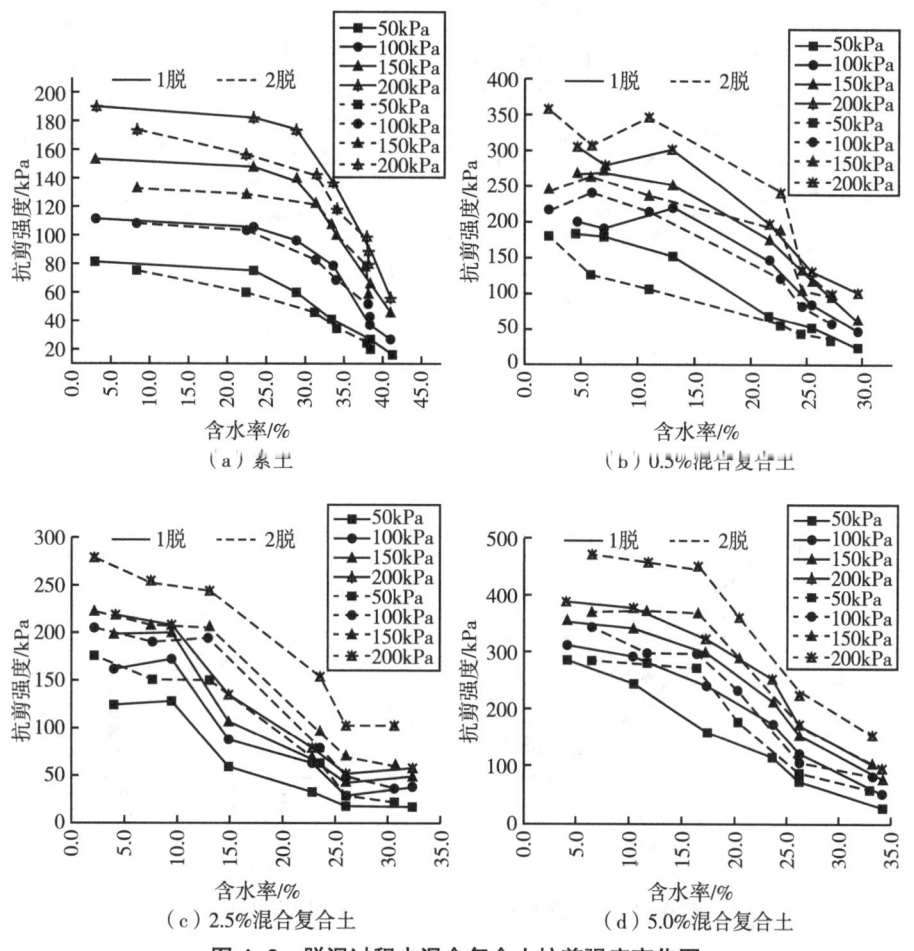

图 4-8 脱湿过程中混合复合土抗剪强度变化图

4.2.3.2 吸湿过程抗剪强度变化

如图 4-9 所示为吸湿过程中糯米胶木纤维混合复合土抗剪强度随着含水率变化的关系图。与素土相比，如图 4-9（b）所示，可看出 0.5% 的混合复合土在 4 种不同的垂直压力下，第 2 次吸湿与第 1 次吸湿对比，抗剪强度有所增大。如图 4-9（c）所示，2.5% 混合复合土在 4 种不同的垂直压力下，2次吸湿过程中抗剪强度大小差别不大。如图 4-9（d）所示，5.0% 糯米胶木纤维混合复合土在 4 种不同的垂直压力下，50kPa 和 100kPa 下第 2 次吸湿比第 1 次吸湿过程的抗剪强度大。150kPa 和 200kPa 垂直压力下，在相对小的含水率下第 2 次吸湿比第 1 次吸湿过程的抗剪强度小。

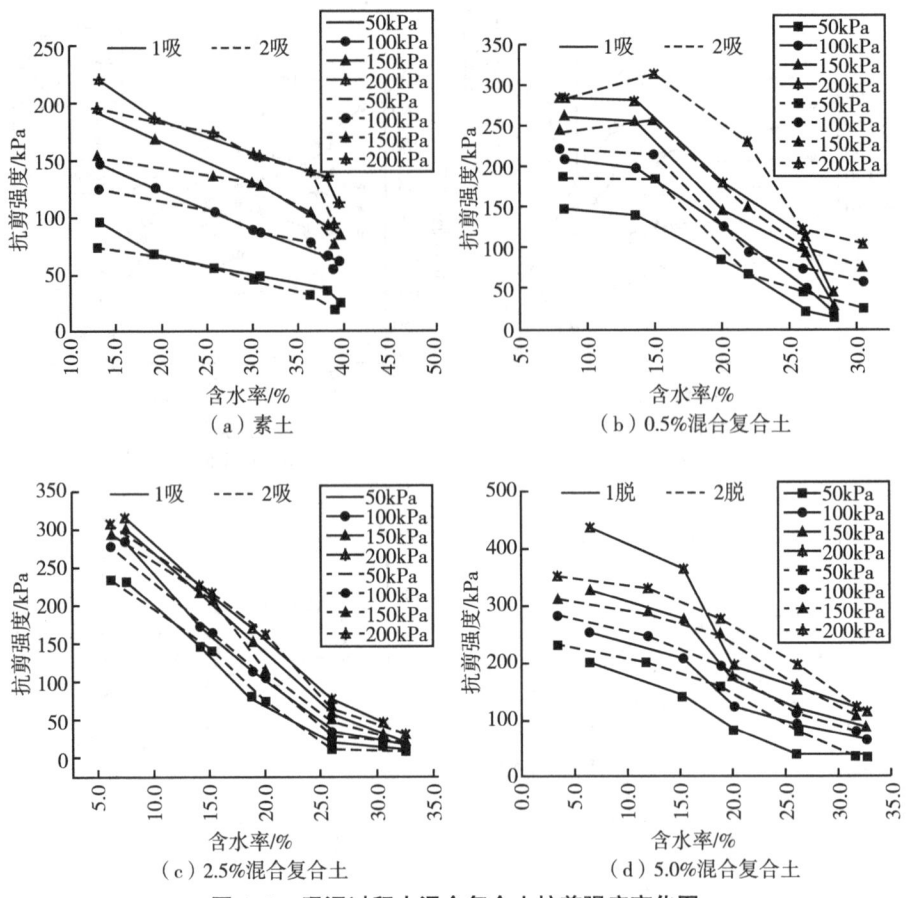

图 4-9 吸湿过程中混合复合土抗剪强度变化图

4.2.3.3 干湿交替过程中抗剪强度变化

如图 4-10 所示为在最优含水率 26.09% 下糯米胶木纤维混合复合土抗剪强度随干湿交替进行的变化情况。如图 4-10（b）所示，0.5% 糯米胶木纤维混合复合土经过干湿交替后抗剪强度都有所下降，且整体的抗剪强度较素土也有所下降。如图 4-10（c）所示，2.5% 糯米胶木纤维混合复合土在 50kPa 和 100kPa 垂直压力下，抗剪强度随着干湿交替结束后有所下降，而在 150kPa 和 200kPa 的垂直压力下却有所上升。如图 4-10（d）所示，5.0% 糯米胶木纤维混合复合土的抗剪强度随着干湿交替的进行先增加，在 2 脱时达到最大值，随后又开始减小。

50kPa 垂直压力下，素土第 2 次干湿交替呈现出上升的趋势，上升幅度为 0.09%，其他呈现出下降趋势，下降幅度最大的为混合含量为 2.5% 的复合土第 2 次干湿交替，为 60.00%。100kPa 垂直压力下，全部都呈现出下降趋势，下降幅度最大的为混合含量为2.5%的复合土第2次干湿交替，为44.71%。150kPa垂直压力下，素土2次干湿交替呈现出上升的趋势，上升幅度分别为1.11%和7.54%，其他呈现出下降趋势，下降幅度最大的为混合含量为2.5%的复合土第1次干湿交替，下降幅度为39.05%。200kPa垂直压力下，素土第2次干湿交替呈现出上升的趋势，上升幅度为9.41%，其他呈现出下降趋势，下降幅度最大的为混合含量为2.5%的复合土第1次干湿交替，为45.83%。

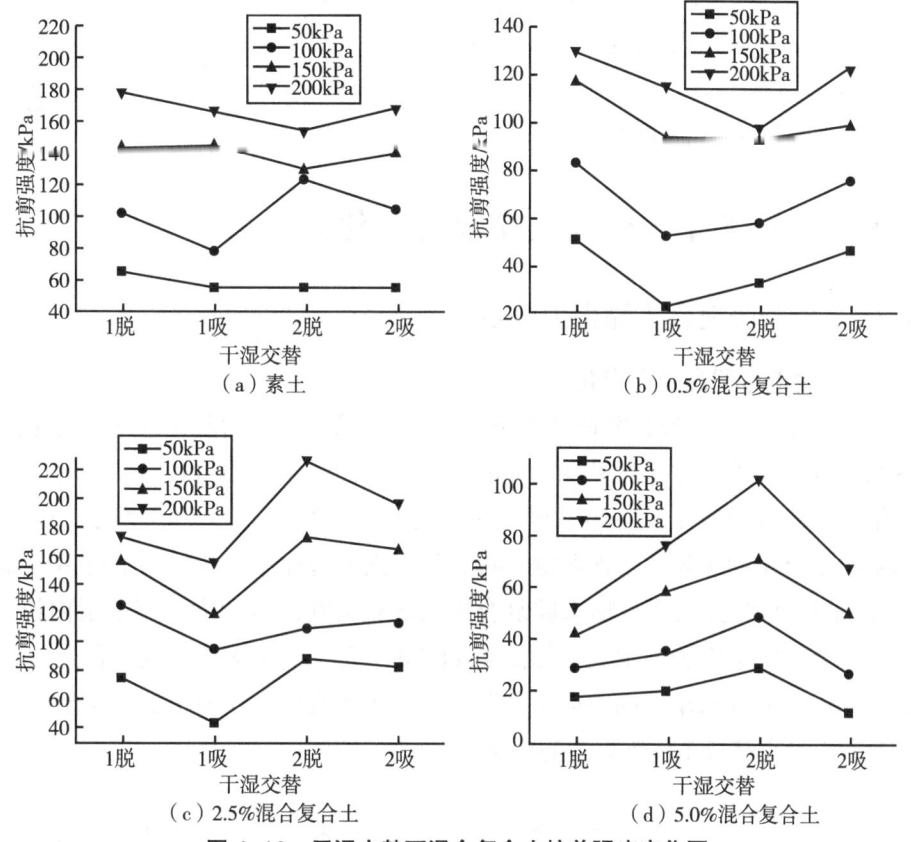

图4-10 干湿交替下混合复合土抗剪强度变化图

如表4-4所示，相对于素土，0.5%和2.5%混合复合土的抗剪强度都有所降低，即使经过了第2次干湿交替，两者的抗剪强度相对于素土的抗剪强度均有所降低。5.0%混合复合土的抗剪强度在经过了第1次干湿交替后也有所降低，降低幅度在7.74%～22.99%之间，然而在经过了第2次干湿交替后抗剪强度却有所增大，增大幅度在7.98%～48.41%之间。

上述内容表明，糯米胶和木纤维混合的加入在一定的含量范围内对土体抵抗干湿交替抗剪强度的衰减是不利的，含量范围在0.5%～2.5%之间，0.5%

混合以下含量的效果不明显，大于5.0%混合复合土能抵抗干湿交替对土体抗剪强度衰减的变化趋势。

表4-4 干湿交替下素土与混合复合土抗剪强度变化率

垂直压力	素土 第1次	素土 第2次	0.5%混合复合土 第1次	0.5%混合复合土 第2次	2.5%混合复合土 第1次	2.5%混合复合土 第2次	5.0%混合复合土 第1次	5.0%混合复合土 第2次
50kPa	−16.56%	−16.05%	−58.47%	−15.71%	−64.79%	−79.36%	−22.99%	48.51%
100kPa	−23.40%	−2.22%	−33.76%	−27.91%	−56.17%	−74.77%	−19.62%	7.98%
150kPa	−1.11%	−2.26%	−35.26%	−29.07%	−60.21%	−64.54%	−18.69%	16.16%
200kPa	−6.86%	−5.74%	−31.13%	−27.53%	−54.88%	−60.14%	−7.74%	15.69%

注：以素土为基准，计算复合土的变化率，"−"表示降低。

4.3 干湿交替下复合土黏聚力变化分析

4.3.1 糯米胶复合土黏聚力分析

4.3.1.1 脱湿过程黏聚力变化

如图4-11所示为2次脱湿过程中糯米胶复合土黏聚力随含水率的变化关系图，可见随着含水率的增大土体的黏聚力减小。如图4-11（a）所示，素土第1次脱湿与第2次脱湿黏聚力的变化不大。如图4-11（b）所示，0.5%糯米胶复合土的黏聚力2次脱湿过程，第2次明显比第1次减小了许多。如图4-11（c）所示，2.5%糯米胶复合土的黏聚力在已测的含水率范围内第2次脱湿要比第1次脱湿偏大。如图4-11（d）所示，5.0%糯米胶复合土的黏聚力在已测的含水率范围内第2次脱湿比第1次脱湿大。说明加入糯米胶可以改变干湿交替对土体黏聚力的影响。

（a）素土　　　　　　　　　　（b）0.5%糯米胶复合土

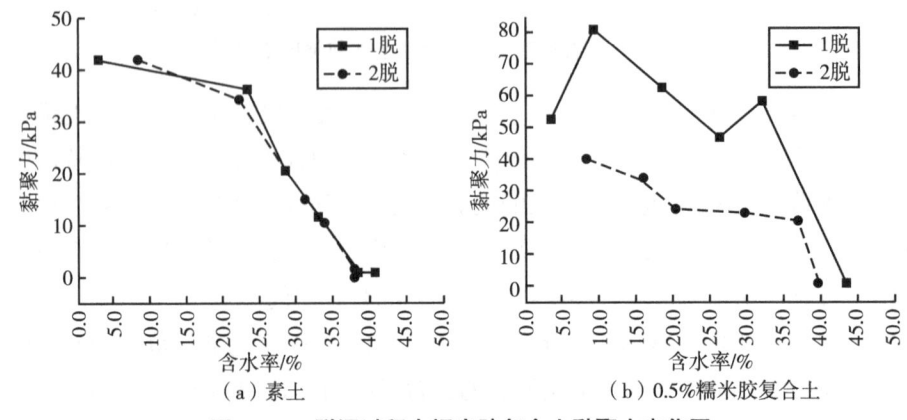

图4-11 脱湿过程中糯米胶复合土黏聚力变化图

（c）2.5%糯米胶复合土　　　　　（d）5.0%糯米胶复合土

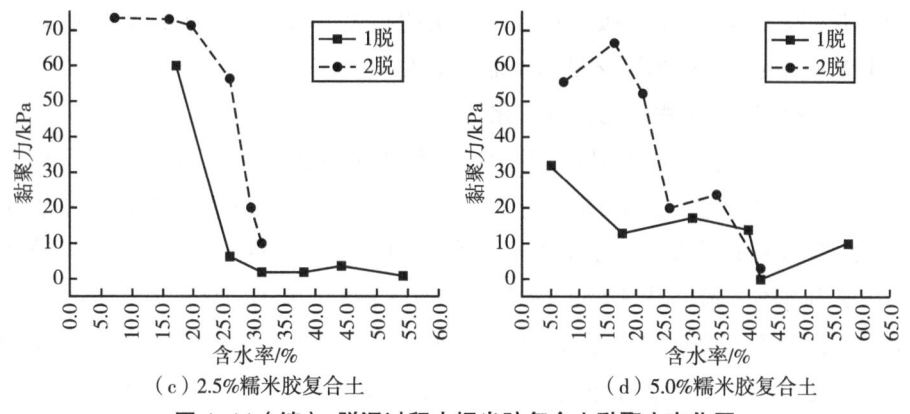

图 4-11（续）　脱湿过程中糯米胶复合土黏聚力变化图

4.3.1.2　吸湿过程黏聚力变化

如图 4-12 所示为 2 次吸湿过程中糯米胶复合土黏聚力随含水率的变化关系图，吸湿与脱湿过程造成的黏聚力结果有比较大的差异。素土和 3 种含量

（a）素土　　　　　　　　　（b）0.5%糯米胶复合土

（c）2.5%糯米胶复合土　　　　　（d）5.0%糯米胶复合土

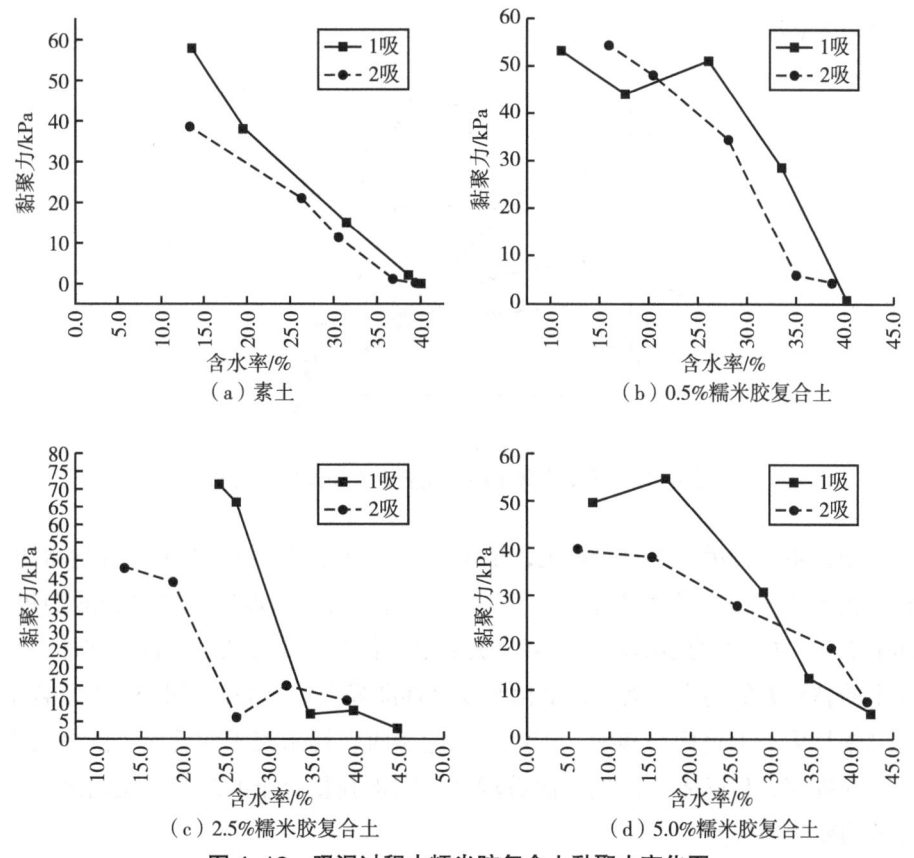

图 4-12　吸湿过程中糯米胶复合土黏聚力变化图

下的糯米胶复合土，2次吸湿过程第2次的黏聚力都比第1次的黏聚力偏小，并且减小幅度随着糯米胶含量的增加而增大。

4.3.1.3　干湿交替过程中黏聚力变化

如图4-13所示为糯米胶复合土在最优含水率26.09%下黏聚力随干湿交替进行的关系示意图。如图4-13所示可以看出随着糯米胶含量的增加，土体的黏聚力明显增大，但是随着干湿交替的进行，不同含量的糯米胶复合土的黏聚力都在下降，素土的黏聚力下降幅度最小，降幅为26.7%，糯米胶复合土的黏聚力下降幅度都非常大且达到了80%以上，0.5%糯米胶复合土为82.7%，2.5%糯米胶复合土为90.9%，5.0%糯米胶复合土为89.8%。在第1次脱湿和吸湿时加了糯米胶的复合土黏聚力都比素土的要大很多，且2.5%糯米胶复合土大于0.5%糯米胶复合土大于5.0%糯米胶复合土。到第2次脱湿时，0.5%糯米胶复合土和2.5%糯米胶复合土黏聚力开始减小到比素土的小，到第2次吸湿时，所有含量的糯米胶复合土黏聚力都比素土的小。糯米胶的加入虽然可以在很大限度上提高土体的黏聚力，但是会增大干湿交替对土体黏聚力的衰减。

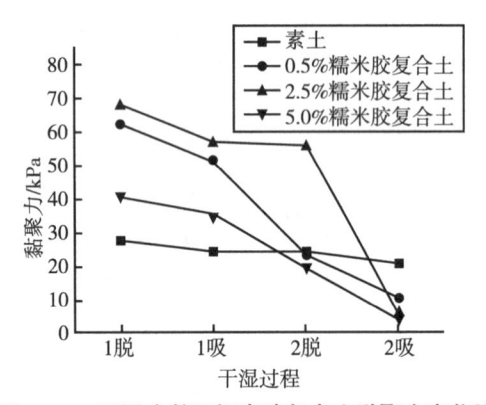

图4-13　干湿交替下糯米胶复合土黏聚力变化图

如表4-5所示，相对于素土，第1次干湿交替中，随着糯米胶含量增加，复合土的黏聚力值均大于素土，变化幅度呈先快速增加后缓慢增加的趋势，其中2.5%复合土的增幅最大；第2次干湿交替中，随着糯米胶含量增加，复合土的黏聚力值均小于素土，变化幅度呈逐渐降低的趋势，其中5.0%复合土的降幅最大。上述内容表明，干湿交替起始时，糯米胶添加后素土的黏聚力会快速提高，但随着干湿交替次数增加，糯米胶复合土的黏聚力又出现快速降低的变化趋势。

表 4-5　干湿交替下素土与糯米胶复合土黏聚力变化情况表

处理	第 1 次干湿交替		第 2 次干湿交替	
	变化值 /kPa	变化幅度 /%	变化值 /kPa	变化幅度 /%
素土	-3.76	-13.46	-3.98	-16.46
0.5% 糯米胶复合土	26.51	109.60	-9.73	-47.45
2.5% 糯米胶复合土	32.67	135.03	-14.34	-69.98
5.0% 糯米胶复合土	11.06	45.72	-16.38	-79.89

注：以素土为基准，计算复合土的变化率，"-"表示降低。

4.3.2　木纤维复合土黏聚力分析

4.3.2.1　脱湿过程黏聚力变化

如图 4-14 所示为 2 次脱湿过程中木纤维复合土黏聚力随含水率的变化关系图，2 次脱湿对素土黏聚力的影响比较小，与素土相比，加入了木纤维

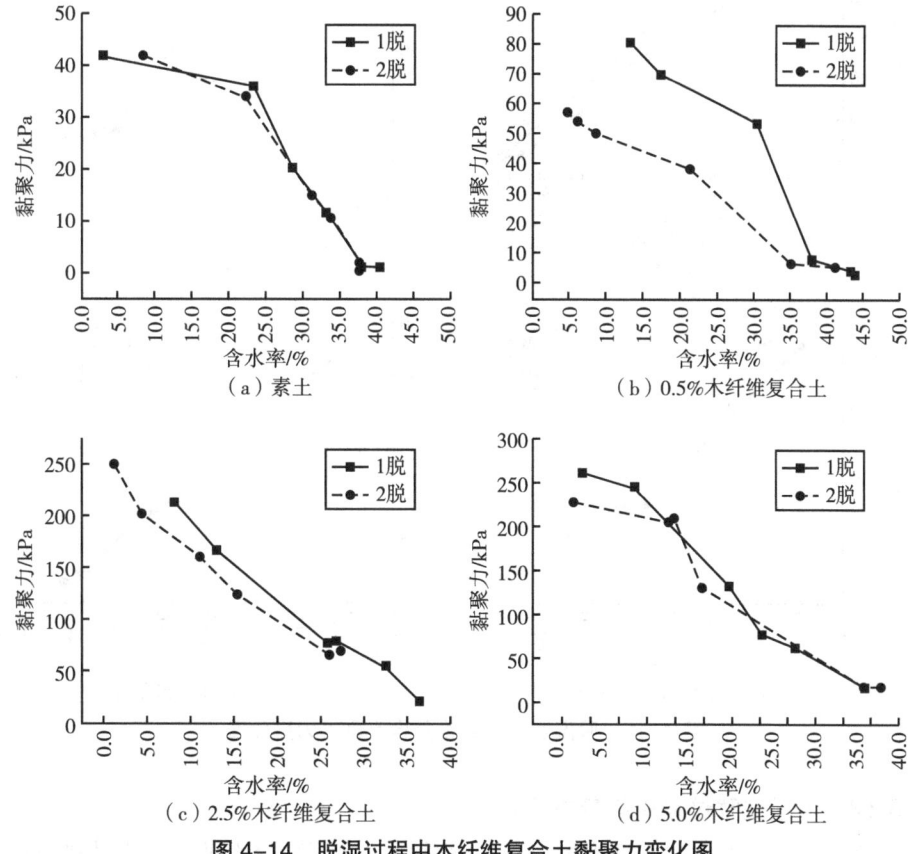

(a) 素土

(b) 0.5% 木纤维复合土

(c) 2.5% 木纤维复合土

(d) 5.0% 木纤维复合土

图 4-14　脱湿过程中木纤维复合土黏聚力变化图

的复合土黏聚力明显有所增大,但是第 2 次脱湿过程中的黏聚力会比第 1 次脱湿有所减小,且随着木纤维含量的增加,减小幅度在不断地减小,甚至当木纤维含量达到 5.0% 时,在部分含水率下的第 2 次脱湿的黏聚力略大于第 1 次脱湿的黏聚力。说明加入木纤维增大土体的黏聚力的同时也可以减小干湿交替对黏聚力的衰减。

4.3.2.2 吸湿过程黏聚力变化

如图 4-15 所示为 2 次吸湿过程中木纤维复合土黏聚力随含水率的变化关系图,2 次吸湿过程对素土的影响比 2 次脱湿过程对素土的影响要大,第 2 次吸湿比第 1 次吸湿有所减小。如图 4-15(b)所示,0.5% 木纤维复合土的黏聚力第 2 次吸湿比第 1 次吸湿有很大程度的减小。但是 2.5% 和 5.0% 木纤维复合土的 2 次吸湿过程的黏聚力在已测的含水率范围内差别不大。

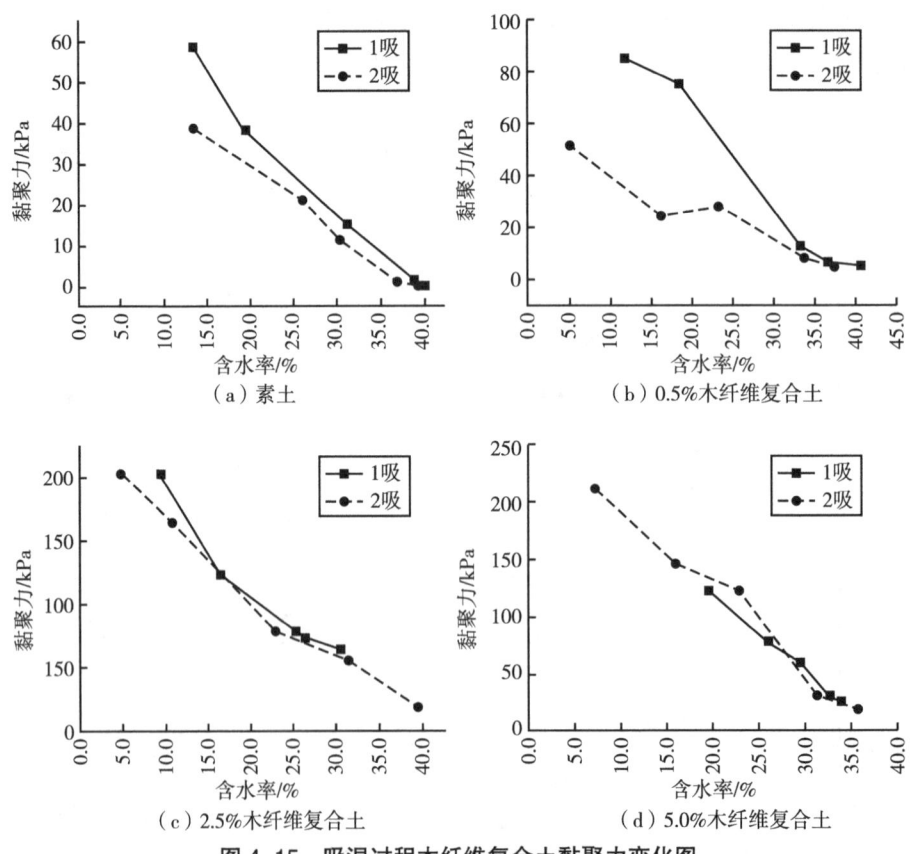

图 4-15 吸湿过程木纤维复合土黏聚力变化图

4.3.2.3 干湿交替过程中黏聚力变化

如图 4-16 所示为木纤维复合土在最优含水率下黏聚力随干湿交替进行的

关系示意图。素土、0.5%木纤维含量与2.5%木纤维含量的木纤维复合土都随干湿交替的进行而减小，但减小的幅度不同，素土的黏聚力从27.953kPa减小到20.497kPa，减小了7.456 kPa，减小幅度为26.67%；0.5%木纤维复合土的黏聚力从54.994kPa减小到20.724kPa，减小了34.27 kPa，减小幅度为62.31%；2.5%木纤维复合土的黏聚力从95.601kPa减小到70.204kPa，减小了25.397 kPa，减小幅度为26.57%；5.0%木纤维复合土有所不同，呈现出先增加后减小的趋势，从第1次脱湿的最小值79.576kPa增加，在第2次脱湿时达到峰值109.92kPa，增加幅度为38.13%，随后又减小到83.627kPa，较第1次脱湿的最小值增加了4.051kPa，增加幅度为5.1%。说明木纤维的加入不仅可以很大程度上增大土体的黏聚力，同时也可以很好的减小干湿交替对土体黏聚力的影响。

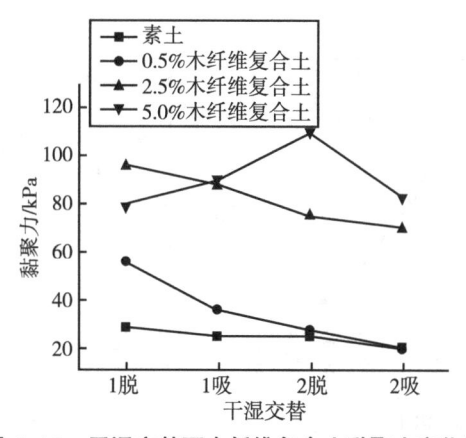

图4-16 干湿交替下木纤维复合土黏聚力变化图

如表4-6所示，相对于素土，随着木纤维含量增加，2次干湿交替复合土的黏聚力值均大于素土，变化值呈逐渐增大的趋势，其中5.0%木纤维复合土的增幅最大，为66.01kPa；随着干湿交替次数增加，木纤维复合土的黏聚力变化值增幅逐渐减慢，其中0.5%木纤维复合土的变化幅度最大。表明木纤维添加后能大幅提高素土的黏聚力值，木纤维添加可以减缓干湿交替的影响速率。

表4-6 干湿交替下素土与木纤维复合土黏聚力变化情况表

处理	第1次		第2次	
	变化值/kPa	变化幅度/%	变化值/kPa	变化幅度/%
素土	-3.76	-13.46	-7.46	-26.67
0.5%木纤维复合土	11.92	49.25	0.23	1.11
2.5%木纤维复合土	63.46	26.23	49.71	2.43
5.0%木纤维复合土	66.01	27.29	63.13	3.08

注：以素土为基准，计算复合土的变化率，"-"表示降低。

4.3.3 混合复合土黏聚力分析

4.3.3.1 脱湿过程黏聚力变化

如图 4-17 所示为 2 次脱湿过程中糯米胶木纤维混合复合土黏聚力随含水率的变化关系图。与素土相比，加入了糯米胶和木纤维的复合土黏聚力明显有所增大。如图 4-17（b）所示，0.5% 混合复合土第 2 次脱湿过程中的黏聚力比第 1 次脱湿过程中的黏聚力小。如图 4-17（c）所示，2.5% 混合复合土除了较高含水率的 2 个点外，第 2 次脱湿过程中的黏聚力比第 1 次脱湿过程中的黏聚力大，如图 4-17（d）所示，5.0% 混合复合土除了较高含水率的 2 个点外，第 2 次脱湿过程中的黏聚力会比第 1 次脱湿过程中的黏聚力大得多，增大的幅度比 2.5% 混合复合土的大。

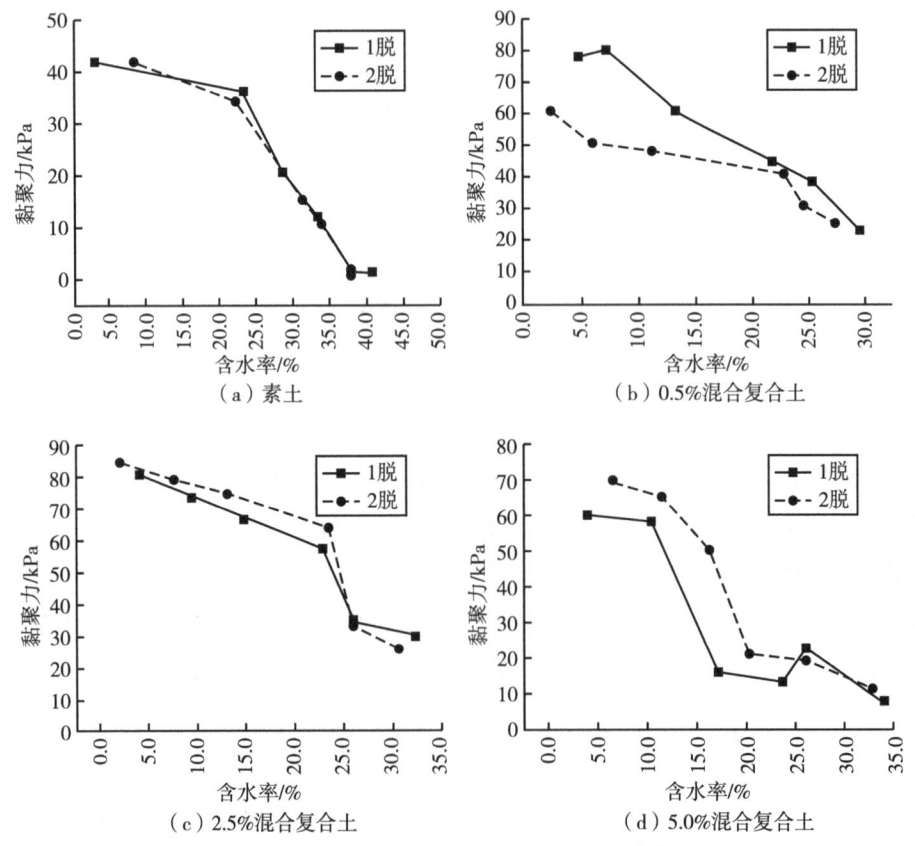

图 4-17 脱湿过程中混合复合土黏聚力变化图

4.3.3.2 吸湿过程黏聚力变化

如图 4-18 所示为 2 次吸湿过程中糯米胶木纤维混合复合土黏聚力随含水率的变化关系图。如图 4-18（b）所示，0.5%混合复合土第 2 次吸湿过程中的黏聚力比第 1 次吸湿过程中的黏聚力小。如图 4-18（c）所示，2.5%混合复合土除了较高含水率的 2 个点外，第 2 次吸湿过程中的黏聚力比第 1 次吸湿过程中的黏聚力略大。如图 4-18（d）所示，5.0%混合复合土第 2 次吸湿过程中的黏聚力比第 1 次吸湿过程中的黏聚力大得多，增大的幅度也比 2.5%混合复合土的大。

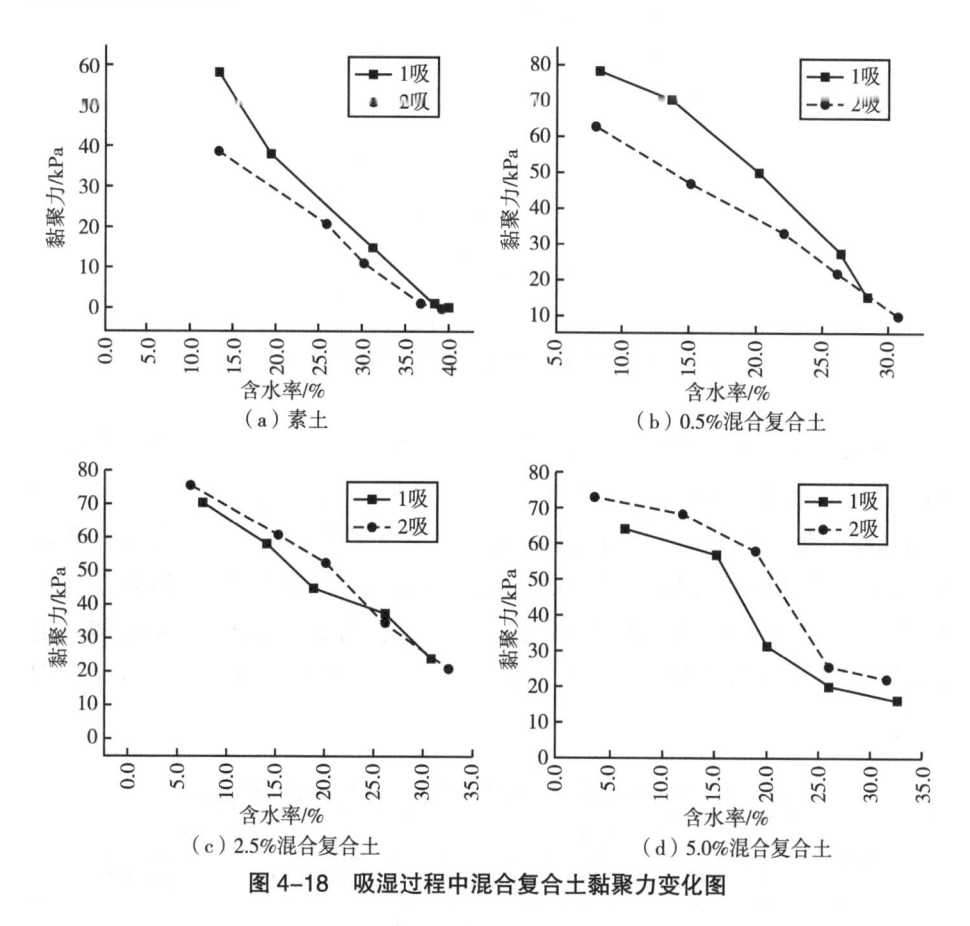

图 4-18 吸湿过程中混合复合土黏聚力变化图

4.3.3.3 干湿交替过程中黏聚力变化

如图 4-19 所示为糯米胶木纤维混合复合土在最优含水率下黏聚力随干湿交替进行的关系示意图。素土、0.5%混合复合土与 2.5%混合复合土都随干湿交替的进行而减小，但减小的幅度不同，素土的黏聚力从 27.95kPa 减小到 20.49kPa，减小了 7.46 kPa，减小幅度为 26.67%；2.5%糯米胶木纤维混合复合土与 5.0% 糯米胶木纤维混合复合土 2 种土随着干湿交替的进行黏聚力波动不大，而 0.5% 糯米胶木纤维混合复合土随着干湿交替的进行有增有减，波动较大，从 34.56 kPa 减小到 22.37 kPa，减小幅度为 35.27%。从图 4-19 中可以明显看出黏聚力由大到小为：2.5% 混合复合土 > 0.5% 混合复合土 > 素土 > 5.0% 混合复合土。

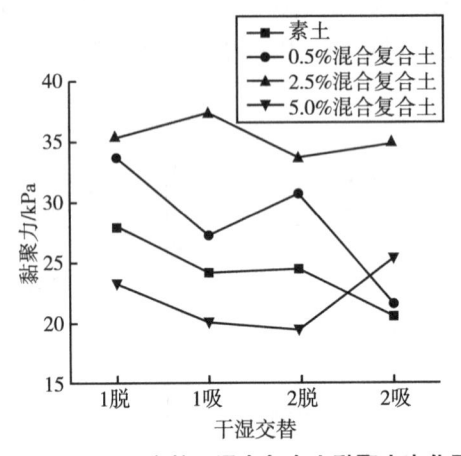

图 4-19 干湿交替下混合复合土黏聚力变化图

如表 4-7 所示，相对于素土，随着混合含量增加，2 次干湿交替黏聚力的变化值呈逐渐增大后减小的趋势。其中，2.5% 混合复合土的增幅最大，为 14.15kPa；随着干湿交替次数增加，混合复合土的黏聚力变化值总体变化幅度较小，其中 5.0% 混合复合土的变化幅度较大，可能是 5.0% 混合复合土受干湿交替影响后快速失水引起黏聚力增大。表明混合复合土添加后能一定范围内提高素土的黏聚力值，2.5% 添加量为混合复合土黏聚力值变化的临界点。

表 4-7 干湿交替下素土与混合复合土黏聚力变化情况表

处理	第 1 次 变化值 /kPa	第 1 次 变化幅度 /%	第 2 次 变化值 /kPa	第 2 次 变化幅度 /%
素土	−3.76	−13.46	−7.45	−26.67
0.5% 混合复合土	2.95	12.19	1.17	5.72
2.5% 混合复合土	13.0	53.98	14.15	69.05
5.0% 混合复合土	−4.10	−16.95	4.86	23.73

注：以素土为基准，计算复合土的变化率，"−" 表示降低。

4.4 干湿交替下复合土内摩擦角变化分析

4.4.1 糯米胶复合土内摩擦角分析

4.4.1.1 脱湿过程内摩擦角变化

如图 4-20 所示为脱湿过程中不同糯米胶含量复合土内摩擦角随含水率变化关系。如图 4-20（a）所示，素土的内摩擦角在 30.0% 的含水率以下时，内摩擦角随含水率变化的波动较小，第 2 次脱湿过程中的内摩擦角比第 1 次脱湿过程中的内摩擦角小，但在含水率超过 30.0% 后，内摩擦角随含水率的增大急剧减小，且 2 次脱湿过程中的内摩擦角大小相差不大。如图 4-20（b）所示，0.5% 糯米胶复合土的内摩擦角在已测的含水率范围内，第 2 次脱湿过程比第 1 次脱湿过程大得多。如图 4-20（c）所示，2.5% 糯米胶复合土的内摩

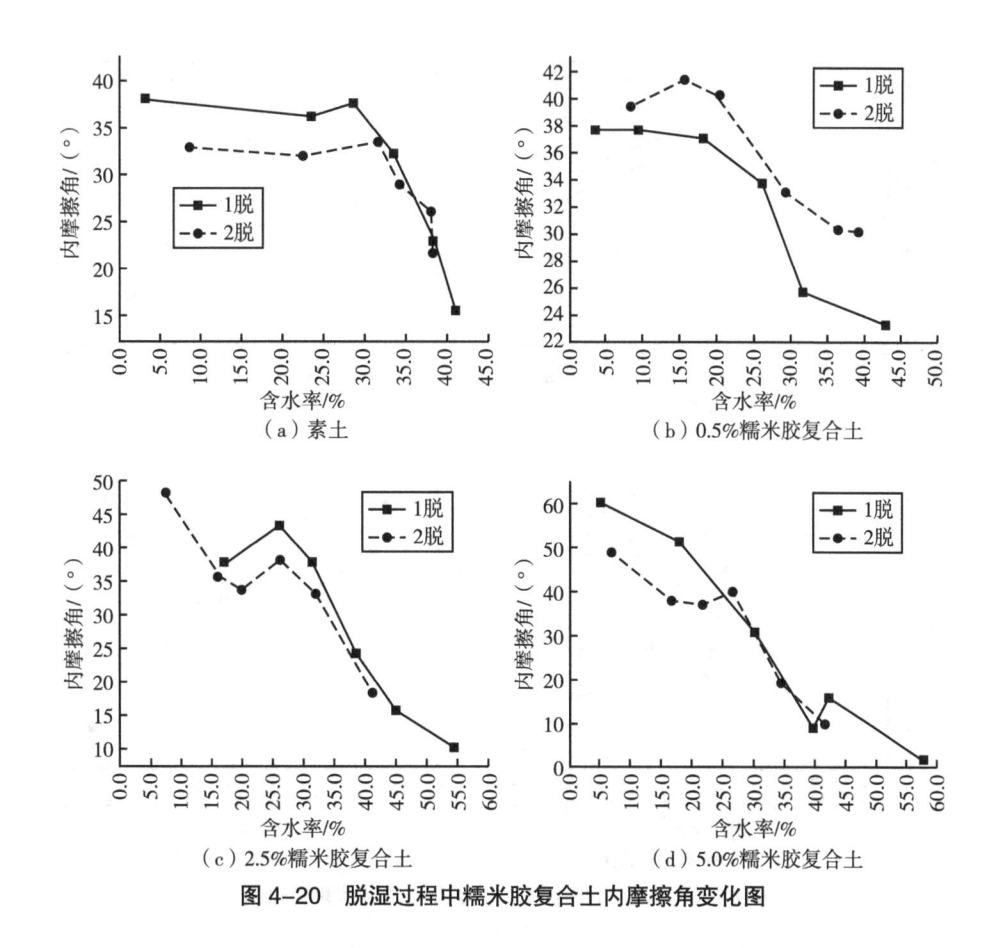

图 4-20 脱湿过程中糯米胶复合土内摩擦角变化图

擦角在 26.0% 的含水率以下时，第 2 次脱湿过程中的内摩擦角比第 1 次脱湿过程中的内摩擦角小，但在含水率超过 26.0% 后，开始出现第 2 次比第 1 次大的情况，且内摩擦角随含水率增大急剧减小。如图 4-20（d）所示，5.0% 糯米胶复合土的内摩擦角在 26.0% 的含水率以下时，第 2 次脱湿过程中的内摩擦角比第 1 次脱湿过程中的内摩擦角小，但在含水率超过 26.0% 后，第 1 次与第 2 次的内摩擦角差别不大。

4.4.1.2 吸湿过程内摩擦角变化

如图 4-21 所示为吸湿过程中不同糯米胶复合土内摩擦角随含水率变化关系。如图 4-21（a）所示，素土的内摩擦角在 20.0% 的含水率以下时，第 2 次吸湿过程中的内摩擦角比第 1 次吸湿过程中的内摩擦角小，但在含水率超过 20.0% 后，第 2 次吸湿过程中的内摩擦角比第 1 次吸湿过程中的内摩擦角大。如图 4-21（b）所示，0.5% 糯米胶复合土的内摩擦角在 26.0% 的含水率以下时，第 2 次吸湿过程中的内摩擦角比第 1 次吸湿过程中的内摩擦角小，但在含水

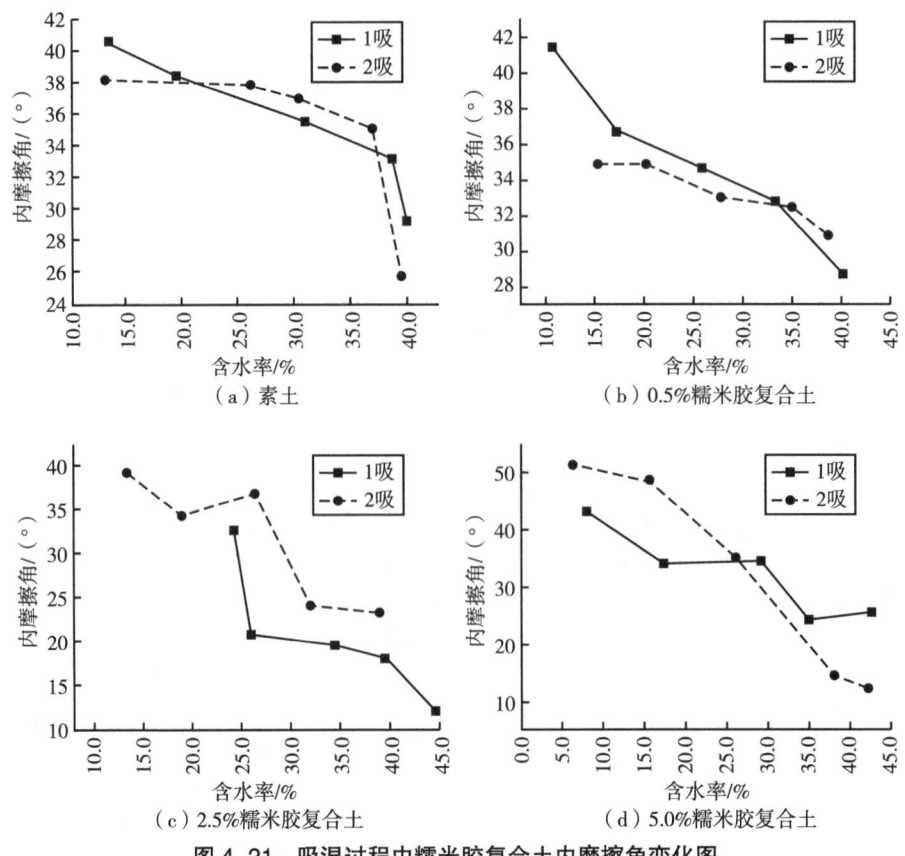

（a）素土

（b）0.5%糯米胶复合土

（c）2.5%糯米胶复合土

（d）5.0%糯米胶复合土

图 4-21 吸湿过程中糯米胶复合土内摩擦角变化图

率超过 26.0% 后，开始出现第 2 次比第 1 次大的情况。如图 4-21（c）所示，2.5% 糯米胶复合土的内摩擦角在已测的含水率范围内，第 2 次吸湿过程要比第 1 次吸湿过程大。如图 4-21（d）所示，5.0% 糯米胶复合土的内摩擦角在 26.0% 的含水率以下时，第 2 次吸湿过程中的内摩擦角比第 1 次吸湿过程中的内摩擦角大，但在含水率超过 26.0% 后，第 2 次比第 1 次小。

4.4.1.3 干湿交替过程中内摩擦角变化

如图 4-22 所示，随着干湿交替的进行，素土的内摩擦角波动不大，在 4° 范围波动，但 3 种含量下的糯米胶复合土随着干湿交替的进行，内摩擦角有所增大。在第 1 次脱湿和第 1 次吸湿时，3 种含量下的糯米胶复合土的内摩擦角都要比素土的小，而到第 2 次脱湿时，却都要比素土的大，到第 2 次吸湿时，又比素土的小。

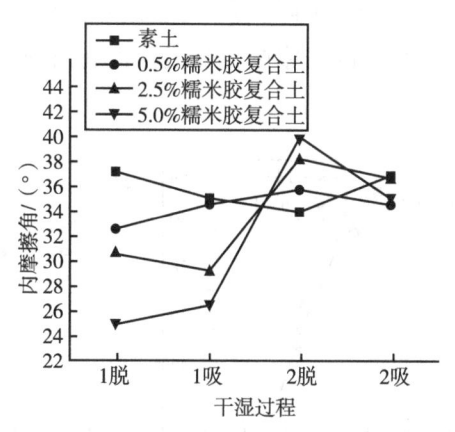

图 4-22 干湿交替下糯米胶复合土内摩擦角变化图

如表 4-8 所示，相对于素土，第 1 次干湿交替中，随着糯米胶含量增加，内摩擦角的变化值呈先小幅提高后逐渐降低的趋势，其中 5.0% 糯米胶复合土的降幅最大，为 8.60°；随着干湿交替次数增加，糯米胶复合土的内摩擦

表 4-8 干湿交替下素土和糯米胶复合土内摩擦角变化情况表

处理	第 1 次		第 2 次	
	变化值/(°)	变化幅度/%	变化值/(°)	变化幅度/%
素土	−2.08	−5.57	−0.45	−1.20
0.5% 糯米胶复合土	−0.59	−1.66	−2.27	−6.16
2.5% 糯米胶复合土	−6.17	−17.52	0.01	0.04
5.0% 糯米胶复合土	−8.60	−24.42	−1.80	−4.88

注：以素土为基准，计算复合土的变化率，"−" 表示降低。

角变化值变化幅度逐渐减小，其中 2.5% 糯米胶复合土的变化幅度最小，表明添加低量的糯米胶后对素土内摩擦角变化的影响不大，但能减缓干湿交替对内摩擦角降低的影响。

4.4.2 木纤维复合土内摩擦角分析

4.4.2.1 脱湿过程内摩擦角变化

如图 4-23 所示，木纤维复合土的内摩擦角在脱湿过程中随含水率的变化与糯米胶复合土的有所不同。木纤维复合土的内摩擦角随含水率的增大会先增大后减小。素土的内摩擦角峰值在 38°左右，在含水率较低时出现，随后一直随含水率的升高而降低。木纤维掺量为 0.5%、2.5% 和 5.0% 土样的内摩擦角峰值并没有像素土一样在低含水率阶段出现，而是随含水率的升高才慢慢出现，达到峰值之后又开始下降。第 2 次脱湿与第 1 次脱湿对比，加了木纤维后的第 2 次脱湿过程中的内摩擦角峰值会提前出现。与素土相比，加了

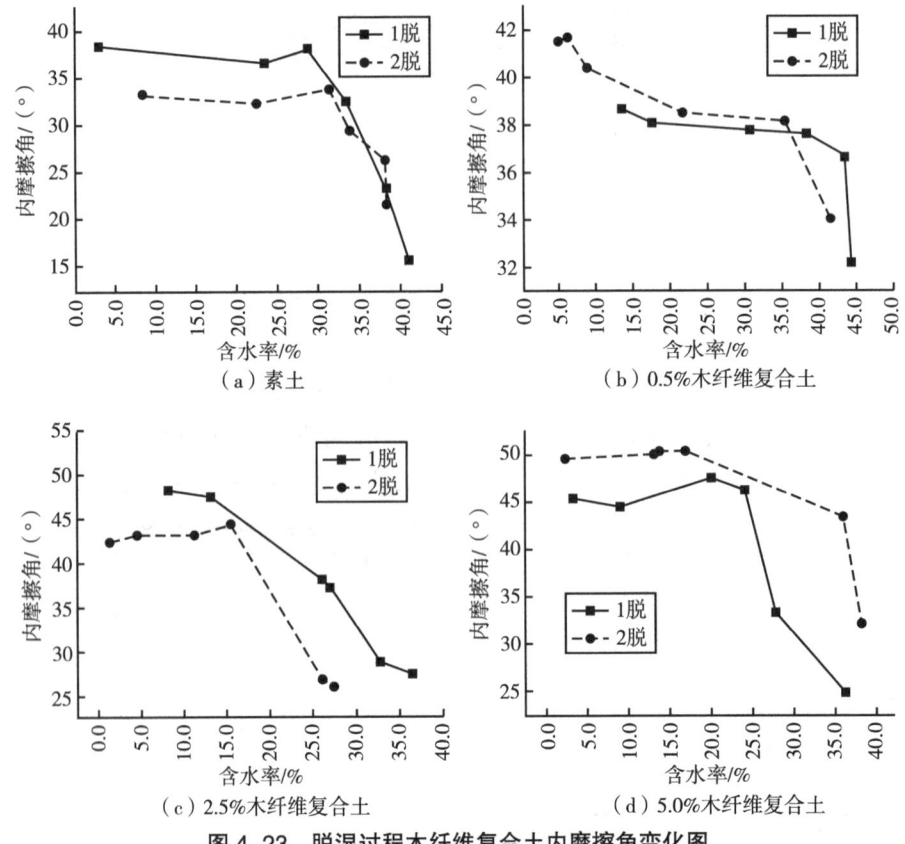

（a）素土

（b）0.5%木纤维复合土

（c）2.5%木纤维复合土

（d）5.0%木纤维复合土

图 4-23 脱湿过程木纤维复合土内摩擦角变化图

木纤维之后土体的内摩擦角峰值明显更大，随着木纤维掺量的增加，内摩擦角的峰值先增大，增大到木纤维掺量为 2.5% 时达到最大，之后略有降低。之所以会下降，可能与上述黏聚力超过 2.5% 木纤维掺量后下降的原因一致，木纤维含量过高，土壤的胶结能力与木纤维的加筋效果不能达到最好的契合度。加入适量的木纤维可以让土颗粒间的胶结和木纤维的加筋更好地契合。土颗粒受到木纤维更好的约束作用，咬合作用增强，内摩擦角增大。

4.4.2.2 吸湿过程内摩擦角变化

如图 4-24 所示为吸湿过程中不同木纤维含量复合土内摩擦角变化关系，吸湿过程中，当含水率低于 20.0% 时，素土的内摩擦角随着吸湿次数增加而减小，但在含水率超过 20.0% 后，第 2 次吸湿过程中的内摩擦角比第 1 次吸湿过程中的内摩擦角大。如图 4-24（b）所示，0.5% 木纤维复合土的内摩擦角与吸湿过程的相似，先增大后减小，出现峰值。在 20.0% 的含水率以下时，第 2 次吸湿过程中的内摩擦角比第 1 次吸湿过程中的内摩擦角大，但在含水率超过 20.0% 后，第 2 次比第 1 次小。如图 4-24（c）所示，2.5% 木纤维复

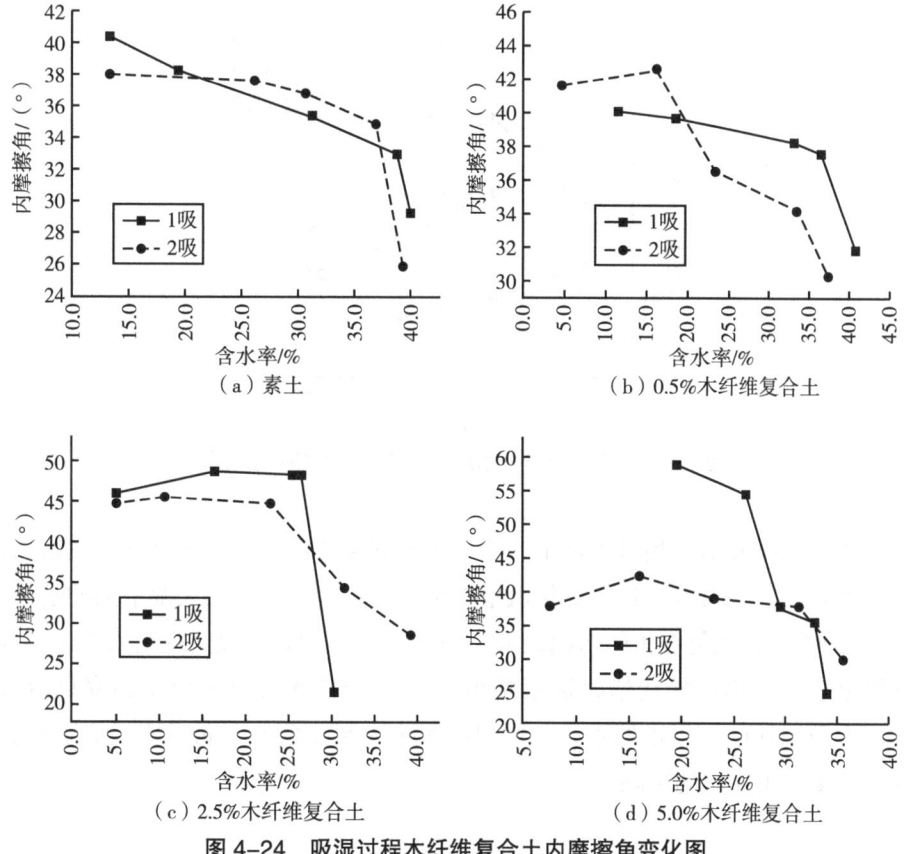

（a）素土

（b）0.5% 木纤维复合土

（c）2.5% 木纤维复合土

（d）5.0% 木纤维复合土

图 4-24　吸湿过程木纤维复合土内摩擦角变化图

合土的内摩擦角在含水率为 26.0% 之前，第 2 次吸湿过程要比第 1 次吸湿过程小，但在含水率超过 26.0% 后，第 2 次比第 1 次大。如图 4-24（d）所示，5.0% 糯米胶复合土的内摩擦角在 30.0% 的含水率以下时，第 2 次吸湿过程中的内摩擦角比第 1 次吸湿过程中的内摩擦角小，当含水率在 30.0% 以上后，第 2 次比第 1 次大。

4.4.2.3 干湿交替下内摩擦角变化

如图 4-25 所示为木纤维复合土在最优含水率下内摩擦角随干湿交替进行的关系示意图。从大小上看，除了 0.5% 木纤维复合土在 2 吸时比素土的略小，其他的在各个干湿交替过程中都比素土的大。从变化趋势上看，随着干湿交替的进行，素土的内摩擦角波动不大，在 4° 之间波动，0.5% 和 5.0% 木纤维复合土在第 1 次干湿交替时达到最大值随后减小，最大值 5.0% 的大于 0.5% 的。2.5% 木纤维复合土从干湿交替开始就减小。在干湿交替下内摩擦角的大小关系为：2.5% 木纤维复合土 >5.0% 木纤维复合土 > 素土 > 0.5% 木纤维复合土。

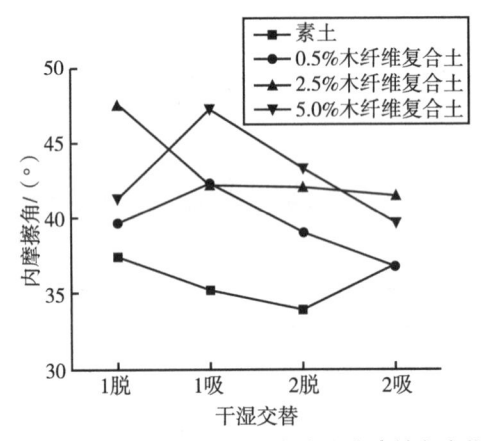

图 4-25　干湿交替下木纤维复合土内摩擦角变化图

如表 4-9 所示，相对于素土，第 1 次干湿交替中，随着木纤维含量增加，木纤维复合土的内摩擦角的变化值呈先增加后小幅降低，又大幅增加的趋势，其中 5.0% 木纤维复合土的增幅最大，为 12.04°；随着干湿交替次数增加，木纤维复合土的内摩擦角增幅逐渐减小，其中 2.5% 木纤维复合土的变化值最大，表明添加中、高量的木纤维可提高素土内摩擦角值，同时能减缓干湿交替对内摩擦角降低的影响。

表 4-9　干湿交替下素土与木纤维复合土内摩擦角变化表

处理	第1次 变化值/(°)	第1次 变化幅度/%	第2次 变化值/(°)	第2次 变化幅度/%
素土	−2.08	−5.57	−0.45	−1.20
0.5% 木纤维复合土	7.09	20.12	−0.19	−0.51
2.5% 木纤维复合土	6.87	19.52	4.56	0.53
5.0% 木纤维复合土	12.04	34.20	2.85	7.73

注：以素土为基准，计算复合土的变化率，"−"表示降低。

4.4.3　混合复合土内摩擦角分析

4.4.3.1　脱湿过程内摩擦角变化

如图 4-26 所示为脱湿过程中糯米胶木纤维混合复合土内摩擦角随含水率变化关系图。如图 4-26（b）所示，0.5% 混合复合土的内摩擦角在已测的含

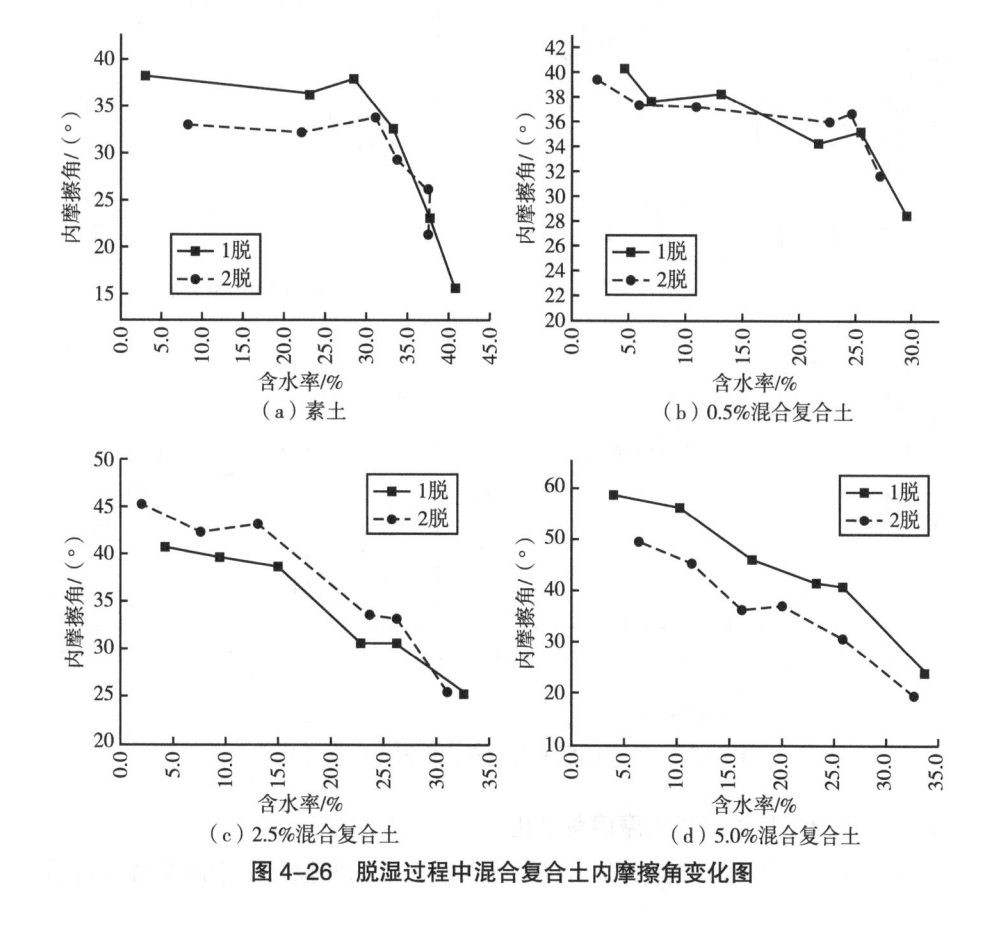

图 4-26　脱湿过程中混合复合土内摩擦角变化图

水率范围内 2 次脱湿过程中的内摩擦角差异不大。如图 4-26（c）所示，2.5% 混合复合土的内摩擦角除了较高含水率下的一个含水率点第 2 次比第 1 次小外，其他含水率下的内摩擦角都比第 1 次大。如图 4-26（d）所示，5.0% 混合复合土的内摩擦角在已测的含水率范围内第 2 次脱湿过程中都比第 1 次脱湿过程大。

4.4.3.2 吸湿过程内摩擦角变化

如图 4-27 所示为吸湿过程中糯米胶木纤维混合复合土内摩擦角随含水率变化关系图。图 4-27（b）中 0.5% 混合复合土和图 4-27（c）中 2.5% 混合复合土的内摩擦角在已测的含水率范围内第 2 次吸湿过程中都比第 1 次吸湿过程大。如图 4-27（d）所示，5.0% 混合复合土的内摩擦角除了较高含水率的 2 个含水率点外，其他含水率下的内摩擦角第 2 次都比第 1 次大。

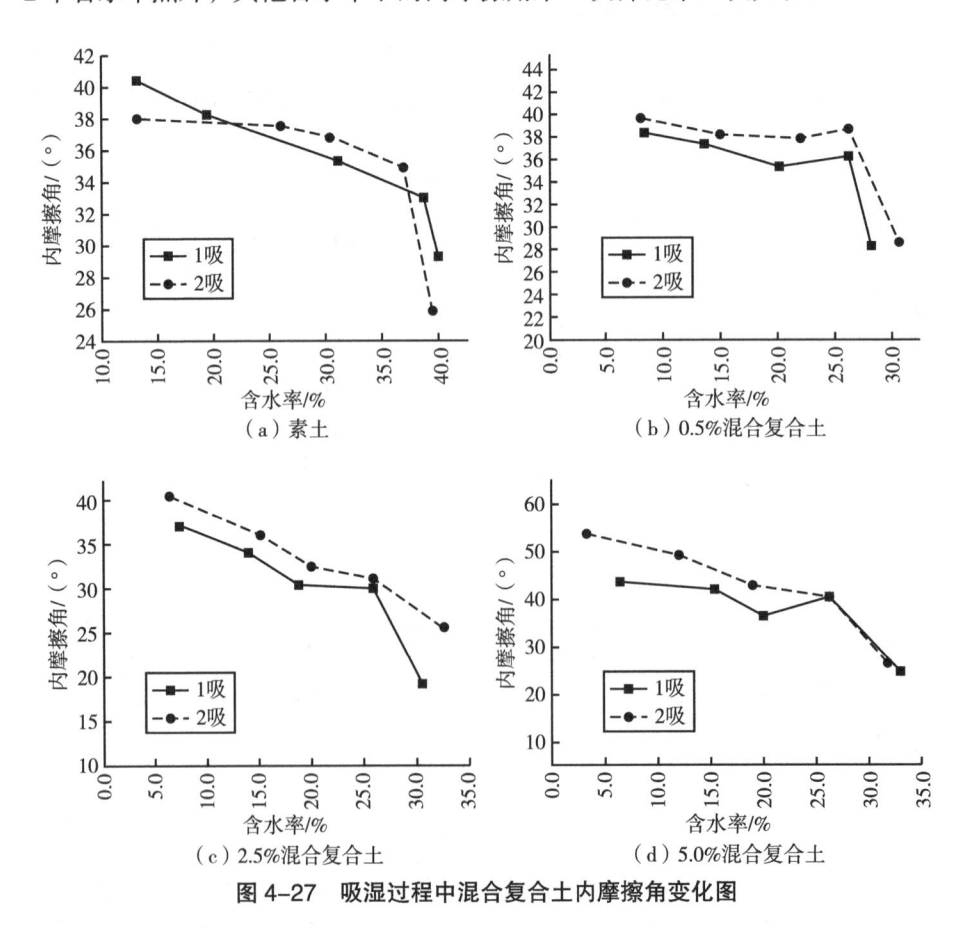

图 4-27 吸湿过程中混合复合土内摩擦角变化图

4.4.3.3 干湿交替过程中内摩擦角变化

如图 4-28 所示为混合复合土在最优含水率下内摩擦角随干湿交替进行的

关系示意图。从大小上看，2.5%混合复合土与素土的内摩擦角差别不大。0.5%混合复合土的内摩擦角除了在1脱时比素土的略小外，其他的在各个干湿交替过程中都比素土的大。5.0%混合复合土是所有土样中内摩擦角最大的。从变化趋势上看，随着干湿交替的进行，素土的内摩擦角波动不大，在4°范围波动，5.0%混合复合土内摩擦角波动也不大，在3°范围波动。0.5%混合复合土的内摩擦角随干湿交替的进行逐渐增大，而2.5%混合复合土的却逐渐减小。

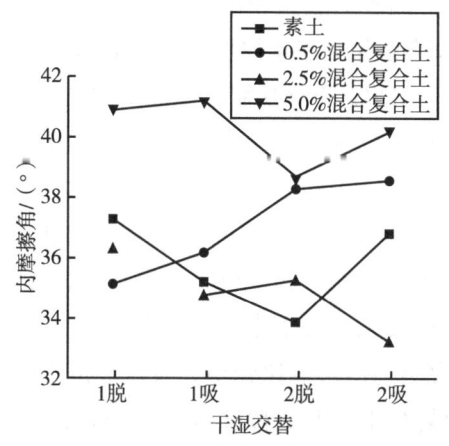

图 4-28 干湿交替下混合复合土黏聚力变化图

如表 4-10 所示，相对于素土，第 1 次干湿交替中，随着混合复合土含量增加，混合复合土的内摩擦角的变化值呈先小幅增加后降低，又大幅增加的趋势，其中 5.0%混合复合土的增幅最大，为 6.04°；随着干湿交替次数的增加，混合复合土的内摩擦角增幅逐渐减小，其中 2.5%混合复合土的变化值降低，表明添加低、高量的混合可提高素土内摩擦角值，同时能减缓干湿交替对内摩擦角降低的影响。

表 4-10 干湿交替下素土与混合复合土内摩擦角变化情况表

处理	第 1 次		第 2 次	
	变化值/(°)	变化幅度/%	变化值/(°)	变化幅度/%
素土	−2.08	−5.57	−0.45	−1.20
0.5% 混合复合土	1.01	2.87	1.82	4.95
2.5% 混合复合土	−0.47	−1.30	−3.60	−9.30
5.0% 混合复合土	6.04	17.38	3.39	10.21

注：以素土为基准，计算复合土的变化率，"−"表示降低。

4.5　本章小结

（1）在不同的含水率梯度下，素土和复合土的法向应力和抗剪强度呈一定的线性关系，含水率逐渐增大，抗剪强度逐渐减小；同一含水率下，随着垂直压力的增大抗剪强度也是增大的；同一级垂直压力下，复合土抗剪强度均比素土有所提高，但随着干湿循环作用，其抗剪强度有所衰减。0.5%糯米胶复合土、2.5%糯米胶复合土在4种垂直压力下第1次干湿交替抗剪强度变化率均成正值，最大为0.5%糯米胶复合土在100kPa垂直压力下的抗剪强度变化率为65.61%；5.0%糯米胶复合土第1次干湿交替与0.5%糯米胶复合土、2.5%糯米胶复合土、5.0%糯米胶复合土第2次干湿交替均为负值，最大为5.0%糯米胶复合土在50kPa垂直压力下的抗剪强度变化率为31.53%。

（2）干湿交替过程中，素土和复合土黏聚力和内摩擦角随含水率的变化关系呈现出一定的线性关系，含水率逐渐增大，黏聚力和内摩擦角都逐渐减小，2次脱湿对素土黏聚力的影响比较小。与素土相比，红壤复合土黏聚力明显有所增大。糯米胶复合土干湿交替过程中，2.5%糯米胶复合土黏聚力在第1次干湿交替中变化幅度最大，增加了32.67kPa，而内摩擦角变化幅度最大的是5.0%糯米胶复合土在第1次干湿交替过程中，降低了8.60°；在木纤维复合土2次干湿交替过程中，2.5%木纤维复合土黏聚力在第1次干湿交替中变化幅度最大，增加了63.46kPa，而内摩擦角变化幅度最大的是5.0%木纤维复合土在第1次干湿交替过程中，降低了12.04°；在混合复合土2次干湿交替过程中，2.5%混合复合土黏聚力在第1次干湿交替中变化幅度最大，增加了25.19kPa，而内摩擦角变化幅度最大的是5.0%糯米胶复合土在第1次干湿交替过程中，增加了6.04°。

干湿交替下红壤复合土水力特征研究

土—水特征曲线（SWCC）是描述土体含水率与基质吸力的关系曲线，表征非饱和土持水能力的大小，是研究非饱和土土水特性的重要工具。在干湿交替过程中，土体长期处于非饱和状态，从而使非饱和土的土—水特征曲线及其参数在干湿交替前后产生较大差异，从而影响土体的持水能力。因此，本章通过木纤维、糯米胶、混合改良对红壤的基质吸力、土—水特征曲线及其参数的变化特征及影响因素，揭示不同重构材料对红壤复合土的基质吸力和水力特征曲线影响的定量响应关系。

5.1 试验设计与过程

本章试验设计素土（红壤）、糯米胶、木纤维、混合（糯米胶+木纤维）4个试验组，红壤复合土试验组分别设置4个含量水平：0、0.5%、2.5%和5.0%，共10个处理，每个处理的脱湿过程和吸湿过程各2次，每次脱湿或吸湿过程的含水率范围设5个水分梯度，因此4次脱湿过程和吸湿过程后每个处理重复6次，10个处理共60个试样（表5-1）。

表5-1 红壤复合土基质吸力试验处理组

序号	处理组	添加量/%	水分梯度	干湿交替数/次	测试方法	样本数/个
1		红壤（CK）				6
2	糯米胶复合土	0.5				6
3		2.5				6
4		5.0				6
5	木纤维复合土	0.5	5	4	滤纸法	6
6		2.5				6
7		5.0				6
8	混合复合土	0.5% 糯米胶+0.5% 木纤维				6
9		2.5% 糯米胶+2.5% 木纤维				6
10		5.0% 糯米胶+5.0% 木纤维				6
		合计				60

根据红壤和不同红壤复合土的饱和含水率和最低含水率范围,将每次脱湿或吸湿过程的含水率范围设5个水分梯度。本书中试样制备与本章中4.1的步骤相同,此处不再赘述,试样饱和与水汽平衡过程见图5-1,具体脱湿和吸湿的试验过程如下。

(1)脱湿过程:首先,将土样浸入真空水中24h,取出饱和后试样静止2h(无明显流水),将土样放入65 ℃(自然条件下的最高温度)的恒温烘箱中,每3~5 h称量样品质量,动态监测土样含水率变化,当样品的含水率下降到10%左右停止脱湿,每个处理取出4个土样。其次,针对每个水分梯度,每2个环刀土样制作成1组,共3组,在每组(2个环刀)土样的上、中、下处各放2张保护层滤纸和1张接触式滤纸(本章试验滤纸为国产"双圈"牌No.203型),以得到多次重复的接触式滤纸含水率数据,再用保鲜膜密封样品后将其垂直放置在真空容器中4天使其达到水汽平衡(经预试验计算,10个处理的滤纸含水率在水汽平衡的4~7天均达到稳定)。最后,将达到水汽平衡的试样,通过千分天平直接测定接触式滤纸的质量含水率,再通过率定方程计算土体吸力值。将质量含水率测定结束后的土样放回恒温烘箱中继续下一水分梯度脱湿,每个水分梯度重复上述步骤完成脱湿过程。

(2)吸湿过程:首先,对最低含水率的试样采用注射器均匀点滴于试样表面的方法模拟降雨过程,分别加入一定质量的蒸馏水使其充分吸收水分,每个处理取出4个土样。其次,在每组(2个环刀)土样的上、中、下处各放入2张保护层滤纸和1张接触式滤纸,以得到多次重复的接触式滤纸含水率数据,再用保鲜膜密封样品后将其垂直放置在真空容器中4天使其达到水汽平衡。最后,将达到水汽平衡的试样,通过千分天平直接测定接触式滤纸的质量含水率,再通过率定方程计算土体吸力值。将质量含水率测定结束后的土样分别加入一定质量的蒸馏水使其充分吸收水分,在土样的上、中、下处各放入滤纸,水汽平衡4天后测定接触式滤纸的质量含水率,至此完成1次

(a)试样饱和 　　　　　　　　(b)水汽平衡

图5-1　复合土试样饱和与水汽平衡

干湿交替。重复上述步骤即为多次干湿交替过程。

5.2 脱湿/吸湿过程基质吸力变化规律

5.2.1 糯米胶复合土基质吸力变化

如图 5-2（a）和图 5-2（b）所示，第 1 次干湿交替对素土和糯米胶复合土的基质吸力负向影响较为明显，其中素土和 2.5% 糯米胶复合土的基质吸力降低最大，最大降幅分别为 -79.43% 和 -77.19%；其次，基质吸力降低较小的为 0.5% 糯米胶复合土，降幅为 -42.79%；基质吸力降低最小的为 5.0% 糯米胶复合土，降幅为 -8.56%。在低含水率阶段，素土和 0.5% 糯米胶复合土受干湿交替的负向影响较大，降幅在 42.79% ~ 79.43% 之间；而 2.5% 糯米胶复合土和 5.0% 糯米胶复合土在每个含水率阶段均受干湿交替的负向影响，降幅在 8.56% ~ 93.50% 之间。这是由于干湿交替作用可能引起土体结构发生不可逆改变导致土体孔径发生移动和变化，在第 1 次干湿交替中产生显著的结构变化，不可恢复的孔隙比减少可能与大孔隙的损失有关。

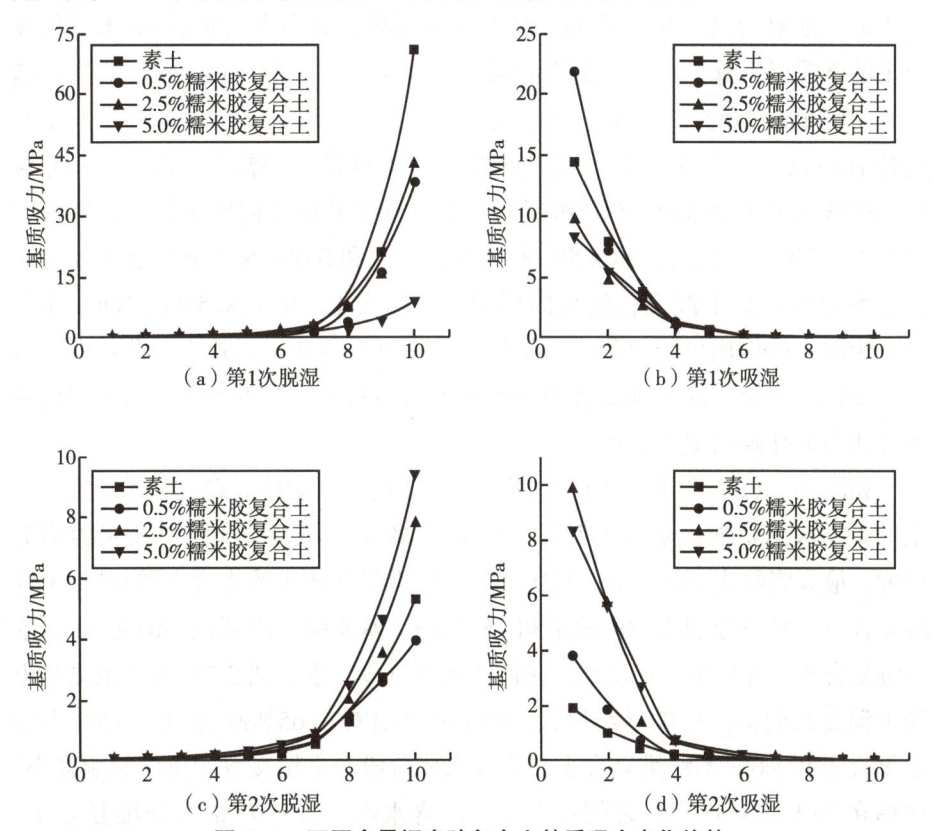

图 5-2 不同含量糯米胶复合土基质吸力变化趋势

如图 5-2（c）和图 5-2（d）所示，第 2 次干湿交替对素土和糯米胶复合土的基质吸力既有负向影响，又有正向影响，其中素土的基质吸力降低最大，最大降幅为 -64.02%；其次，基质吸力降低较小的为 5.0% 糯米胶复合土，降幅为 -11.37%；基质吸力降低最小的为 0.5% 糯米胶复合土，降幅为 -2.72%；第 2 次干湿交替后 2.5% 糯米胶复合土的基质吸力出现增强，增幅为 26.37%，表明适量的糯米胶可以增强红壤在干湿交替下的持水能力，减小复合土基质吸力的变化。在低含水率阶段，素土和 0.5% 糯米胶复合土受干湿交替的负向影响继续增大，降幅在 28.05% ~ 65.88% 之间；2.5% 糯米胶复合土在低含水率段受干湿交替的正向影响，增幅在 26.37% ~ 64.43% 之间；在中、高含水率阶段，2.5% 糯米胶复合土和 5.0% 糯米胶复合土均受干湿交替的负向影响，降幅在 14.51% ~ 29.80% 之间，表明在中、高含水率阶段，糯米胶复合土受水分干扰较大，从而对基质吸力变化幅度也较大。

5.2.2 木纤维复合土基质吸力变化

如图 5-3（a）和图 5-3（b）所示，第 1 次干湿交替对素土和木纤维复合土的基质吸力既有负向影响，又有正向影响，其中素土和 0.5% 木纤维复合土的基质吸力降低最大，最大降幅分别为 -79.43% 和 -58.58%；其次，基质吸力降低较小的为 5.0% 木纤维复合土，降幅为 -51.57%。在第 1 次干湿交替后，2.5% 木纤维复合土的基质吸力出现增强，增幅为 1.87%，在低含水率阶段，素土和 5.0% 木纤维复合土受干湿交替的负向影响较大，降幅在 51.57% ~ 79.43% 之间；而 2.5% 木纤维复合土和 5.0% 木纤维复合土在每个含水率阶段均受干湿交替的负向影响，降幅在 1.87% ~ 80.51% 之间。这是由于干湿交替作用可能引起土体结构发生不可逆改变，导致土体孔径发生移动和变化，在第 1 次干湿交替中产生显著的结构变化，不可恢复的孔隙比减少可能与大孔隙的损失有关。

如图 5-3（c）和图 5-3（d）所示，第 2 次干湿交替对素土和木纤维复合土的基质吸力负向影响较为明显，其中 2.5% 木纤维复合土的基质吸力降低最大，最大降幅为 -68.19%；其次，基质吸力降低较小的为素土和 0.5% 木纤维复合土，降幅分别为 -64.20% 和 -57.55%；基质吸力降低最小的为 5.0% 木纤维复合土，降幅为 -41.87%；在低含水率阶段，素土和 2.5% 木纤维复合土受干湿交替的负向影响继续增大，降幅在 21.17% ~ 65.88% 之间；0.5% 木纤维复合土和 5.0% 木纤维复合土在低含水率阶段受干湿交替的负向影响减小，增幅在 38.18% ~ 57.55% 之间；在中、高含水率阶段，0.5% 木纤维复合土、

2.5% 木纤维复合土和 5.0% 木纤维复合土均受干湿交替的负向影响，降幅在 1.46%～64.20% 之间，表明在中、高含水率阶段，木纤维复合土受水分干扰较大，从而对基质吸力变化幅度也较大。

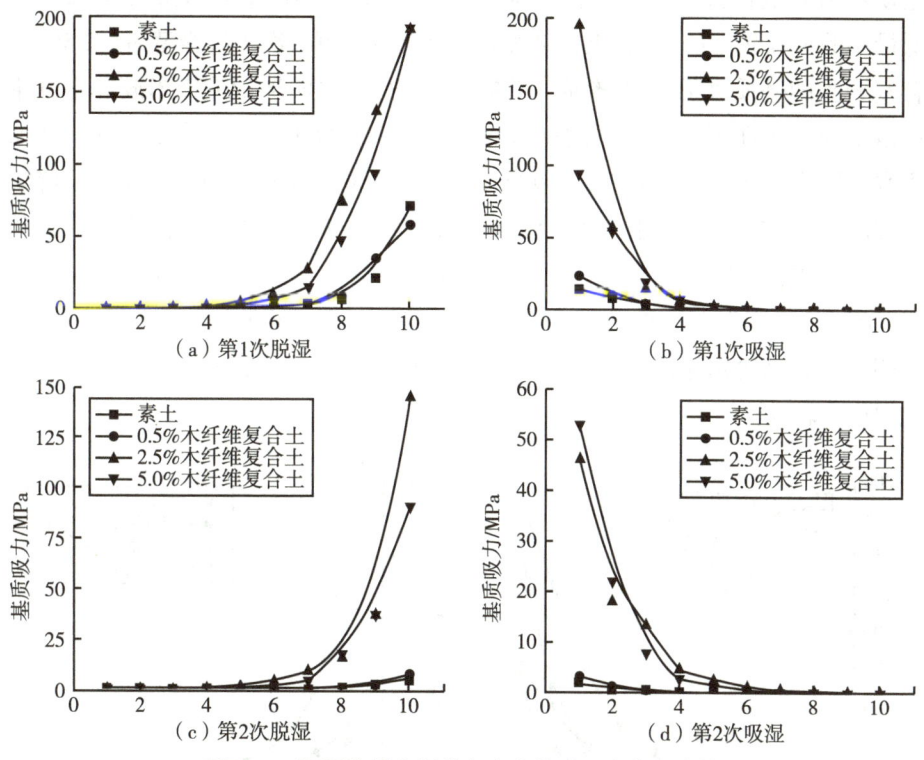

图 5-3 不同含量木纤维复合土基质吸力变化趋势

5.2.3 混合复合土基质吸力变化

如图 5-4（a）和图 5-4（b）所示，第 1 次干湿交替对素土和混合复合土的基质吸力负向影响较为明显，其中素土和 0.5% 混合复合土的基质吸力降低最大，最大降幅分别为 -79.43% 和 -84.57%；其次，基质吸力降低较小的为 2.5% 混合复合土，降幅为 -53.74%。在第 1 次干湿交替后，5.0% 混合复合土的基质吸力出现增强，增幅为 3.9%，在低含水率阶段，素土和 0.5% 混合复合土受干湿交替的负向影响较大，降幅在 53.74%～79.43% 之间；而 2.5% 混合复合土和 0.5% 混合复合土在每个含水率阶段均受干湿交替的负向影响，降幅在 53.74%～87.07% 之间。这是由于干湿交替作用可能引起土体结构发生不可逆改变，导致土体孔径发生移动和变化，在第 1 次干湿交替中产生显著的结构变化，不可恢复的孔隙比减少可能与大孔隙的损失有关。

如图 5-4（c）和图 5-4（d）所示，第 2 次干湿交替对素土和木纤维复合土的基质吸力既有负向影响，又有正向影响，其中素土和 5.0% 混合复合土的基质吸力降低最大，最大降幅分别为 64.20% 和 55.51%；其次，基质吸力降低最小的为 0.5% 混合复合土，降幅为 -25.27%；第 2 次干湿交替后，2.5% 混合复合土的基质吸力出现增强，增幅为 5.79%，表明适量的糯米胶和木纤维可以增强红壤在干湿交替下的持水能力，减小复合土基质吸力的变化。在低含水率阶段，素土和 5.0% 混合复合土受干湿交替的负向影响继续增大，降幅在 28.05% ~ 65.87% 之间；2.5% 混合复合土在低含水率段受干湿交替的正向影响，增幅在 5.79% ~ 36.81% 之间；在中、高含水率阶段，0.5% 混合复合土和 5.0% 混合复合土均受干湿交替的负向影响，降幅在 9.66% ~ 37.99% 之间，表明在中、高含水率阶段，混合复合土受水分干扰较大，从而对基质吸力变化幅度也较大。

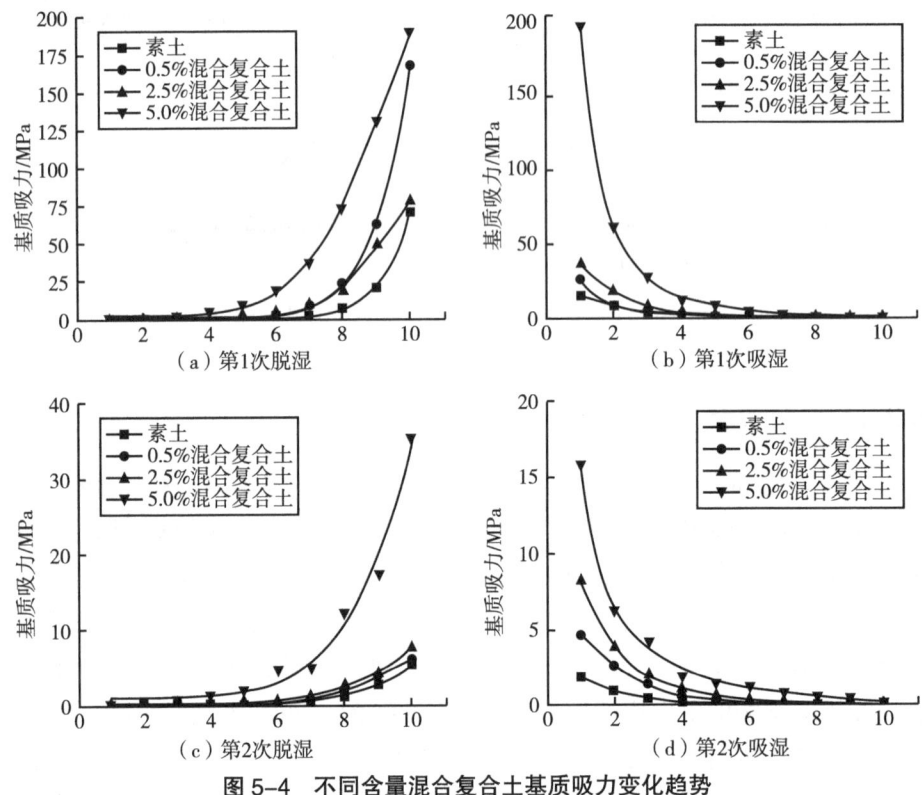

图 5-4 不同含量混合复合土基质吸力变化趋势

5.3 干湿交替下基质吸力变化规律

5.3.1 糯米胶复合土

如图 5-5（a）所示，脱湿过程中素土、0.5% 糯米胶复合土和 2.5% 糯米胶复合土的基质吸力变化曲线位置向下移动，最大降幅分别为 –92.55%、–89.76% 和 –81.87%；而 5.0% 糯米胶复合土的基质吸力略有增加，增幅为 3.42%。在低含水率阶段时，素土和 0.5% 糯米胶复合土受脱湿作用的负向影响较大，降幅在 63.18% ~ 92.55% 之间；2.5% 糯米胶复合土在每个含水率阶段均受干湿交替的负向影响，降幅在 71.74% ~ 93.37% 之间；5.0% 糯米胶复合土在中、高含水率阶段均受干湿交替的负向影响，降幅在 42.79% ~ 86.62% 之间，而在低含水率阶段时，5.0% 糯米胶复合土基质吸力第 2 次脱湿后出现增大，增幅在 3.42% ~ 27.59% 之间。表明脱湿过程中，随着糯米胶含量的增加，基质吸力降幅逐渐减小；由于第 1 次脱湿后引起土体基质吸力大幅度变化，意味着土壤大孔隙的损失，导致产生变化较大的吸力，而糯米胶可降低脱湿作用对基质吸力损失。

如图 5-5（b）所示，吸湿过程中 2.5% 糯米胶复合土和 5.0% 糯米胶复合土的基质吸力变化曲线略向上移动，最大增幅分别为 0.42% 和 0.24%；而素土和 0.5% 糯米胶复合土的基质吸力有明显变化，最大降幅分别为 –87.03% 和 –82.58%。素土和 0.5% 糯米胶复合土在每个含水率阶段均受干湿交替脱湿作用的负向影响剧烈，降幅在 30.75% ~ 88.83% 之间；2.5% 糯米胶复合土和 5.0% 糯米胶复合土在中、高含水率阶段均受干湿交替的负向影响较大，降幅在 20.23% ~ 47.75% 之间；而在低含水率阶段时，2.5% 糯米胶复合土和 5.0%

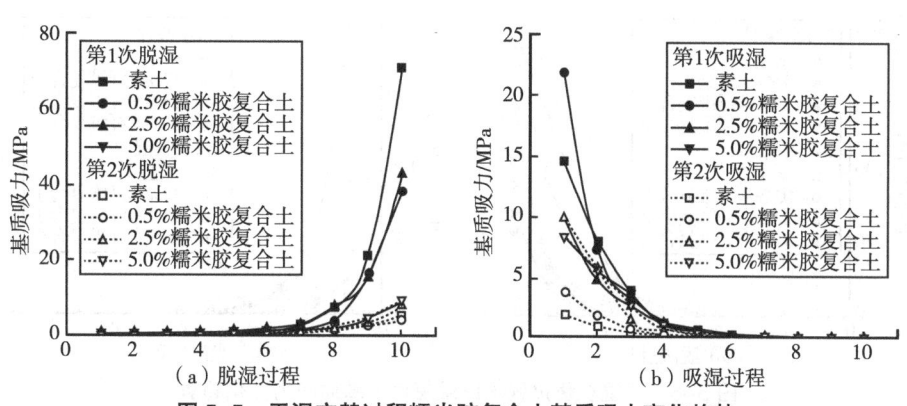

图 5-5 干湿交替过程糯米胶复合土基质吸力变化趋势

糯米胶复合土基质吸力在第2次吸湿后出现小幅增大,其中2.5%糯米胶复合土基质吸力的增加最为明显,增幅为19.24%。不同糯米胶含量表现出明显的差异,这可能由于土壤结构的变化,且干湿交替对糯米胶复合土的基质吸力有明显的影响。

5.3.2 木纤维复合土

如图5-6(a)所示,脱湿过程中素土、0.5%木纤维复合土、2.5%木纤维复合土和5.0%木纤维复合土的基质吸力变化曲线位置向下移动,最大降幅分别为-79.43%、-70.62%、-58.88%和-80.51%;在低含水率阶段时,2.5%木纤维复合土和5.0%木纤维复合土受脱湿作用的负向影响较大,降幅在18.13%~80.51%之间;5.0%木纤维复合土在中、高含水率阶段均受干湿交替的负向影响,降幅在10.87%~39.40%之间。表明了脱湿过程中,随着木纤维含量的增加,基质吸力降幅逐渐减小;由于第1次脱湿后引起土体基质吸力大幅度变化,意味着土壤大孔隙的损失,导致产生变化较大的吸力,而木纤维可降低脱湿作用对基质吸力损失。

如图5-6(b)所示,吸湿过程中,2.5%木纤维复合土和5.0%木纤维复合土的基质吸力变化曲线有明显变化,最大降幅分别为-80.51%和-58.88%。2.5%木纤维复合土和5.0%木纤维复合土在中、高含水率阶段均受干湿交替的负向影响较大,降幅在10.87%~68.99%之间;而在低含水率阶段时,素土和0.5%木纤维复合土在每个含水率阶段均受干湿交替脱湿作用的负向影响剧烈,降幅在39.18%~79.43%之间;不同木纤维含量表现出明显的差异,这可能由于土壤结构的变化,且干湿交替对木纤维复合土的基质吸力有明显的影响。

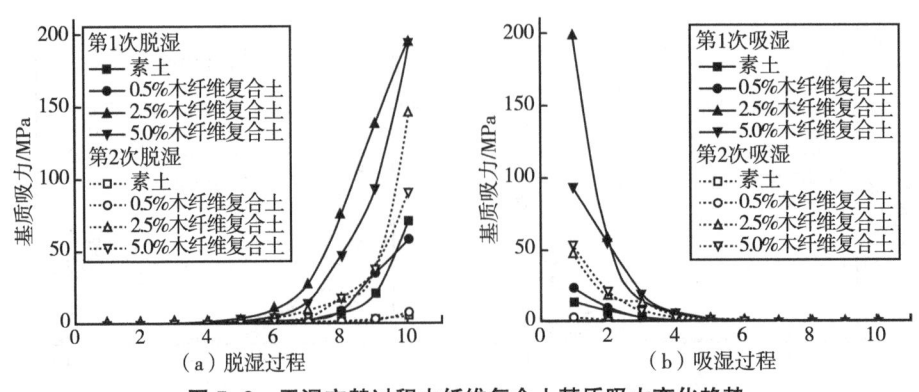

图5-6 干湿交替过程木纤维复合土基质吸力变化趋势

5.3.3 混合复合土

如图5-7（a）所示，脱湿过程中素土、0.5%混合复合土和2.5%混合复合土的基质吸力变化曲线位置向下移动，最大降幅分别为-92.55%、-87.07%和-62.89%；而5.0%混合复合土的基质吸力略有增加，增幅为9.37%。在低含水率阶段时，素土、0.5%混合复合土和2.5%混合复合土受脱湿作用的负向影响较大，降幅在63.18%~92.55%之间；5.0%混合复合土基质吸力第2次脱湿后出现增大，增幅在2.25%~30.31%之间。表明了脱湿过程中，随着糯米胶和木纤维含量的增加，基质吸力降幅逐渐减小；由于第1次脱湿后引起土体基质吸力大幅度变化，意味着土壤大孔隙的损失，导致产生变化较大的吸力，而糯米胶和木纤维可降低脱湿作用对基质吸力损失。

如图5-7（b）所示，吸湿过程中5.0%混合复合土的基质吸力有明显变化，最大降幅为-69.46%。素土、0.5%混合复合土和2.5%混合复合土在每个含水率阶段均受干湿交替脱湿作用的负向影响，降幅在12.41%~87.07%之间；在低含水率阶段时，5.0%混合复合土基质吸力增加最为明显，降幅为52.51%。不同糯米胶和木纤维含量表现出明显的差异，这可能由于土壤结构的变化，且干湿交替对混合复合土的基质吸力有明显的影响。

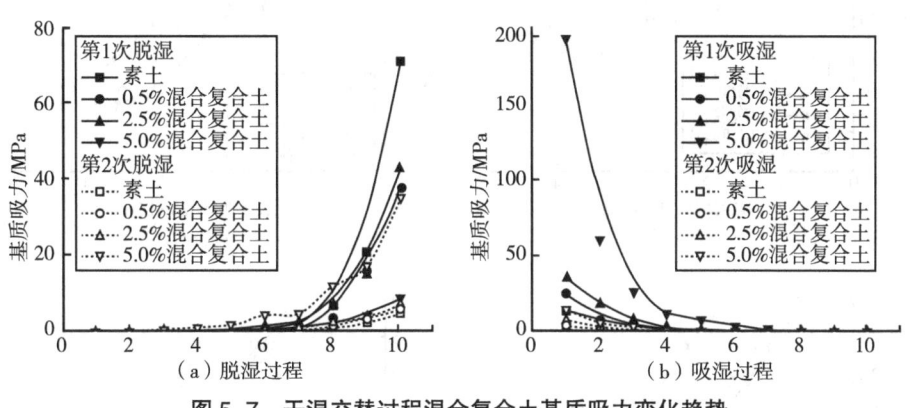

图5-7 干湿交替过程混合复合土基质吸力变化趋势

5.4 SWCC变化规律

5.4.1 糯米胶复合土SWCC变化

如图5-8和表5-2所示，随着干湿交替次数的增加，素土和糯米胶复合土的SWCC变化呈逐渐降低的变化趋势，表明干湿交替对糯米胶复合土的

SWCC 产生一定负向影响。干湿交替下，随着基质吸力的增加，复合土体积含水率均比红壤曲线下降快，2.5% 糯米胶复合土和 5.0% 糯米胶复合土第 2 次脱湿和第 2 次吸湿的曲线虽在第 1 次脱湿和第 1 次吸湿下面，但曲线接近第 1 次吸湿，下降幅度基本保持一致。素土在干湿交替过程中表现出明显的滞后现象，第 1 次干湿循环和第 2 次干湿循环的滞回度分别为 0.26 和 0.07；0.5% 糯米胶复合土在第 1 次干湿交替中表现出明显的滞后现象，这种滞后由于第 1 次脱湿过程中引起的显著的土壤收缩，脱湿过程中吸力值较吸湿过程中吸力值大，第 1 次干湿循环和第 2 次干湿循环的滞回度分别为 0.18 和 0.03。随着干湿交替次数的增加，2.5% 糯米胶复合土和 5.0% 糯米胶复合土在第 2 次脱湿和吸湿时的滞后现象不明显，平均滞后程度降低，2.5% 糯米胶复合土第 1 次干湿循环和第 2 次干湿循环的滞回度分别为 0.03 和 0.04；5.0% 糯米胶复合土第 1 次干湿循环和第 2 次干湿循环的滞回度分别为 0.05 和 0.02。随着糯米胶含量增加，减小了红壤孔径，使得预期滞后现象减小。

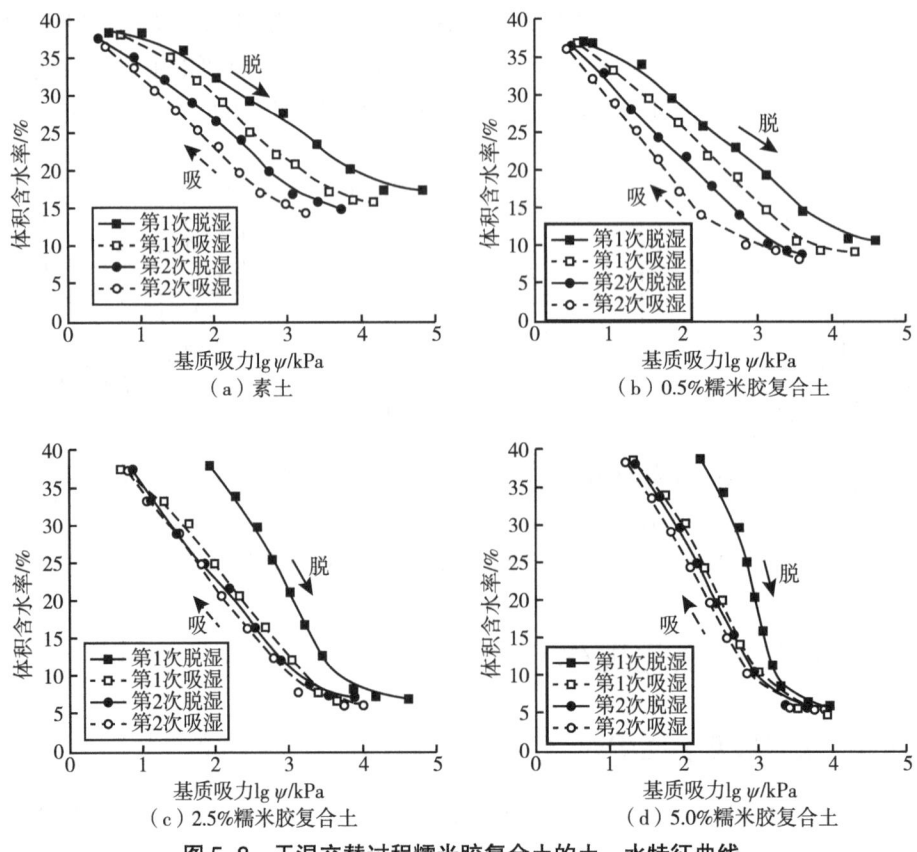

图 5-8 干湿交替过程糯米胶复合土的土—水特征曲线

表 5-2　干湿交替过程糯米胶复合土土—水特征曲线变化

样点	素土 第1次 变化值/kPa	变化率/%	素土 第2次 变化值/kPa	变化率/%	糯米胶复合土 0.5% 第1次 变化值/kPa	变化率/%	糯米胶复合土 0.5% 第2次 变化值/kPa	变化率/%
1	1.56	39.59 ↑	0.61	23.11 ↑	−0.31	−7.19 ↓	−0.60	−17.80 ↓
2	14.73	140.55 ↑	0.02	0.25 ↑	5.97	95.67 ↑	−2.46	−27.89 ↓
3	20.29	53.68 ↑	−6.49	−29.62 ↓	10.59	39.59 ↑	−7.96	−38.98 ↓
4	24.52	22.75 ↑	−20.69	−40.90 ↓	18.77	26.05 ↑	−23.03	−48.68 ↓
5	−7.46	−2.38 ↓	−53.00	−47.74 ↓	25.18	12.96 ↑	−61.79	−56.56 ↓
6	−172.01	−19.31 ↓	−131.20	−53.96 ↓	19.47	3.76 ↑	−165.50	−64.33 ↓
7	−1257.91	−48.95 ↓	−339.01	−60.76 ↓	−112.99	−7.90 ↓	−413.33	−69.69 ↓
8	−3543.81	−48.26 ↓	−819.21	−65.88 ↓	−608.23	−15.87 ↓	−714.53	−50.63 ↓
9	−13064.31	−62.22 ↓	−1781.42	−65.09 ↓	−8853.95	−55.11 ↓	−712.18	−28.05 ↓
10	−56289.48	−79.43 ↓	−3391.06	−64.20 ↓	−16353.75	−42.79 ↓	−106.31	−2.72 ↓

样点	糯米胶复合土 2.5% 第1次 变化值/kPa	变化率/%	糯米胶复合土 2.5% 第2次 变化值/kPa	变化率/%	糯米胶复合土 5.0% 第1次 变化值/kPa	变化率/%	糯米胶复合土 5.0% 第2次 变化值/kPa	变化率/%
1	−76.76	−93.50 ↓	−0.85	−11.84 ↓	−144.12	−87.12 ↓	−5.14	−23.22 ↓
2	−178.07	−90.32 ↓	−1.85	−14.15 ↓	−278.55	−82.46 ↓	−10.77	−21.85 ↓
3	−332.45	−88.47 ↓	1.48	4.94 ↑	−446.82	−81.15 ↓	−18.12	−20.61 ↓
4	−532.89	−84.57 ↓	−4.87	−7.10 ↓	−526.48	−73.96 ↓	−28.06	−18.28 ↓
5	−832.53	−79.13 ↓	−33.10	−21.15 ↓	−582.73	−64.52 ↓	−48.51	−17.73 ↓
6	−1226.29	−70.95 ↓	−86.33	−23.88 ↓	−584.54	−50.39 ↓	−113.20	−23.39 ↓
7	−1722.86	−59.78 ↓	−154.79	−19.00 ↓	−514.00	−33.80 ↓	−126.25	−14.51 ↓
8	−5082.48	−66.05 ↓	−579.28	−29.80 ↓	1662.49	86.14 ↑	222.19	9.02 ↑
9	−10605.09	−69.03 ↓	2222.45	64.43 ↑	995.02	22.09 ↑	956.37	20.63 ↑
10	−33134.97	−77.19 ↓	2052.01	26.37 ↑	780.17	−8.56 ↓	−1072.65	−11.37 ↓

5.4.2　木纤维复合土 SWCC 变化

如图 5-9 和表 5-3 所示，随着干湿交替次数的增加，素土和木纤维复合土的 SWCC 变化呈逐渐降低的变化趋势，表明干湿交替对木纤维复合土的 SWCC 产生一定的负向影响。干湿交替下，随着基质吸力的增加，木纤维复合土体积含水率均比红壤曲线下降快，0.5% 木纤维复合土和 2.5% 木纤维复合土第 2 次脱湿、第 2 次吸湿的曲线虽在第 1 次脱湿、第 1 次吸湿下面，但曲线接近第 1 次吸湿，下降幅度基本保持一致。素土在干湿交替过程中表现出明显的滞后现象，第 1 次干湿循环和第 2 次干湿循环的滞回度分别为 0.26 和 0.07；0.5% 木纤维复合土在第 1 次干湿交替中表现出明显的滞后现象，这种滞后由于第 1 次脱湿过程中引起的显著的土壤收缩，脱湿过程中吸力值较吸湿过程中吸力值大，第 1 次干湿循环和第 2 次干湿循环的滞回度分别为 0.06 和 0.08；随着干湿交替次数的增加，2.5% 木纤维复合土和 5.0% 木纤维复合土在第 2 次脱湿和吸湿时的滞后现象不明显，平均滞后程度降低；2.5% 木纤维复合土第 1 次干湿循环和第 2 次干湿循环的滞回度分别为 0.13 和 0.07；5.0% 木纤维复合土第 1 次干湿循环和第 2 次干湿循环的滞回度分别为 0.17 和 0.07。随着木纤维含量增加，减小了红壤孔径，使得预期滞后现象减小。

表 5-3 干湿交替过程木纤维复合土土—水特征曲线变化

样点	素土 第1次 变化值/kPa	素土 第1次 变化率/%	素土 第2次 变化值/kPa	素土 第2次 变化率/%	木纤维复合土 0.5% 第1次 变化值/kPa	木纤维复合土 0.5% 第1次 变化率/%	木纤维复合土 0.5% 第2次 变化值/kPa	木纤维复合土 0.5% 第2次 变化率/%
1	1.56	39.59 ↑	0.61	23.11 ↑	0.62	15.31 ↑	−0.29	−7.13 ↓
2	14.73	140.55 ↑	0.02	0.25 ↑	−0.77	−8.90 ↓	−2.83	−25.92 ↓
3	20.29	53.68 ↑	−6.49	−29.62 ↓	−5.35	19.65 ↓	−7.57	32.39 ↓
4	24.52	22.75 ↑	−20.69	−40.90 ↓	−24.56	−28.77 ↓	−21.11	42.39 ↓
5	−7.46	−2.38 ↓	−53.00	−47.74 ↓	−98.29	−36.74 ↓	−53.53	−50.55 ↓
6	−172.01	−19.31 ↓	−131.20	−53.96 ↓	−381.97	−44.89 ↓	−128.03	−57.29 ↓
7	−1257.91	−48.95 ↓	−339.01	60.76 ↓	−1396.12	−51.90 ↓	−313.13	−64.20 ↓
8	−3543.81	−48.26 ↓	−819.21	65.88 ↓	−4863.95	−57.26 ↓	−410.82	39.17 ↓
9	−13064.31	62.22 ↓	−1781.42	−65.10 ↓	−24397.19	−70.62 ↓	−1018.43	46.11 ↓
10	−56289.48	−79.43 ↓	−3391.06	−64.20 ↓	−34124.96	−58.58 ↓	−4464.79	−57.55 ↓

样点	木纤维复合土 2.5% 第1次 变化值/kPa	木纤维复合土 2.5% 第1次 变化率/%	木纤维复合土 2.5% 第2次 变化值/kPa	木纤维复合土 2.5% 第2次 变化率/%	木纤维复合土 5.0% 第1次 变化值/kPa	木纤维复合土 5.0% 第1次 变化率/%	木纤维复合土 5.0% 第2次 变化值/kPa	木纤维复合土 5.0% 第2次 变化率/%
1	−39.61	−64.14 ↓	7.22	41.12 ↑	−8.63	−34.19 ↓	44.31	420.00 ↑
2	−108.48	65.00 ↓	−1.21	−1.46 ↓	−5.30	−10.87 ↓	28.44	76.68 ↑
3	−321.08	68.99 ↓	−45.85	−18.13 ↓	−33.20	−22.13 ↓	−10.95	−11.40 ↓
4	−917.42	−71.82 ↓	−141.87	−22.97 ↓	−148.72	−31.19 ↓	−97.51	−39.40 ↓
5	−2613.48	−74.35 ↓	−414.31	−27.76 ↓	−593.25	39.40 ↓	−240.56	−37.06 ↓
6	−7326.44	−76.04 ↓	−1169.63	−31.90 ↓	−2208.58	−46.56 ↓	−586.22	−34.50 ↓
7	−21193.11	−78.66 ↓	−4208.96	−47.94 ↓	−7848.58	−53.02 ↓	−1341.61	−31.19 ↓
8	−59718.11	−80.51 ↓	−3581.69	−21.17 ↓	−27870.02	−58.88 ↓	−10188.28	−55.98 ↓
9	−80256.10	−58.44 ↓	−19059.87	−51.40 ↓	−38821.31	41.54 ↓	−15833.63	−41.98 ↓
10	3627.72	1.87 ↑	−99341.42	−68.19 ↓	−100200.76	−51.57 ↓	−38204.93	−41.87 ↓

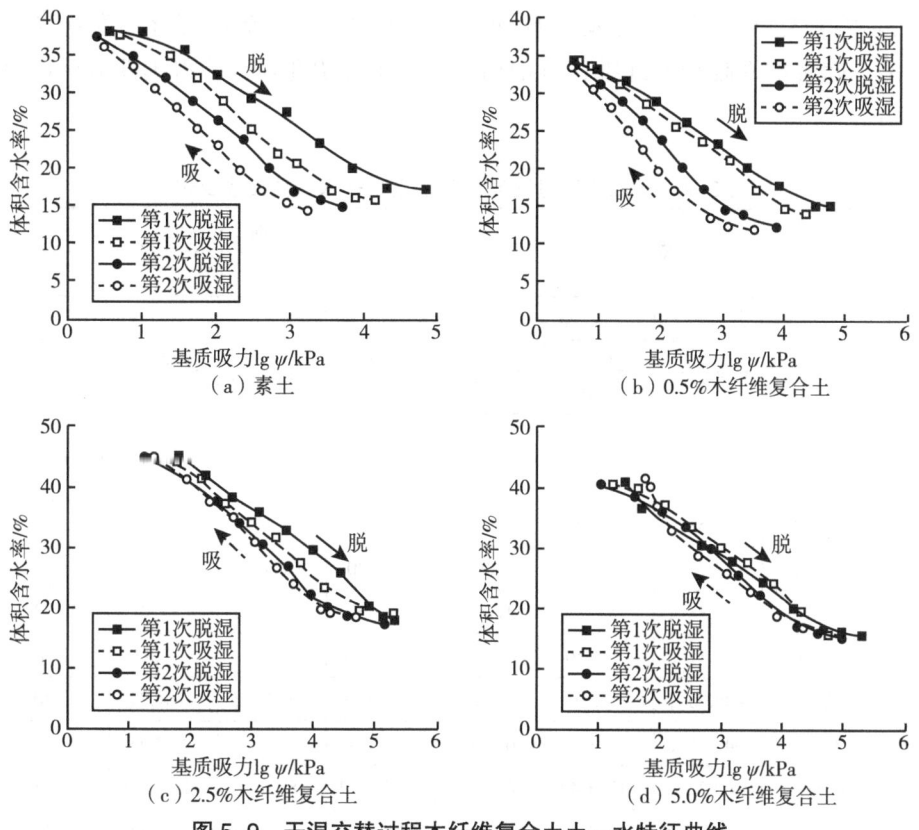

图 5-9 干湿交替过程木纤维复合土土—水特征曲线

5.4.3 混合复合土 SWCC 变化

如图 5-10 和表 5-4 所示，随着干湿交替次数的增加，素土和混合复合土的 SWCC 变化呈逐渐降低的变化趋势，表明干湿交替对混合复合土的 SWCC 产生一定的负向影响。干湿交替下，随着基质吸力的增加，混合复合土体积含水率均比红壤曲线下降快，2.5% 混合复合土和 5.0% 混合复合土第 2 次脱湿、第 2 次吸湿的曲线虽在第 1 次脱湿、第 1 次吸湿下面，但曲线接近第 1 次吸湿，下降幅度基本保持一致。素土在干湿交替过程中表现出明显的滞后现象，第 1 次干湿循环和第 2 次干湿循环的滞回度分别为 0.26 和 0.07；0.5% 混合复合土在第 1 次干湿交替中表现出明显的滞后现象，这种滞后由于第 1 次脱湿过程中引起的显著的土壤收缩，脱湿过程中吸力值较吸湿过程中吸力值大，第 1 次干湿循环和第 2 次干湿循环的滞回度分别为 0.2 和 0.05。随着干湿交替次数的增加，0.5% 混合复合土在第 2 次脱湿和吸湿时的滞后现象不明显，平均滞后程度降低，但第 1 次脱湿和吸湿时的滞后现象变化剧烈。2.5% 混合复合土第 1 次干湿循环和第 2 次干湿循环的滞回度分别为 0.16 和 0.07；

5.0%混合复合土第1次干湿循环和第2次干湿循环的滞回度分别为0.07和0.02。随着糯米胶和木纤维含量增加，减小了红壤孔径，使得预期滞后现象减小。

表5-4 干湿交替过程混合复合土土—水特征曲线变化

样点	素土 第1次 变化值/kPa	变化率/%	素土 第2次 变化值/kPa	变化率/%	混合复合土 0.5% 第1次 变化值/kPa	变化率/%	混合复合土 0.5% 第2次 变化值/kPa	变化率/%
1	1.56	39.59 ↑	0.61	23.11 ↑	−20.48	−81.59 ↓	−2.11	−47.74 ↓
2	14.73	140.55 ↑	0.02	0.25 ↑	−22.07	−52.10 ↓	0.24	2.79 ↓
3	20.29	53.68 ↑	−6.49	−29.62 ↓	−126.97	−71.59 ↓	−2.56	−12.09 ↓
4	24.52	22.75 ↑	−20.69	−40.90 ↓	−370.20	−78.70 ↓	−10.97	−21.06 ↓
5	−7.46	−2.38 ↓	−53.00	−47.74 ↓	−972.30	−77.91 ↓	−33.90	−27.27 ↓
6	−172.01	−19.31 ↓	−131.20	−53.96 ↓	−2419.94	−75.01 ↓	−72.83	−25.60 ↓
7	−1257.91	−48.95 ↓	−339.01	−60.76 ↓	−7077.28	−78.75 ↓	−181.79	−23.70 ↓
8	−3543.81	−48.26 ↓	−819.21	−65.88 ↓	−19712.78	−80.58 ↓	−512.95	−26.55 ↓
9	−13064.31	−62.22 ↓	−1781.42	−65.10 ↓	−54727.71	−87.07 ↓	−1306.59	−33.64 ↓
10	−56289.48	−79.43 ↓	−3391.06	−64.20 ↓	−142389.25	−84.57 ↓	−1546.88	−25.27 ↓

样点	混合复合土 2.5% 第1次 变化值/kPa	变化率/%	混合复合土 2.5% 第2次 变化值/kPa	变化率/%	混合复合土 5.0% 第1次 变化值/kPa	变化率/%	混合复合土 5.0% 第2次 变化值/kPa	变化率/%
1	−72.53	−65.31 ↓	7.52	36.81 ↑	−399.57	−55.43 ↓	−22.86	−9.66 ↓
2	−188.29	−54.42 ↓	−14.82	−24.43 ↓	−578.06	−41.94 ↓	−60.62	−11.67 ↓
3	−308.18	−54.85 ↓	−18.68	−16.68 ↓	−1211.47	−44.94 ↓	−340.35	−37.99 ↓
4	−712.57	−62.89 ↓	−42.10	−19.67 ↓	−2538.11	−48.85 ↓	−562.11	−40.81 ↓
5	−1442.97	−62.69 ↓	−85.02	−20.99 ↓	−5970.02	−58.74 ↓	−882.88	−41.84 ↓
6	−2914.08	−62.02 ↓	−92.77	−13.67 ↓	−11040.80	−56.03 ↓	−3375.90	−69.46 ↓
7	−5890.53	−61.86 ↓	−151.43	−12.41 ↓	−25336.80	−67.21 ↓	−3059.66	−60.67 ↓
8	−11770.79	−60.94 ↓	−745.44	−27.13 ↓	−45929.08	−62.16 ↓	−8122.12	−65.87 ↓
9	−31143.73	−63.33 ↓	−217.65	−5.35 ↓	−69653.90	−52.97 ↓	−11145.14	−64.01 ↓
10	−41868.82	−53.74 ↓	447.23	5.79 ↑	7433.17	3.90 ↑	−19758.36	−55.51 ↓

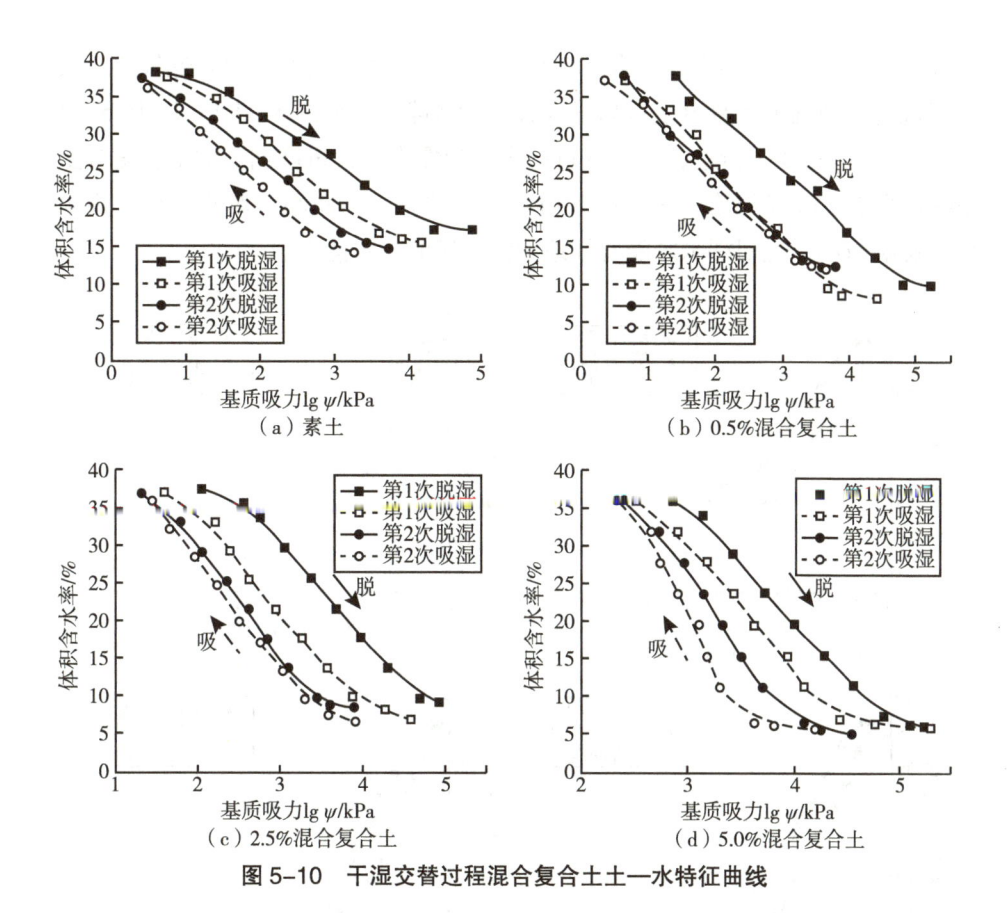

图 5-10 干湿交替过程混合复合土土—水特征曲线

5.5 基于 Logistic 模型的红壤复合土 SWCC 模拟

5.5.1 糯米胶复合土

本书运用 Logistic 曲线方程建立能够较好预测干湿交替下糯米胶复合土的 SWCC，4 个处理均呈较好的"S"型曲线，拟合曲线相关系数 R^2 均在 0.99 以上。如图 5-11 和表 5-5 所示，红壤和糯米胶复合土 SWCC 在干湿交替下均有所降低，这是由于干湿交替使土壤产生更大的孔隙和裂缝，糯米胶复合土在各吸力阶段的体积含水量出现降低。如图 5-11（a）和图 5-11（b）所示，干湿交替下素土 SWCC 明显大幅度降低，而相对于素土，干湿交替对糯米胶复合土产生的影响减小，第 1 次干湿交替糯米胶复合土 SWCC 的上升幅度均高于第 2 次，而糯米胶复合土的变化速率则是第 2 次的高于第 1 次。

如图 5-11（c）、图 5-11（e）和图 5-11（g）所示，在脱湿过程中，糯米胶复合土 SWCC 第 2 次脱湿比第 1 次脱湿的 SWCC 有明显的降低，且 2.5% 糯米胶复合土和 5.0% 糯米胶复合土变化速率下降较大，失水速率降低较快，表明脱湿过程中糯米胶复合土提高了红壤的持水能力；如图 5-11（d）、图 5-11（f）和图 5-11（h）所示，在吸湿过程中，随糯米胶含量增加，糯米胶复合土 SWCC 第 2 次吸湿与第 1 次吸湿基质吸力值差异逐渐减小，对 SWCC 下降幅度的影响越小，说明糯米胶能有效地增强红壤的吸水能力。

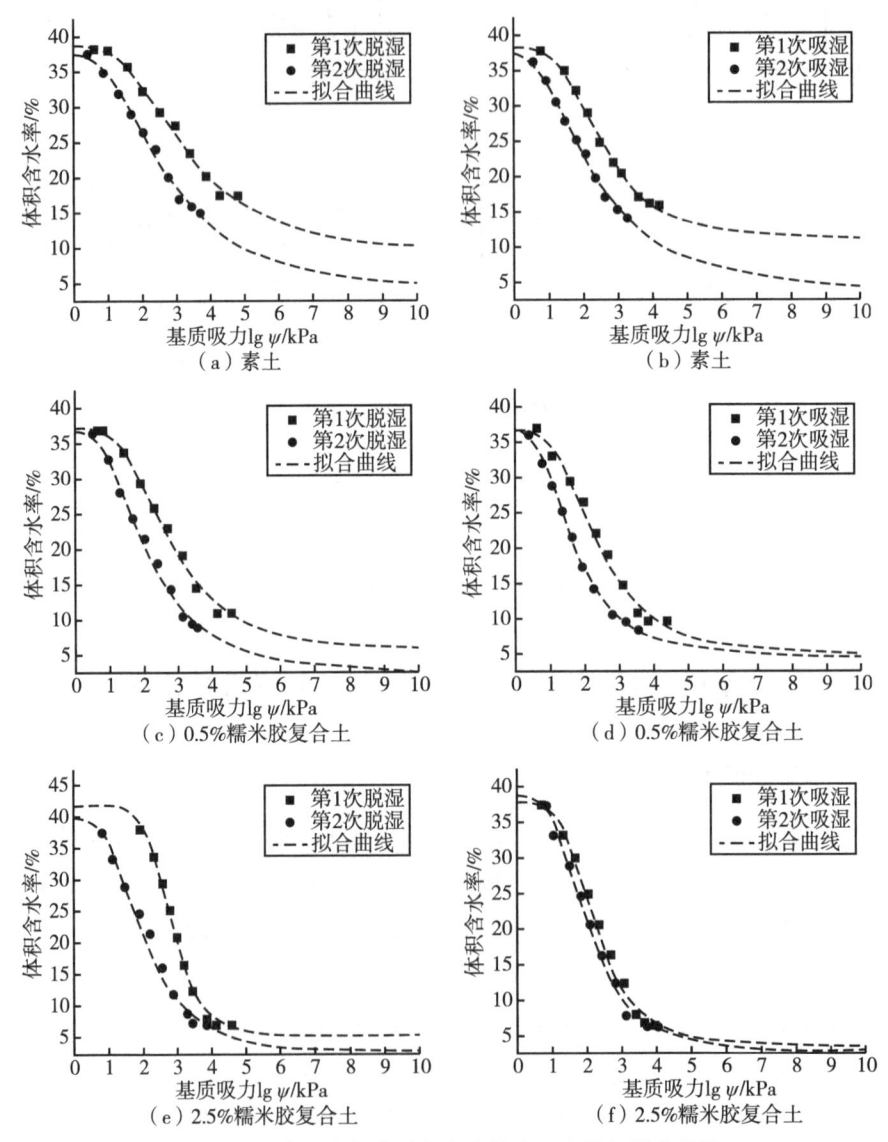

图 5-11 素土和糯米胶复合土的土—水特征拟合曲线

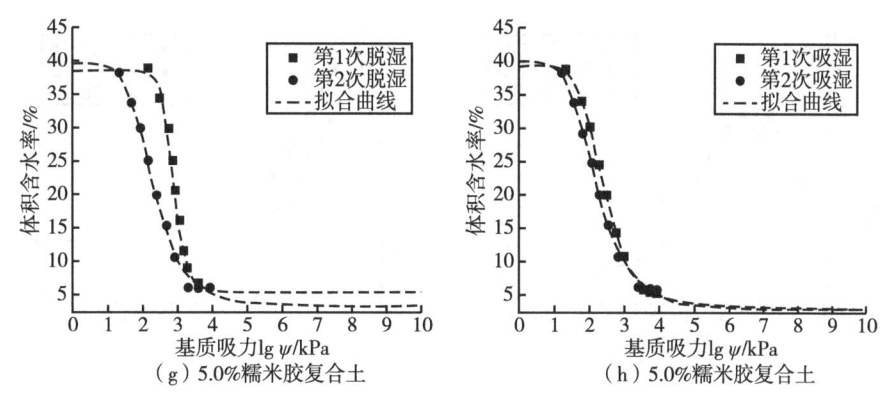

图 5-11（续） 素土和糯米胶复合土的土—水特征拟合曲线

表 5-5 素土与糯米胶复合土 SWCC 拟合参数

类型		A_1	A_2	X_0	P	Reduced Chi-Sq	R^2
素土	脱湿	38.71 ± 0.59	9.03 ± 0	3.29 ± 0.07	2.85 ± 0.19	0.50644	0.99405
	吸湿	38.20 ± 0	10.97 ± 1	2.55 ± 0	3.35 ± 0.28	0.13978	0.99856
0.5%糯米胶复合土	脱湿	37.28 ± 0.78	5.37 ± 1.10	2.75 ± 0	3.18 ± 0.33	0.81108	0.99383
	吸湿	36.60 ± 1	4.59 ± 1	2.4 ± 0	3.20 ± 0	1.19357	0.99094
2.5%糯米胶复合土	脱湿	41.67 ± 1.45	5.35 ± 1.34	2.83 ± 0	6.55 ± 0.91	1.01755	0.99885
	吸湿	37.63 ± 0	3.58 ± 0.60	2.25 ± 0	3.97 ± 0	1.14624	0.99225
5.0%糯米胶复合土	脱湿	38.32 ± 0.7	5.45 ± 0.62	2.92 ± 0.014	16.37 ± 1.20	0.58228	0.99724
	吸湿	39.16 ± 0.54	2.94 ± 0.56	2.43 ± 0.02	5.92 ± 0.31	0.17121	0.99926

注：A_1 为初始化值；A_2 为最终值；X_0 为中心值；P 为权重；Reduced Chi-Sq 为减少卡平方；R^2 为相关系数。

5.5.2 木纤维复合土

本书运用 Logistic 曲线方程建立能够较好预测干湿交替下木纤维复合土的 SWCC，4 个处理均呈较好的"S"型曲线，拟合曲线相关系数 R^2 除了 5.0% 木纤维复合土脱湿的情况下为 0.98，其余均在 0.99 以上。如图 5-12 和表 5-6 所示，红壤和木纤维复合土 SWCC 在干湿交替下均有所降低，这是由于干湿交替使土壤产生更大的孔隙和裂缝，糯米胶复合土在各吸力阶段的体积含水量出现降低。如图 5-12（a）和图 5-12（b）所示，干湿交替下素土 SWCC 明显大幅度降低，而相对于素土，干湿交替对木纤维复合土产生的影响减小，第 1 次干湿交替木纤维复合土 SWCC 的上升幅度均高于第 2 次，而木纤维复

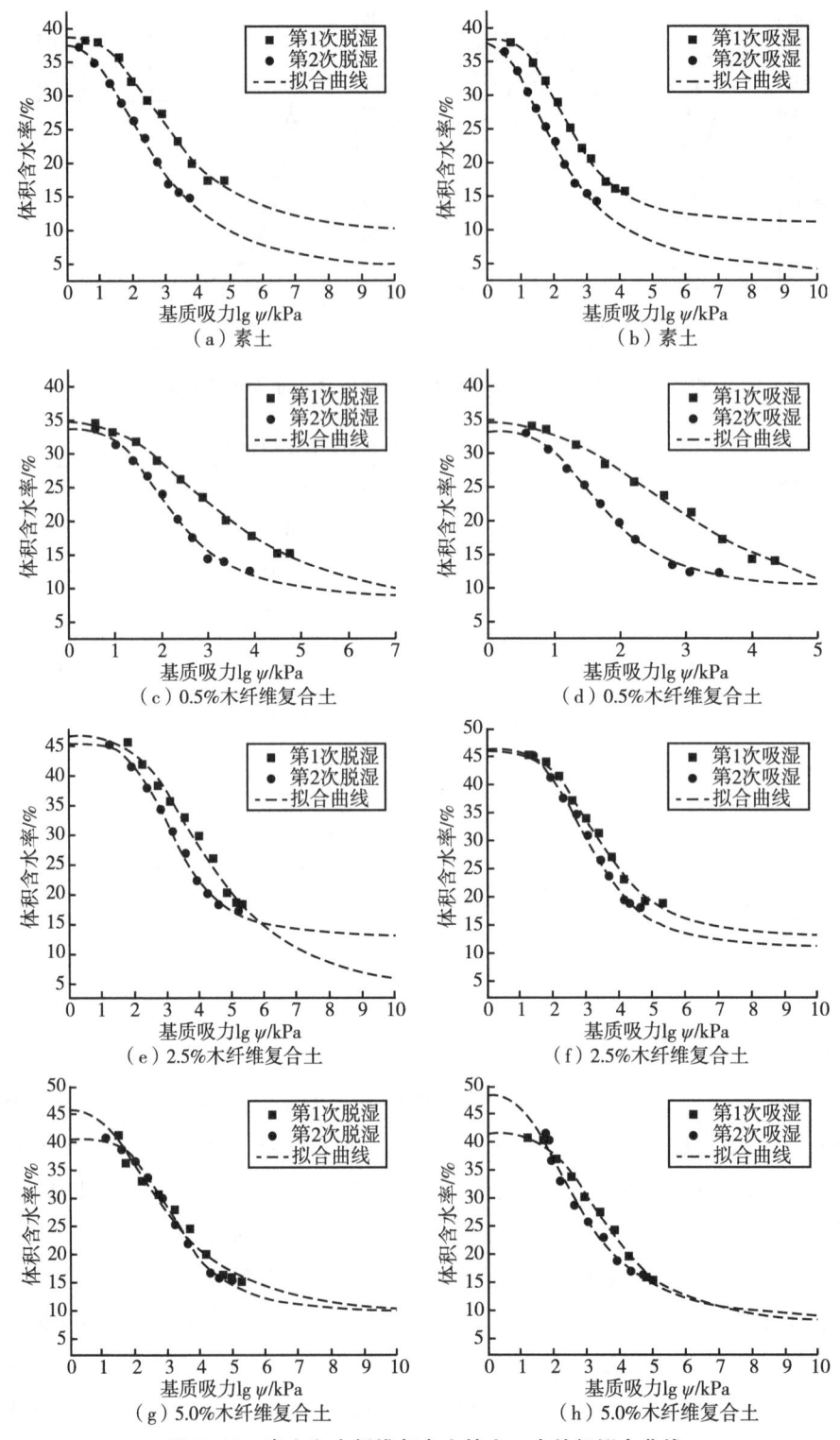

图 5-12 素土和木纤维复合土的土—水特征拟合曲线

合土的变化速率则是第2次的高于第1次。

如图5-12（c）、图5-12（e）和图5-12（g）所示，在脱湿过程中，木纤维复合土SWCC第2次脱湿比第1次脱湿的SWCC有明显的降低，且2.5%木纤维复合土变化速率下降较大，失水速率降低较快，表明脱湿过程中木纤维复合土提高了红壤的持水能力；如图5-12（d）、图5-12（f）和图5-12（h）所示，在吸湿过程中，随木纤维含量增加，木纤维复合土SWCC第2次吸湿与第1次吸湿基质吸力值差异逐渐减小，对SWCC下降幅度的影响越小，说明木纤维能有效地增强红壤的吸水能力。

表5-6 素土与木纤维复合土SWCC拟合参数

处理		A_1	A_2	X_0	P	Reduced Chi-Sq	R^2
素土	脱湿	38.71 ± 0.59	9.03 ± 0	3.29 ± 0.07	2.85 ± 0.19	0.50644	0.99405
	吸湿	38.20 ± 0	10.97 ± 1	2.55 ± 0	3.35 ± 0.28	0.13978	0.99856
0.5%木纤维复合土	脱湿	34.57 ± 0.34	5.37 ± 0.34	3.49 ± 0.26	2.42 ± 0.23	0.08003	0.99901
	吸湿	34.56 ± 0.56	2.35 ± 0	3.41 ± 0.07	2.40 ± 0.16	0.34332	0.99528
2.5%木纤维复合土	脱湿	46.30 ± 0	3.4 ± 0	4.39 ± 0	3.37 ± 0.1	1.07693	0.99002
	吸湿	46.17 ± 1.15	12.67 ± 3.19	3.46 ± 0.18	3.79 ± 0.65	0.71519	0.99596
5.0%木纤维复合土	脱湿	45.55 ± 0	8.9 ± 0	3 ± 0	2.42 ± 0.17	2.0903	0.97725
	吸湿	41.42 ± 0.91	7.80 ± 1.21	3.63 ± 0	3.62 ± 0.38	0.6722	0.99407

注：A_1为初始化值；A_2为最终值；X_0为中心值；P为权重；Reduced Chi-Sq为减少卡平方；R^2为相关系数。

5.5.3 混合复合土

本书运用Logistic曲线方程建立能够较好预测干湿交替下混合复合土的SWCC，4个处理均呈较好的"S"型曲线，拟合曲线相关系数R^2除了0.5%混合复合土脱湿的情况下为0.98，其余均在0.99以上。如图5-13和表5-7所示，红壤和混合复合土SWCC在干湿交替下均有所降低，这是由于干湿交替使土壤产生更大的孔隙和裂缝，混合复合土在各吸力阶段的体积含水量出现降低。如图5-13（a）和图5-13（b）所示，干湿交替下素土SWCC明显大幅度降低，而相对于素土，干湿交替对混合复合土产生的影响减小，第1次干湿交替混合复合土SWCC的上升幅度均高于第2次，而混合复合土的变化速率则是第2次的高于第1次。

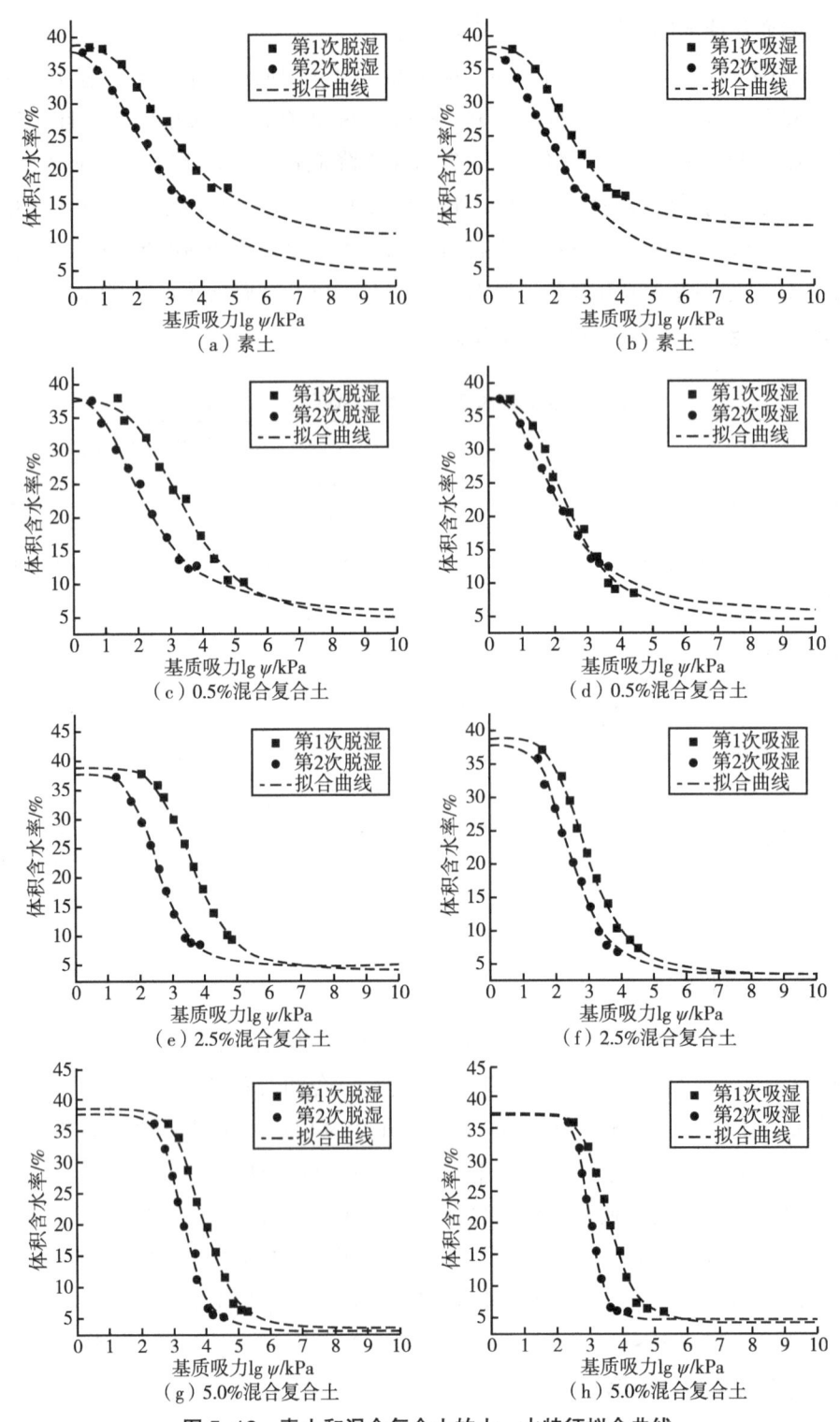

图 5-13 素土和混合复合土的土—水特征拟合曲线

如图 5-13（c）、图 5-13（e）和图 5-13（g）所示，在脱湿过程中，混合复合土 SWCC 第 2 次脱湿比第 1 次脱湿的 SWCC 有明显的降低，且糯米胶、木纤维含量为 2.5% 和 5.0% 的混合复合土变化速率下降较大，失水速率降低较快，表明脱湿过程中糯米胶复合土提高了红壤的持水能力；如图 5-13（d）、图 5-13（f）和图 5-13（h）所示，在吸湿过程中，随糯米胶、木纤维含量增加，混合复合土 SWCC 第 2 次吸湿与第 1 次吸湿基质吸力值差异逐渐减小，SWCC 下降幅度越小，说明糯米胶、木纤维能有效地增强红壤的吸水能力。

表 5-7 素土与混合复合土 SWCC 拟合参数

处理		A_1	A_2	X_0	P	Reduced Chi-Sq	R^2
素土	脱湿	38.71 ± 0.59	9.03 ± 0	3.29 ± 0.07	2.85 ± 0.19	0.50644	0.99405
	吸湿	38.20 ± 0	10.97 ± 1	2.55 ± 0	3.35 ± 0.28	0.13978	0.99856
0.5% 混合复合土	脱湿	37.55 ± 1.3	4.2 ± 0	3.47 ± 0.11	3.80 ± 0.40	1.64515	0.98736
	吸湿	37.24 ± 0.89	4.2 ± 0	2.45 ± 0.06	3.33 ± 0.21	0.7821	0.99449
2.5% 混合复合土	脱湿	38.63 ± 0.44	4.3 ± 0	3.68 ± 0.02	6.08 ± 0.19	0.16322	0.99885
	吸湿	38.89 ± 1.06	3.24 ± 1.58	2.97 ± 0.06	4.94 ± 0.53	0.42348	0.99752
5.0% 混合复合土	脱湿	38.55 ± 1.20	3.52 ± 0	3.91 ± 0.05	8.12 ± 0.52	0.59843	0.99638
	吸湿	37.25 ± 1.45	4.20 ± 1.17	3.56 ± 0.05	8.49 ± 1.11	0.8765	0.99516

注：A_1 为初始化值；A_2 为最终值；X_0 为中心值；P 为权重；Reduced Chi-Sq 为减少卡平方；R^2 为相关系数。

5.6 本章小结

（1）干湿交替对红壤的基质吸力具有负向影响作用，对 0.5% 糯米胶复合土和 5.0% 糯米胶复合土的基质吸力有负向影响，对 2.5% 糯米胶复合土的基质吸力有正向影响，表明适量的糯米胶可以增强红壤在干湿交替下的持水能力，减小了糯米胶复合土基质吸力的变化。干湿交替下随着糯米胶含量增加，基质吸力增大规律：2.5% 糯米胶复合土 >5.0% 糯米胶复合土 >0.5% 糯米胶复合土 > 素土。对 2.5% 木纤维复合土和 5.0% 木纤维复合土的基质吸力有负向影响，对 2.5% 木纤维复合土的基质吸力有正向影响，表明适量的木纤维可以增强红壤在干湿交替下的持水能力，减小了复合土基质吸力的变化。干湿交替下随着木纤维含量增加，基质吸力增大规律：2.5%木纤维复合土>5.0%木纤维复合土>0.5%木纤维复合土>素土。

（2）干湿交替下SWCC均出现一定程度降幅。其中，第1次干湿交替下素土和糯米胶复合土、木纤维复合土都存在明显的滞后现象，低吸力和高吸力下的滞后变化不大，但随着干湿交替次数增加，素土和0.5%糯米胶复合土中等吸力下的滞后程度也存在明显降低，素土滞回度降低72.41%，0.5%糯米胶复合土滞回度降低82.30%；2.5%糯米胶复合土和5.0%糯米胶复合土SWCC滞后现象变化幅度不明显，但变化速率增大，2.5%糯米胶复合土滞回度增加58.42%，而5.0%糯米胶复合土滞回度降低68.74%。素土和0.5%木纤维复合土中等吸力下的滞后程度也存在明显降低，0.5%木纤维复合土滞回度增加29.69%；2.5%木纤维复合土和5.0%木纤维复合土SWCC滞后现象变化幅度不明显，但变化速率增大，滞回度分别降低49.40%和60.57%；随着干湿交替次数增加，土—水特征曲线变化幅度越小，但变化速率逐渐增大。采用Logistic曲线方程模拟糯米胶复合土和木纤维复合土的SWCC，具有较好相关性，10个处理均呈较好的"S"型曲线，拟合曲线相关系数R^2均在0.98以上。

6 草本植物对红壤复合土抗剪特性的影响

根土体的力学特性包含根系加筋固土的土力效应和蒸腾吸水的水力效应2个方面。其中，植物根表面积指数被用来分析植物根系生长及营养物质和水分的吸收，根系体积比用来定量化根系对土体抗剪强度的影响，对植物根部的力学加筋作用。因此，本章在第4章和第5章研究的基础上，通过研究草本植物对红壤复合土抗剪特性的影响，从土力学角度，结合现有研究，选取根系表面积指数（RAI）和根体积比（R_V），建立根系参数与抗剪特性的关系数学模型，揭示根系表面积指数、根体积比与抗剪强度、黏聚力和内摩擦角的影响机制。

6.1 试验设计与过程

本章试验设计素土（红壤）、糯米胶、木纤维、混合（糯米胶＋木纤维）4个试验组，红壤复合土试验组分别设置4个含量水平：0、0.5%、2.5%、5.0%，共10个处理，每个处理分别种植草本植物白三叶（豆科）和黑麦草（禾本科）。因此，每个处理重复制样32个，10个处理共320个试样（表6-1）。

表6-1 根土体抗剪强度试验处理组

序号	处理组	添加量/%	白三叶/个	黑麦草/个	抗剪强度/个
1	红壤（CK）		16	16	32
2	糯米胶复合土	0.5	16	16	32
3		2.5	16	16	32
4		5.0	16	16	32
5	木纤维复合土	0.5	16	16	32
6		2.5	16	16	32
7		5.0	16	16	32
8	混合复合土	0.5% 糯米胶 +0.5% 木纤维	16	16	32
9		2.5% 糯米胶 +2.5% 木纤维	16	16	32
10		5.0% 糯米胶 +5.0% 木纤维	16	16	32
		合计	160	160	320

（1）试样制备：①将红壤风干后过 2mm 干筛，并保证土样内没有石块和杂质，随机抽取 6 份土样于铝盒内置于烘箱（105℃）中，算出实验用土的风干含水率；②称取一定量的水，在红壤土中加入一定含量的糯米胶或木纤维，采用无刀刃的搅拌器充分拌匀，保证重构材料与红壤均匀混合制成红壤复合土；③取长 20 cm、规格为 Φ160 mm×4 mm 的 PVC 管过中轴线一分为二，对合后均匀套上 3 个塑料卡扣，并在低端用有机玻璃板固定其底部制成管状桶；将复合土均匀地充填到管内，边充填边压实，考虑土体后期自然沉降，土壤干密度控制在 1.1~1.2g/cm³；④称取一定量的草籽（白三叶 0.6g/个，黑麦草 0.3g/个）并均匀撒在管状桶顶部，再敷上土与管口平齐；然后将整个管状桶称重，保证样本之间无较大差异（各样本之间的初始含水率和干密度保持一致）；⑤将所有试样放置于实验室外的露天场地，阳光照射强度适宜，用混凝土试块将试样围绕固定，防止试样倾倒，每隔 2 天浇水一次，生长初期施用少量的有机肥以利于草本植物生长，如图 6-1 所示。

图 6-1　根土体试验样品

（2）测定抗剪强度：待草本植物完成一次生长周期（3 个月以上），每个处理分别选取白三叶和黑麦草各 16 个试样，每个处理沿着土柱顶部面取走植物地上生物部分。在土柱的上、中、下位置：0~5cm、5~10cm 和 10~20cm 处分别使用环刀（Φ61.8mm×H20mm）取含白三叶和黑麦草的根土体，保留土体中的根系与环刀面平行。每个处理垂直压力取 50kPa、100kPa、150kPa、200kPa，测试根土体的抗剪强度和应力应变，剪切试验方法具体见本书的 3.2，研究不同根土体的强度特性变化规律。

（3）测定根系特征参数：每个环刀根土体试样直剪试验测定完毕后，将白三叶和黑麦草的根系取出，用清水洗去根系的泥土，将根系至于根盘中，使用 WinRHIZO 根系分析系统根系分析仪测定根系表面积和根体积。

6.2 白三叶根土体抗剪强度分析

如图 6-2 所示为糯米胶复合土抗剪强度随法向应力（σ）变化情况。抗剪强度随法向应力的增加而呈现出线性增加的趋势，说明加大法向应力可以一定程度提高土体的抗剪强度。随着根表面积指数（RAI）和根系体积比（R_V）的增加，当法向应力相同时，素土根土体中，RAI 为 0、R_V 为 0 曲线的抗剪强度最大，RAI 为 1.078、R_V 为 3.05 略大于 RAI 为 0.810、R_V 为 2.266 曲线的抗剪强度，同样 RAI 为 0.519、R_V 为 1.283 略大于 RAI 为 0.358、R_V 为 1.308 曲线的抗剪强度。糯米胶含量为 0.5% 的根土体，RAI 为 0.098、R_V 为 0.344 曲线的抗剪强度最大，RAI 为 1.778、R_V 为 6.544 曲线的抗剪强度最小，RAI 为 0.500、R_V 为 2.1 和 RAI 为 0.161、R_V 为 0.722 曲线的抗剪强度大致相等，

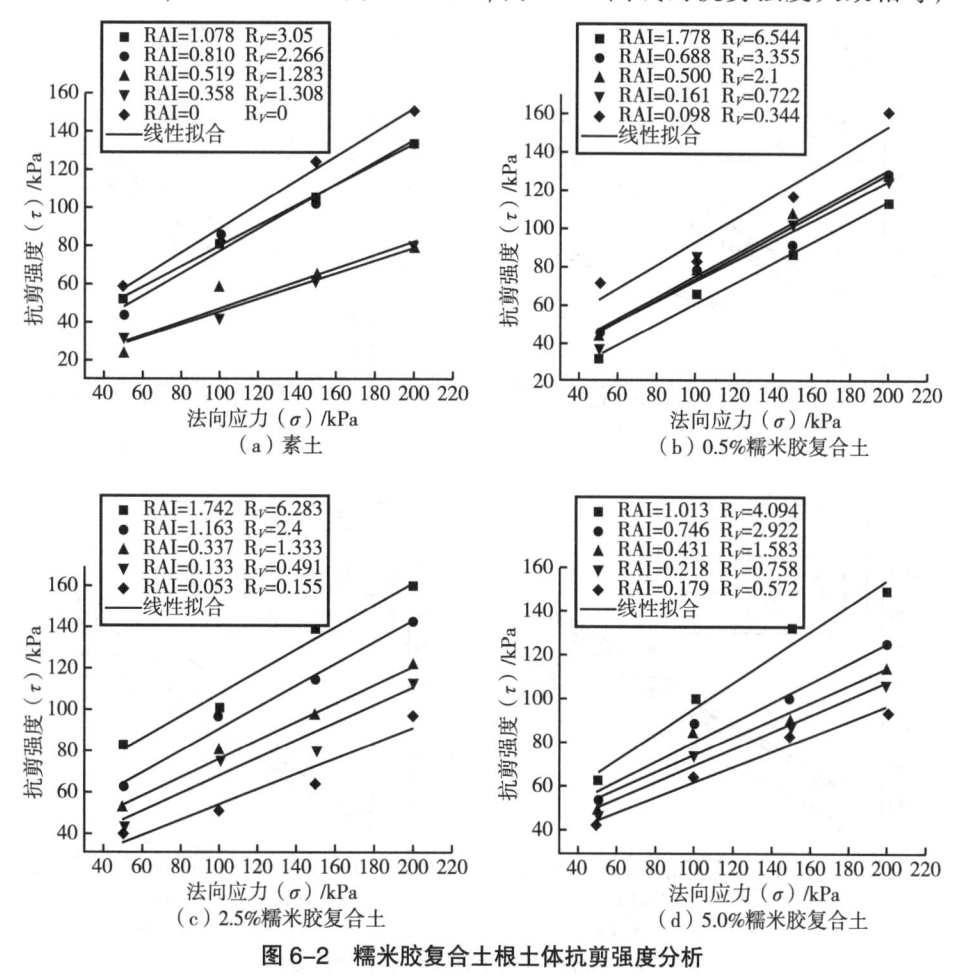

图 6-2 糯米胶复合土根土体抗剪强度分析

而 RAI 为 0.688、R_V 为 3.355 曲线的抗剪强度略小于前面两者。糯米胶含量为 2.5% 和 5.0% 的根土体抗剪强度呈现出正相关的趋势。

如图 6-3 所示为木纤维复合土抗剪强度随法向应力（σ）变化情况。抗剪强度随法向应力的增加而呈现出线性增加的趋势，说明加大法向应力可以一定程度提高土体的抗剪强度。随着根表面积指数（RAI）和根系体积比（R_V）的增加，当法向应力相同时，素土根土体中，RAI 为 0、R_V 为 0 曲线的抗剪强度最大，RAI 为 1.078、R_V 为 3.05 略大于 RAI 为 0.810、R_V 为 2.266 曲线的抗剪强度，同样 RAI 为 0.519、R_V 为 1.283 略大于 RAI 为 0.358、R_V 为 1.308 曲线的抗剪强度。木纤维含量为 0.5% 的根土体，RAI 为 0.579、R_V 为 1.838 曲线的抗剪强度最小，RAI 为 0.579、R_V 为 1.838 略小于 RAI 为 3.222、R_V 为 10.958 和 RAI 为 2.365、R_V 为 5.933 曲线的抗剪强度。木纤维含量为 2.5% 的根土体，RAI 为 0.375、R_V 为 1.177 曲线的抗剪强度最大，而木纤维含量为

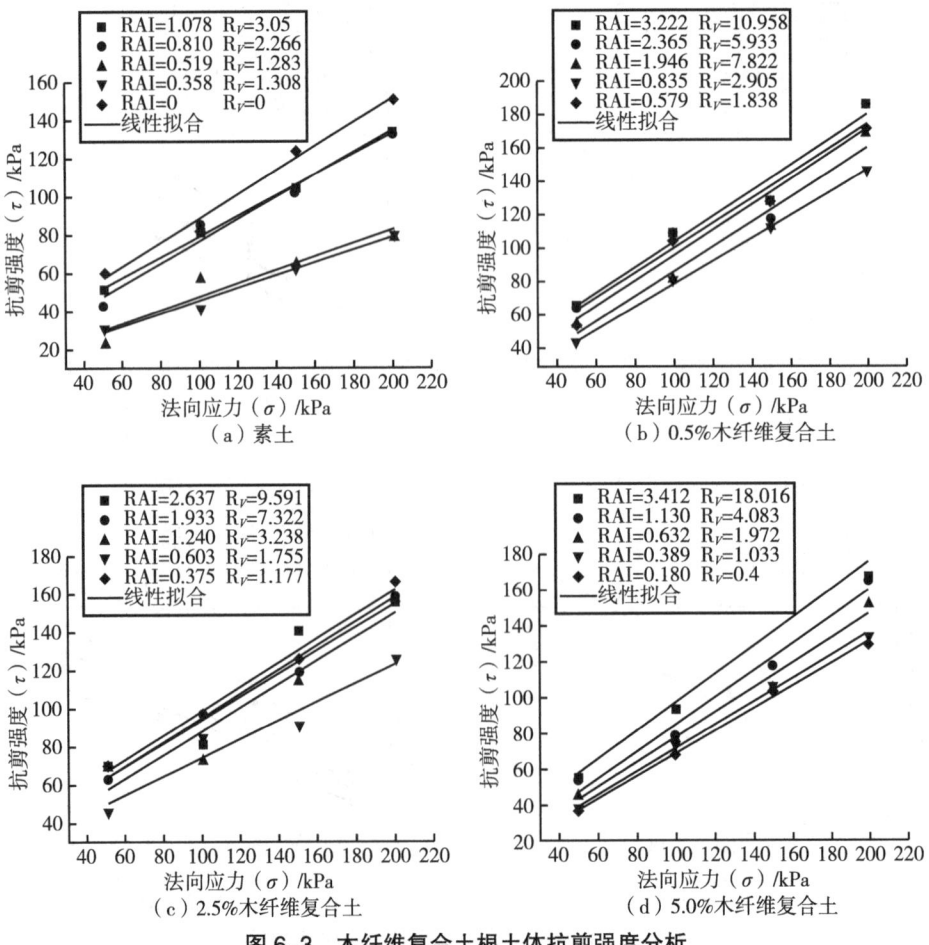

图 6-3　木纤维复合土根土体抗剪强度分析

5.0% 的根土体抗剪强度呈现出正相关的趋势。

如图 6-4 所示为混合复合土抗剪强度随法向应力（σ）变化情况。抗剪强度随法向应力的增加而呈现出线性增加的趋势，说明加大法向应力可以一定程度提高土体的抗剪强度。随着根表面积指数（RAI）和根系体积比（R_V）的增加，当法向应力相同时，素土根土体中，RAI 为 0、R_V 为 0 曲线的抗剪强度最大，RAI 为 1.078、R_V 为 3.05 略大于 RAI 为 0.810、R_V 为 2.266 曲线的抗剪强度，同样 RAI 为 0.519、R_V 为 1.283 略大于 RAI 为 0.358、R_V 为 1.308 曲线的抗剪强度。混合含量为 0.5% 的根土体抗剪强度呈现出正相关的趋势。混合含量为 2.5% 的根土体，RAI 为 1.740、R_V 为 6.705 大于 RAI 为 2.076、R_V 为 9.633 曲线的抗剪强度。混合含量为 5.0% 的根土体，RAI 为 0.334、R_V 为 1.283 曲线的抗剪强度最大，RAI 为 1.340、R_V 为 5.341 和 RAI 为 0.989、R_V 为 4.05 曲线的抗剪强度大致相同，而 RAI 为 0.902、R_V 为 3.444 略大于 RAI 为

图 6-4　混合复合土根土体抗剪强度分析

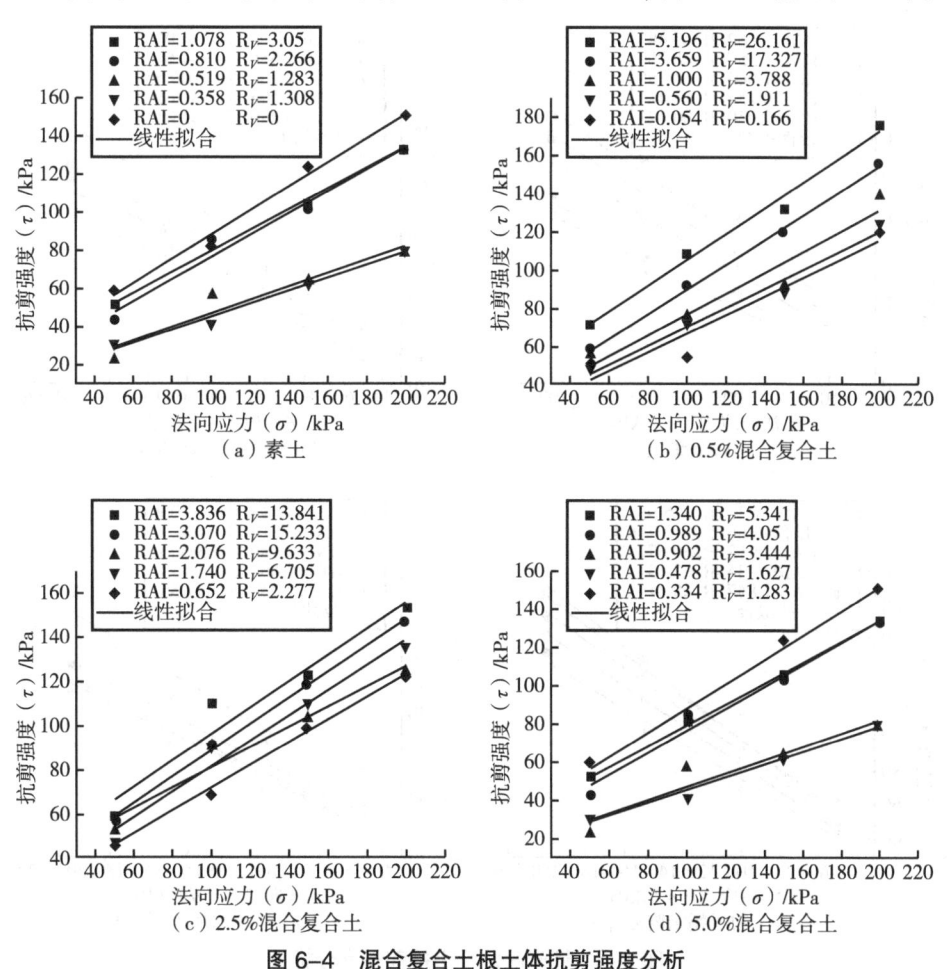

0.478、R_V 为 1.627 曲线的抗剪强度。

6.3 黑麦草根土体抗剪强度分析

如图 6-5 所示为糯米胶复合土抗剪强度随法向应力（σ）变化情况。抗剪强度随法向应力的增加而呈现出线性增加的趋势，说明加大法向应力可以一定程度提高土体的抗剪强度。随着根表面积指数（RAI）和根系体积比（R_V）的增加，当法向应力相同时，素土根土体抗剪强度呈现出正相关的趋势。糯米胶含量为 0.5% 的根土体，RAI 为 2.702、R_V 为 10.855 曲线的抗剪强度最大，RAI 为 1.305、R_V 为 3.366 曲线的抗剪强度最小，且 RAI 为 0.289、R_V 为 0.705 略小于 RAI 为 4.656、R_V 为 14.644 曲线的抗剪强度。糯米胶含量为 2.5% 的根土体，RAI 为 7.232、R_V 为 25.933 曲线的抗剪强度最大，RAI 为 4.066、R_V 为

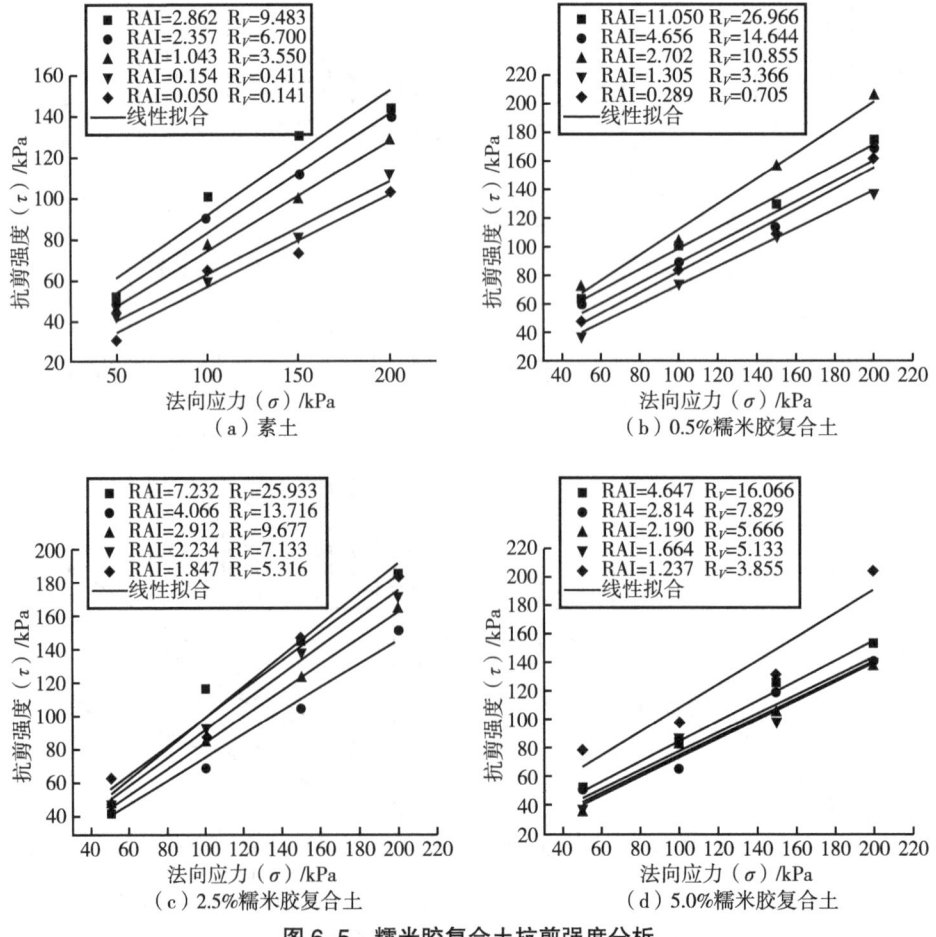

图 6-5 糯米胶复合土抗剪强度分析

13.716曲线的抗剪强度最小，而RAI为1.847、R_V为5.316曲线的抗剪强度略大于RAI为2.234、R_V为7.133曲线的抗剪强度。糯米胶含量为5.0%的根土体，RAI为1.237、R_V为3.855曲线的抗剪强度最大，RAI为2.190、R_V为5.666曲线的抗剪强度和RAI为1.664、R_V为5.133曲线的抗剪强度大致相等。

如图6-6所示为木纤维复合土抗剪强度随法向应力（σ）变化情况。抗剪强度随法向应力的增加而呈现出线性增加的趋势，说明加大法向应力可以一定程度提高土体的抗剪强度。随着根表面积指数（RAI）和根系体积比（R_V）的增加，当法向应力相同时，素土根土体抗剪强度呈现出正相关的趋势。木纤维含量为0.5%的根土体，RAI为9.317、R_V为35.866曲线的抗剪强度最大，RAI为2.227、R_V为0.672大于RAI为0.647、R_V为1.7曲线的抗剪强度，且RAI为0.271、R_V为6.033略大于RAI为6.217、R_V为19.666曲线的抗剪强度。木纤维含量为2.5%的根土体抗剪强度呈现出正相关的趋势，但RAI为1.966、

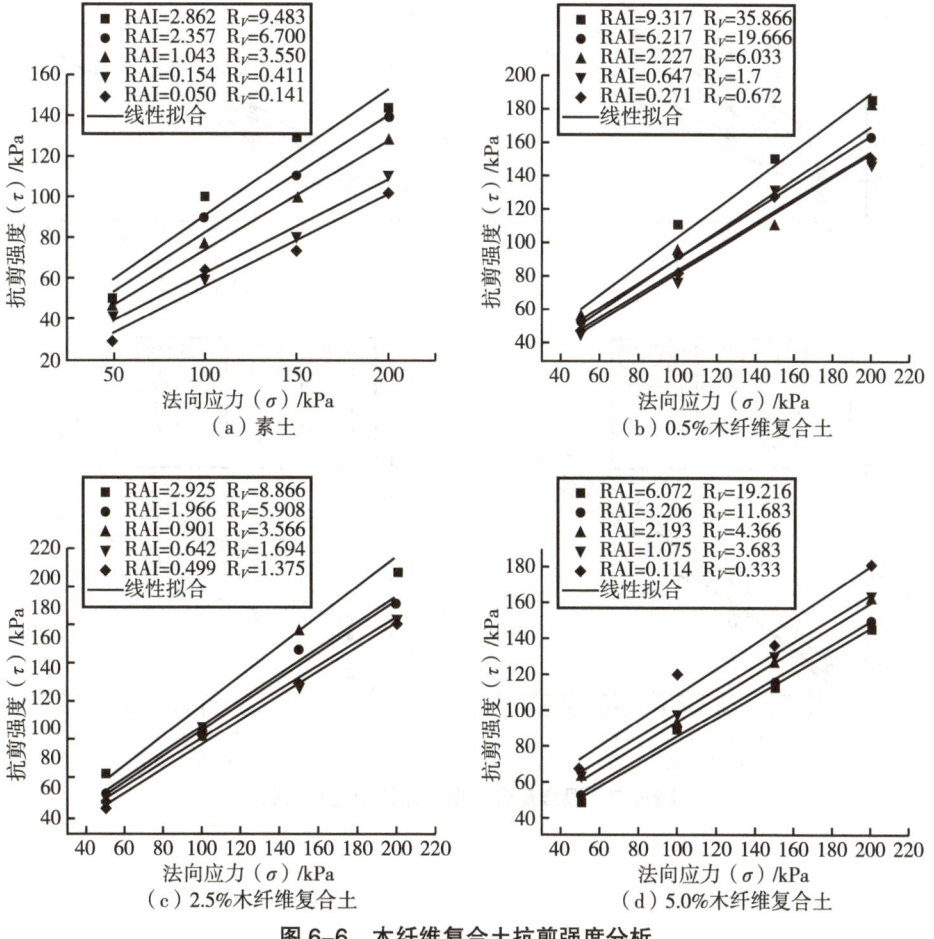

图6-6 木纤维复合土抗剪强度分析

R_V 为 5.908 和 RAI 为 0.642、R_V 为 1.694 分别略大于 RAI 为 0.901、R_V 为 3.566、RAI 为 0.499、R_V 为 1.375 曲线的抗剪强度。木纤维含量为 5.0% 的根土体抗剪强度呈现出负相关的趋势，RAI 与 R_V 越大，抗剪强度反而越小。

如图 6-7 所示为混合复合土抗剪强度随法向应力（σ）变化情况。抗剪强度随法向应力的增加而呈现出线性增加的趋势，说明加大法向应力可以一定程度提高土体的抗剪强度。随着根表面积指数（RAI）和根系体积比（R_V）的增加，当法向应力相同时，素土根土体抗剪强度呈现出正相关的趋势。同样，混合含量为 0.5%、2.5%、5.0% 的根土体抗剪强度也呈现出正相关的趋势。

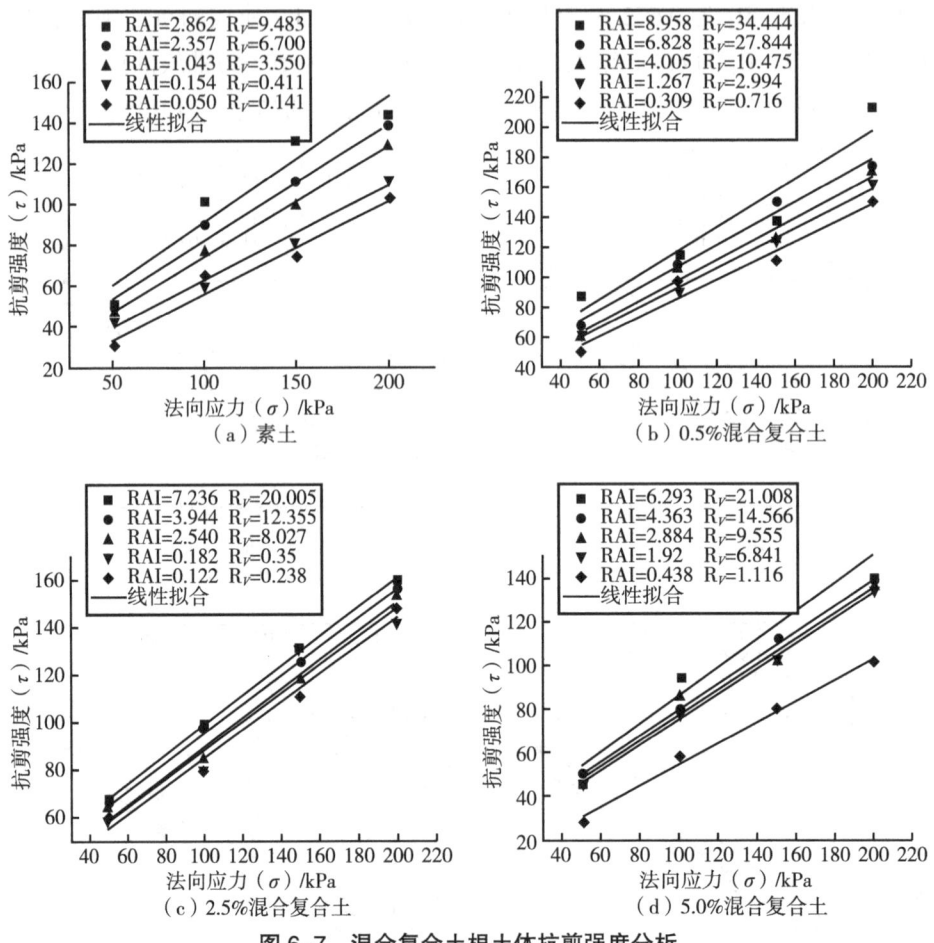

图 6-7 混合复合土根土体抗剪强度分析

6.4 白三叶根土体的黏聚力与内摩擦角分析

如表 6-2 所示，白三叶根土体中素土根土体的黏聚力范围为 11.11kPa～29.42kPa，差值为 18.31kPa，增长率为 164.8%。0.5% 糯米胶复合土、2.5% 糯米胶复合土、5.0% 糯米胶复合土根土体黏聚力范围分别为 8.30kPa～32.25kPa、15.65kPa～51.90kPa、27.75kPa～38.15kPa，分别增加了 23.95kPa、36.25kPa、10.4kPa，增长率分别为 288.55%、231.63%、37.48%，其中增长率最大的为素土根土体，但增幅最大的为 2.5% 糯米胶复合土根土体。

素土根土体的内摩擦角范围为 24.50°～31.82°，增长了 7.32°，增长率为 29.88%。0.5% 糯米胶复合土、2.5% 糯米胶复合土、5.0% 糯米胶复合土根土体内摩擦角范围分别为 27.90°～31.44°、20.60°～28.81°、19.22°～30.30°，分别增长了 3.54°、8.21°、11.08°，增长率分别为 12.69%、39.85%、57.65%，其中增长率和增幅最大的都为 5.0% 糯米胶复合土根土体，且随着糯米胶含量的增加，增长率逐渐增大。

表 6-2 白三叶根土体的黏聚力与内摩擦角表

试验组		黏聚力 /kPa			内摩擦角 /（°）		
		0.5%	2.5%	5.0%	0.5%	2.5%	5.0%
红壤（CK）		11.11～29.42			24.50～31.82		
B	糯米胶复合土	8.33～32.32	15.72～51.93	27.80～38.20	27.90～31.44	20.60～28.81	19.22～30.30
	木纤维复合土	12.01～27.63	25.94～35.12	5.52～18.10	34.06～37.26	26.21～32.61	32.41～38.52
	混合复合土	18.01～36.93	20.23～37.12	12.01～25.30	26.23～34.34	27.22～30.73	18.62～32.43

注：B 为白三叶。

6.4.1 糯米胶复合土

如图 6-8 所示为糯米胶复合土黏聚力和内摩擦角随根表面积指数的变化关系图，可见随着根表面积指数的增大，土体的黏聚力和内摩擦角也随之增大，呈现出正相关的趋势。素土根土体的黏聚力范围为 11.11kPa～29.42kPa，增长了 18.31kPa，增长率为 164.8%。0.5% 糯米胶复合土、2.5% 糯米胶复合土、5.0% 糯米胶复合土根土体黏聚力范围分别为 8.33kPa～32.32kPa、15.72kPa～

51.93kPa、27.80kPa~38.20kPa，分别增加了23.99kPa、36.21kPa、10.4kPa，增长率分别为288.00%、230.34%、37.41%，其中增长率最大的为素土根土体，但增长幅度最大的为2.5%糯米胶复合土根土体。

素土根土体的内摩擦角范围为28.16°~32.19°，增长了4.03°，增长率为14.31%。0.5%糯米胶复合土、2.5%糯米胶复合土、5.0%糯米胶复合土根土体内摩擦角范围分别为27.90°~31.39°、20.56°~28.83°、19.20°~30.27°，分别增长了3.49°、8.27°、11.07°，增长率分别为12.51%、40.22%、57.66%，其中增长率和增长幅度最大的都为5.0%糯米胶复合土根土体，且随着糯米胶含量的增加，增长率逐渐增大。

综上所述，素土和糯米胶复合土根土体的黏聚力和内摩擦角都随着根表面积指数的增大而增大。

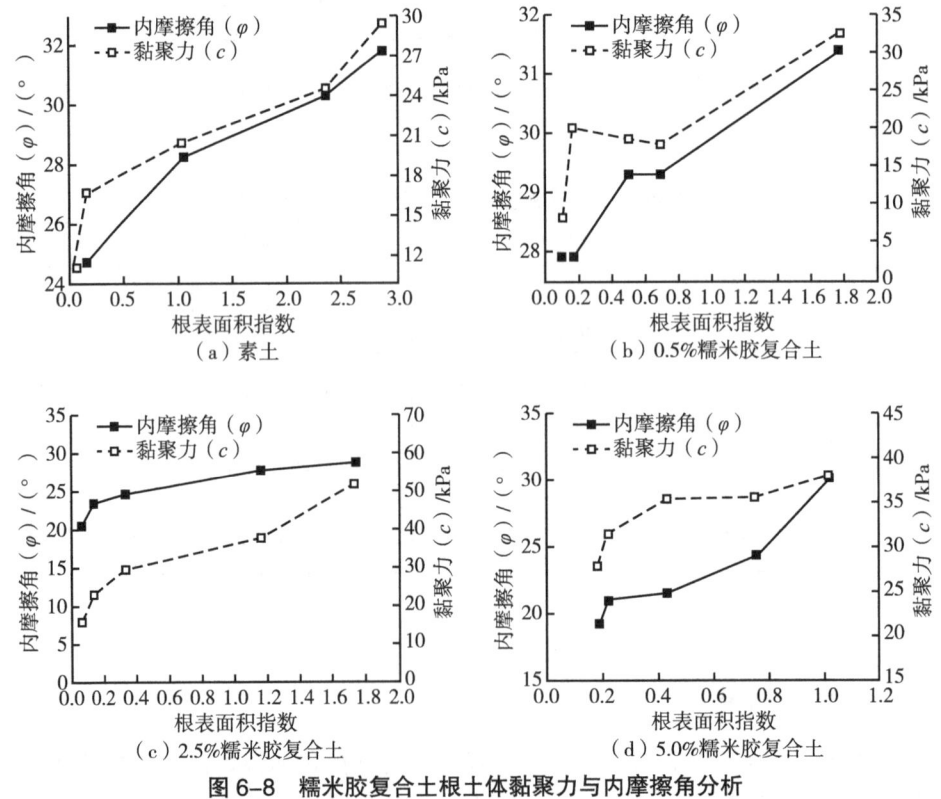

图6-8 糯米胶复合土根土体黏聚力与内摩擦角分析

6.4.2 木纤维复合土

如图6-9所示，木纤维复合土的黏聚力和内摩擦角与根表面积指数的变化关系图，可见随着根表面积指数的增大，土体的黏聚力和内摩擦角也随之增大，呈现出正相关的趋势。素土根土体的黏聚力范围为 2.9kPa～14.7kPa，增长了 11.8kPa，增长率为 406.9%。0.5% 木纤维复合土、2.5% 木纤维复合土、5.0% 木纤维复合土根土体黏聚力范围分别为 11.95kPa～27.45kPa、25.85kPa～35.10kPa、5.45kPa～18.10kPa，分别增加了 15.5kPa、9.25kPa、12.65kPa，增长率分别为 129.71%、35.78%、232.11%，其中增长率最大的为 5.0% 木纤维复合土根土体，但增长幅度最大的为 0.5% 木纤维复合土根土体。

素土根土体的内摩擦角范围为 28.16°～32.19°，增长了 4.03°，增长率为 14.31%。0.5% 木纤维复合土、2.5% 木纤维复合土、5.0% 木纤维复合土根土体内摩擦角范围分别为 34.06°～37.26°、26.23°～32.64°、32.42°～38.45°，分别增长了 3.20°、6.41°、6.03°，增长率分别为 9.40%、24.44%、18.60%，其中增长率和增长幅度最大的都为 2.5% 木纤维复合土根土体。

综上所述，素土和木纤维复合土根土体的黏聚力和内摩擦角随着根表面积指数的增大而增大。

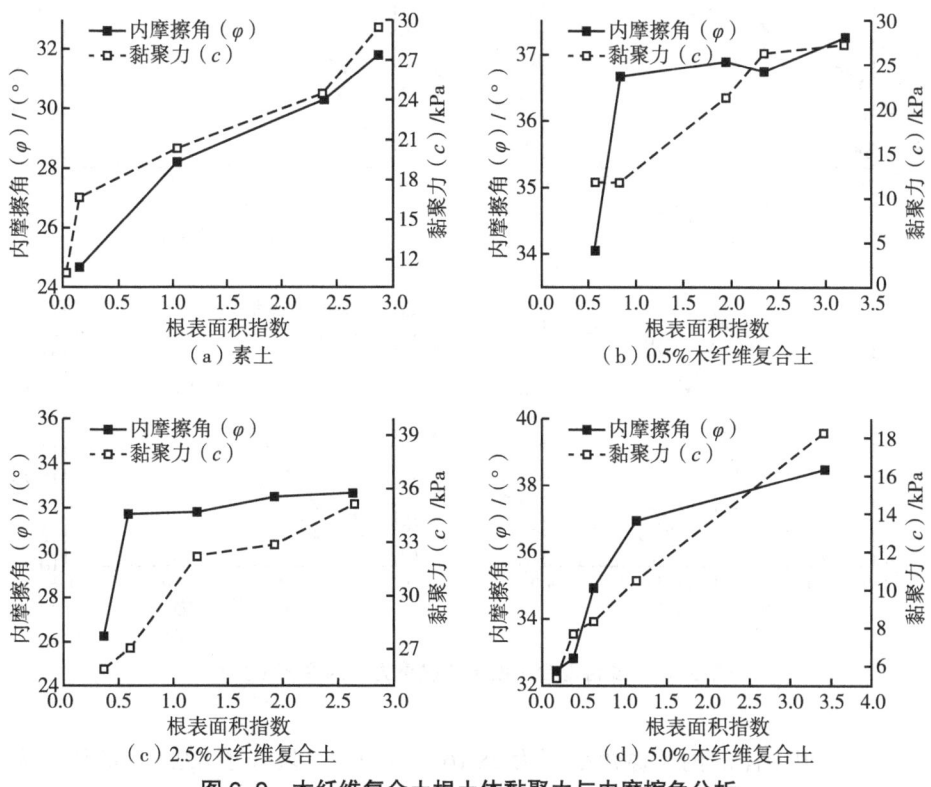

图 6-9 木纤维复合土根土体黏聚力与内摩擦角分析

6.4.3 混合复合土

如图6-10所示为混合复合土黏聚力和内摩擦角随根表面积指数的变化关系图，可见随着根表面积指数的增大，素土、0.5%混合复合土和5.0%混合复合土根土体的黏聚力和内摩擦角也随之增大，呈现出正相关的趋势，2.5%混合复合土根土体的黏聚力和内摩擦角呈现先增大后减小，又增大的趋势。素土根土体的黏聚力范围为2.9kPa~14.7kPa，增长了11.8kPa，增长率为406.9%。0.5%混合复合土、2.5%混合复合土、5.0%混合复合土根土体黏聚力范围分别为17.95kPa~36.90kPa、20.20kPa~37.10kPa、12.20kPa~25.25kPa，分别增加了18.95kPa、16.9kPa、13.05kPa，增长率分别为105.57%、83.66%、106.97%，其中增长率最大的为素土根土体，但增长幅度最大的为0.5%混合复合土根土体。

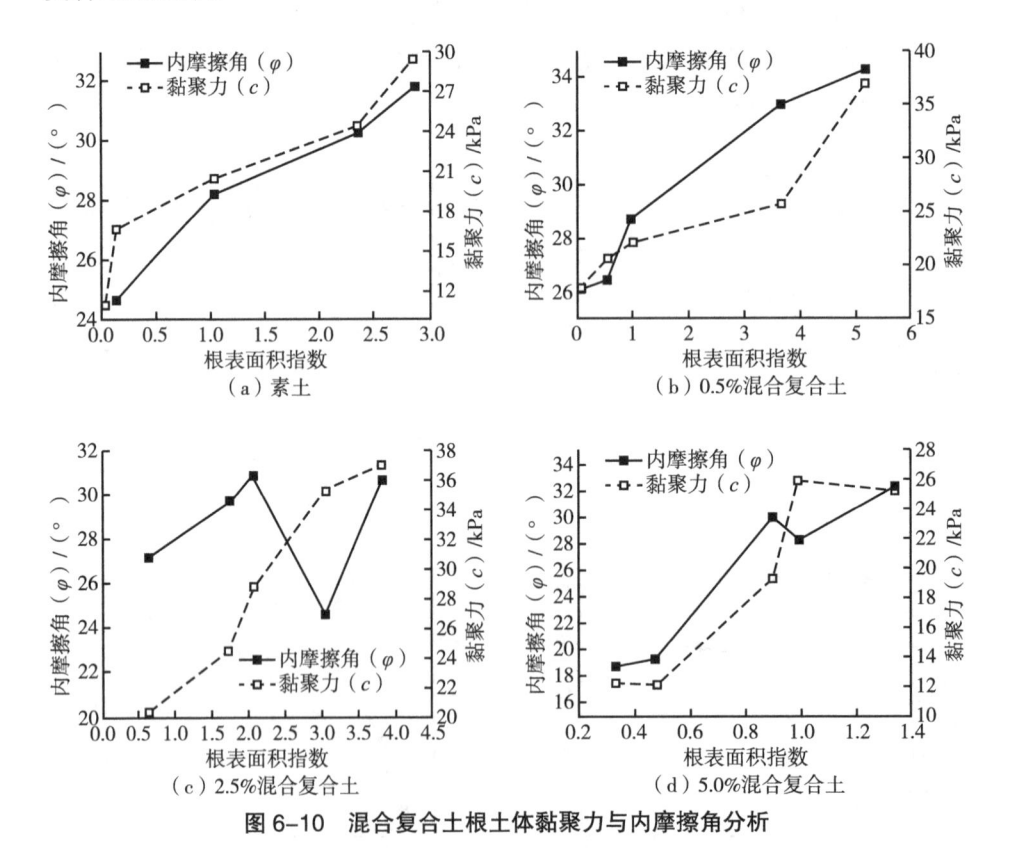

图6-10 混合复合土根土体黏聚力与内摩擦角分析

素土根土体的内摩擦角范围为28.16°~32.19°，增长了4.03°，增长率为14.31%。0.5%混合复合土、2.5%混合复合土、5.0%混合复合土根土体内摩擦角范围分别为 26.19°~34.27°、27.19°~30.68°、18.60°~32.36°，分别增长了 8.08°、3.49°、13.76°，增长率分别为 30.85%、12.84%、73.98%，其中增长率和增长幅度最大的都为 5.0% 混合复合土根土体。

综上，素土根土体和混合复合土根土体的黏聚力和内摩擦角都随着根表面积指数增大，但不一定完全是正相关增大的关系。

6.5 黑麦草根土体的黏聚力与内摩擦角分析

如表 6-3 所示，黑麦草根土体中素土根土体的黏聚力范围为 2.92kPa~14.73kPa，增长了 11.81kPa，增长率为 404.5%。0.5% 糯米胶复合土、2.5% 糯米胶复合土、5.0% 糯米胶复合土根土体黏聚力范围分别为 5.75kPa~22.45kPa、6.80kPa~15.10kPa、10.70kPa~26.25kPa，分别增加了 16.7kPa、8.3kPa、15.55 kPa，增长率分别为 290.43%、122.06%、145.33%，其中增长率最大的为 0.5% 糯米胶复合土根土体，而增长幅度最大的为素土根土体。

素土根土体的内摩擦角范围为 28.23°~32.22°，增长了 3.99°，增长率为 14.13%。0.5% 糯米胶复合土、2.5% 糯米胶复合土、5.0% 糯米胶复合土根土体内摩擦角范围分别为 33.62°~41.87°、34.76°~40.28°、32.98°~39.47°，分别增长了 8.25°、5.52°、6.49°，增长率分别为 24.54%、15.88%、19.68%，其中增长率最大的为素土根土体，而增幅最大的为 0.5% 糯米胶复合土根土体。

表 6-3 黑麦草根土体的黏聚力与内摩擦角表

试验组		黏聚力 /kPa			内摩擦角 /(°)		
		0.5%	2.5%	5.0%	0.5%	2.5%	5.0%
红壤（CK）		2.92~14.73			28.23~32.22		
H	糯米胶复合土	5.75~22.45	6.80~15.10	10.70~26.25	33.62~41.87	34.76~40.28	32.98~39.47
	木纤维复合土	11.60~17.95	10.45~18.55	19.50~36.05	35.36~40.57	38.82~44.42	32.03~35.51
	混合复合土	24.70~37.10	25.60~36.70	7.50~22.65	31.79~38.76	30.74~31.90	25.59~32.52

注：H 为黑麦草。

6.5.1 糯米胶复合土

如图 6-11 所示为糯米胶复合土黏聚力和内摩擦角随根表面积指数的变化关系图，可见随着根表面积指数的增大，土体的黏聚力和内摩擦角也随之增大，呈现出正相关的趋势。素土根土体的黏聚力范围为 2.90kPa～14.70kPa，增长了 11.80kPa，增长率为 106.31%。0.5%糯米胶复合土、2.5%糯米胶复合土、5.0%糯米胶复合土根土体黏聚力范围分别为 5.75kPa～22.45kPa、6.80kPa～15.10kPa、10.70kPa～26.25kPa，分别增加了 16.7kPa、8.3kPa、15.55kPa，增长率分别为 290.43%、122.06%、145.33%，其中增长率最大的为 0.5%糯米胶复合土根土体，而增长幅度最大的为素土根土体。

素土根土体的内摩擦角范围为 28.16°～32.19°，增长了 4.03°，增长率为 14.31%。0.5%糯米胶复合土、2.5%糯米胶复合土、5.0%糯米胶复合土根土体内摩擦角范围分别为 33.62°～41.87°、34.76°～40.28°、32.98°～39.47°，分别增长了 8.25°、5.52°、6.49°，增长率分别为 24.54%、15.88%、19.68%，其中增长率最大的为素土根土体，而增长幅度最大的为 0.5%糯米胶复合土根土体。

综上所述，素土根土体的黏聚力和内摩擦角随着根表面积指数的增大而增大；0.5%和5.0%糯米胶复合土根土体的黏聚力和内摩擦角呈先增大后减小，又增大的趋势；2.5%糯米胶复合土根土体的内摩擦角呈先增大后减小的趋势。

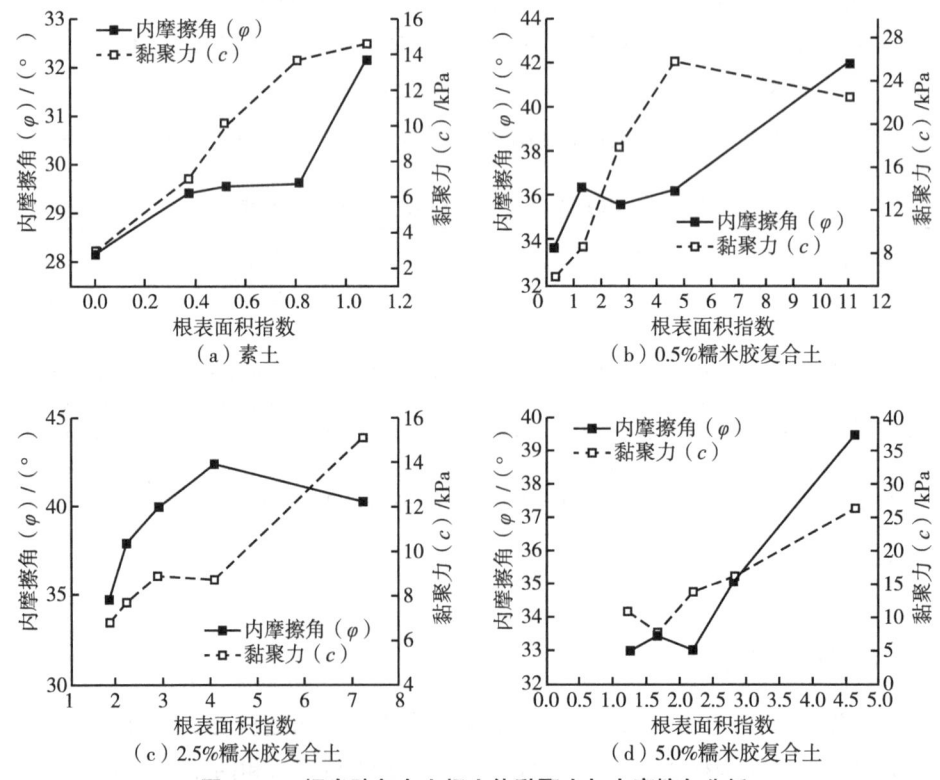

(a) 素土

(b) 0.5%糯米胶复合土

(c) 2.5%糯米胶复合土

(d) 5.0%糯米胶复合土

图 6-11 糯米胶复合土根土体黏聚力与内摩擦角分析

6.5.2 木纤维复合土

如图 6-12 所示为木纤维复合土黏聚力和内摩擦角随根表面积指数的变化关系图，可见随着根表面积指数的增大，土体的黏聚力和内摩擦角也随之增大，呈现出正相关的趋势。素土根土体的黏聚力范围为 2.9kPa～14.7kPa，增长了 11.8kPa，增长率为 406.9%。0.5% 木纤维复合土、2.5% 木纤维复合土、5.0% 木纤维复合土根土体黏聚力范围分别为 11.60kPa～17.95kPa、10.45kPa～18.55kPa、19.50kPa～36.05kPa，分别增加了 6.35kPa、8.1kPa、16.55kPa，增长率分别为 54.74%、77.51%、84.87%，其中增长率最大的为素土根土体，但增长幅度最大的为 5.0% 木纤维复合土根土体。

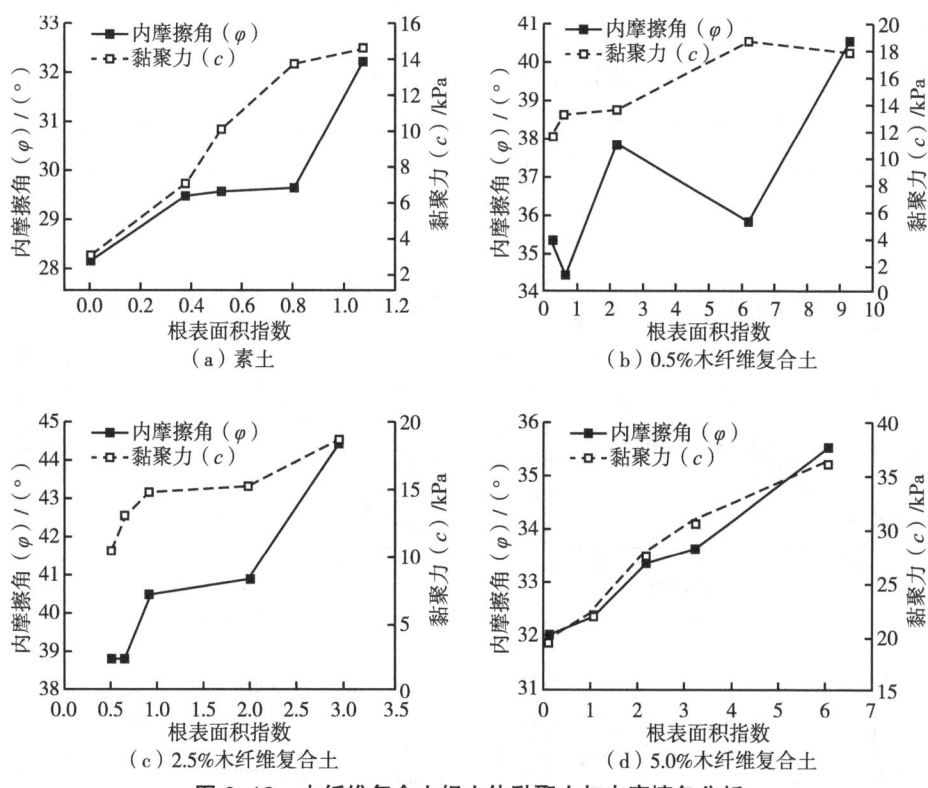

图 6-12 木纤维复合土根土体黏聚力与内摩擦角分析

素土根土体的内摩擦角范围为 28.16°～32.19°，增长了 4.03°，增长率为 14.31%。0.5% 木纤维复合土、2.5% 木纤维复合土、5.0% 木纤维复合土根土体内摩擦角范围分别为 35.36°～40.57°、38.82°～44.42°、32.03°～35.51°，分别增长了 5.21°、5.60°、3.48°，增长率分别为 14.73%、14.43%、10.86%，其

中增长率最大的为0.5%木纤维复合土根土体，但增长幅度最大的为2.5%木纤维复合土根土体。

综上所述，随着根表面积指数的增大，素土根土体、2.5%和5.0%木纤维复合土根土体的黏聚力和内摩擦角增大；0.5%木纤维复合土根土体内摩擦角呈"锯齿"状上升的趋势，5.0%木纤维复合土根土体黏聚力的增幅最大。

6.5.3 混合复合土

如图6-13所示为混合复合土黏聚力和内摩擦角随根表面积指数的变化关系图，可见随着根表面积指数的增大，土体的黏聚力和内摩擦角也随之增大，呈现出正相关的趋势。素土根土体的黏聚力范围为2.9kPa~14.7kPa，增长了11.8kPa，增长率为406.9%。0.5%混合复合土、2.5%混合复合土、5.0%混合复合土根土体黏聚力范围分别为24.70kPa~37.10kPa、25.60kPa~36.70kPa、7.50kPa~22.65kPa，分别增加了12.4kPa、11.1kPa、15.15kPa，增长率分别为50.20%、43.36%、202.00%，其中增长率最大的为素土根土体，但增长幅度最

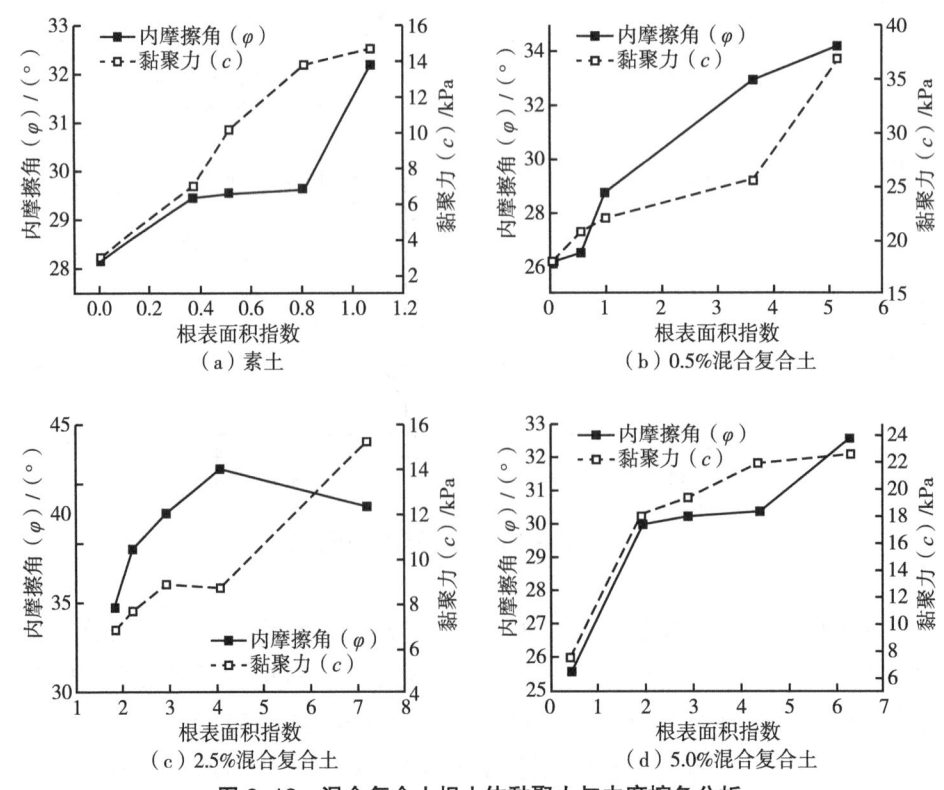

图 6-13 混合复合土根土体黏聚力与内摩擦角分析

大的为 5.0% 混合复合土根土体。

素土根土体的内摩擦角范围为 28.16°~32.19°，增长了 4.03°，增长率为 14.31%。0.5% 混合复合土、2.5% 混合复合土、5.0% 混合复合土根土体内摩擦角范围分别为 31.79°~38.76°、30.74°~31.90°、25.59°~32.52°，分别增长了 6.97°、1.16°、6.93°，增长率分别为 21.93%、3.77%、27.08%，其中增长率最大的为 5.0% 混合复合土根土体，但增长幅度最大的为 0.5% 混合复合土根土体。

综上所述，随着根表面积指数的增大，素土根土体、0.5% 混合复合土和 5.0% 混合复合土根土体的黏聚力和内摩擦角增大；2.5% 混合复合土根土体的内摩擦角呈先增大后减小的趋势。

6.6 本章小结

（1）不同草本植物对红壤复合土抗剪强度影响存在明显差异。

对于素土，随着植物 RAI、R_V 的增加，白三叶根土体的抗剪强度呈先减小后增加的趋势，黑麦草根土体的抗剪强度呈正相关增加的趋势；在抗剪强度、RAI 和 R_V 方面，黑麦草根土体高于白三叶根土体，抗剪强度增量为 10kPa~20kPa。

添加糯米胶后，随着植物 RAI、R_V 的增加，白三叶 0.5% 糯米胶复合土根土体的抗剪强度呈负相关减少的趋势，白三叶 2.5% 和 5.0% 糯米胶复合土根土体的抗剪强度均呈正相关增加的趋势；黑麦草 0.5%、2.5%、5.0% 糯米胶复合土根土体的抗剪强度总体呈先减小后增加的趋势。在抗剪强度、RAI 和 R_V 方面，黑麦草根土体高于白三叶根土体，抗剪强度增量为 30kPa~50kPa。

添加木纤维后，随着植物 RAI、R_V 的增加，白三叶 0.5% 和 2.5% 木纤维复合土根土体的抗剪强度呈先减小后增加的趋势，白三叶 5.0% 木纤维复合土根土体的抗剪强度呈正相关增加的趋势；黑麦草 0.5% 和 2.5% 木纤维复合土根土体的抗剪强度总体呈正相关增加的趋势，黑麦草 5.0% 木纤维复合土根土体的抗剪强度呈负相关减少的趋势。在抗剪强度、RAI 和 R_V 方面，黑麦草根土体高于白三叶根土体，抗剪强度增量为 20kPa~40kPa。

添加混合（糯米胶+木纤维）后，随着植物 RAI、R_V 的增加，白三叶 0.5% 和 2.5% 混合复合土根土体的抗剪强度总体呈正相关增加的趋势，白三叶 5.0% 混合复合土根土体的抗剪强度呈先减小后增加的趋势；黑麦草 0.5%、2.5%、5.0% 混合复合土根土体的抗剪强度呈正相关增加的趋势。在抗剪强度、RAI 和 R_V 方面，黑麦草根土体高于白三叶根土体，抗剪强度增量为 20kPa～40kPa。

（2）不同草本植物对红壤复合土黏聚力和内摩擦角影响存在明显差异。

对于素土，随着植物 RAI 增加，根土体的黏聚力和内摩擦角均增大，其中，白三叶根土体的增幅高于黑麦草根土体，即 2 种根土体的黏聚力差值为 6.45kPa，内摩擦角差值为 3.29°。

添加糯米胶后，随着植物 RAI 增加，白三叶糯米胶复合土根土体的黏聚力和内摩擦角呈增大的趋势，其中白三叶 2.5% 糯米胶复合土根土体的黏聚力增幅最大，内摩擦角增幅较小；黑麦草 0.5% 和 5.0% 糯米胶复合土根土复合体的黏聚力和内摩擦角呈增大的趋势，黑麦草 2.5% 糯米胶复合土根土体的内摩擦角呈先增大后减小的趋势。黏聚力增幅变化为：白三叶根土体 > 黑麦草根土体。内摩擦角增幅则相反：黑麦草根土体 > 白三叶根土体。

添加木纤维后，随着植物 RAI 增加，白三叶木纤维复合土根土体的黏聚力和内摩擦角呈增大的趋势，其中当 RAI>1 以上，内摩擦角变化趋于平缓，白三叶 0.5% 木纤维复合土根土体黏聚力的增幅最大；黑麦草木纤维复合土根土体的黏聚力和内摩擦角总体呈增大的趋势，其中黑麦草 0.5% 木纤维复合土根土体内摩擦角呈"锯齿"状上升的趋势。

添加混合（糯米胶+木纤维）后，随着植物 RAI 增加，白三叶 0.5% 和 5.0% 混合复合土根土体的黏聚力和内摩擦角呈增大的趋势，白三叶 2.5% 混合复合土根土体的内摩擦角呈先增大后减小又增大"锯齿"状的变化趋势，而其黏聚力呈增大的趋势；黑麦草 0.5% 和 5.0% 混合复合土根土体的黏聚力和内摩擦角呈增大的趋势，黑麦草 2.5% 混合复合土根土体的内摩擦角呈先增大后减小的变化趋势，而其黏聚力呈增大的趋势。2 种根土体的内摩擦角几乎无变化，黏聚力变化为 10kPa～20kPa。

7 草本植物对红壤复合土水力特性的影响

土—水特征曲线是反映土体水力特性的重要指标之一。根土体的基质吸力和土—水特征曲线不仅受到植物叶片蒸腾作用的影响，同时也与土体表层蒸发有关。植物的水分吸收与运输能力也取决于植物个体的特征，而植物的参数也可以用来更加准确地分析和描述植物特征与水力特性之间的关系。植物叶片蒸腾作用影响水分运移，根表面积指数被用来分析植物根系生长及营养物质和水分的吸收，根系体积比用来定量化根系对土体抗剪强度的影响，而植物的地下生物量则是直接影响土壤的持水特性和植物根部的力学加筋作用。以上4个指标都直接或间接影响了根土体基质吸力的变化，通过测量不同植物的特征参数来研究这些参数对植物基质吸力的影响大小。

因此，本章在第4章和第5章研究的基础上，通过研究草本植物对红壤复合土水力特性的影响，从水力角度，建立根系表面积指数（RAI）、根体积比（R_V）、叶片面积指数（LAI）和地下生物量（UB）与基质吸力的关系数学模型，研究植物参数对根土体基质吸力的影响程度，并利用Logistic模型模拟其土—水特征曲线变化。

7.1 试验设计与过程

本章试验设计素土（红壤）、糯米胶、木纤维、混合（糯米胶＋木纤维）4个试验组，红壤复合土试验组分别设置4个含量水平：0、0.5%、2.5%、5.0%，共10个处理，每个处理分别种植草本植物白三叶（豆科）和黑麦草（禾本科）。因此，每个处理重复制样8个，10个处理共80个试样（表7-1）。

（1）试样制备与本书的第6章6.1中一致，此处不再赘述。

（2）测定根土体土壤含水率：土壤水分测定仪能测定土壤水分值，通过LCD液晶屏显示出来，测量水分范围广、精度高、测量迅速，使用简单方便。

（3）测定根土体基质吸力：植物种植完毕后，取生长情况良好的土柱，各处理均取4个样本，每个样本土柱自上向下按等距5cm将土柱划分成上、中、下3段，并在每段的中间位置处进行打孔，孔径大小为张力计的陶土头和水分测定仪可放进去即可。将各处理的样本柱体均放置在暖光的恒温室内进行试验，使植物进行正常的生物活动（如呼吸作用、光合作用、蒸腾作用）。在使用前将陶土头浸泡在蒸馏水中 12h 以上，在探头塑料管内注满蒸馏水，同时也将样本柱体放入水中饱和 6h，至无气泡冒出即可。

表 7-1　根土体基质吸力试验处理组

序号	处理组	添加量 /%	白三叶 /个	黑麦草 /个	基质吸力 /个
1	红壤（CK）		4	4	8
2	糯米胶复合土	0.5	4	4	8
3		2.5	4	4	8
4		5.0	4	4	8
5	木纤维复合土	0.5	4	4	8
6		2.5	4	4	8
7		5.0	4	4	8
8	混合复合土	0.5% 糯米胶 +0.5% 木纤维	4	4	8
9		2.5% 糯米胶 +2.5% 木纤维	4	4	8
10		5.0% 糯米胶 +5.0% 木纤维	4	4	8
	合计		40	40	80

将张力计和水分测定仪的探头放置于预先打好的钻孔内，2 个探头位置应水平错开，不能紧靠在一起。将塑管周围的土壤捣实，基质吸力探头埋设深度从陶土管中部至土体表面的距离计算。当土柱水分逐渐流失，张力计数值开始变动时，记下读数，对应的水分测定仪的读数也要记录，之后每隔 10min 记录一次，直至张力计和水分测定仪数值不再发生变化时停止测试。根据基质吸力和体积含水率数据，绘制土—水特征曲线。

（4）测定根系特征参数：根据本书第 3 章 3.4 中的方法，分别获得白三叶和黑麦草根土体的根表面积指数、根系体积比、叶片面积指数、地下生物量 4 个植物特征参数。

7.2　不同复合土对草本植物生物量的影响

植物生物量可分为地下生物量（UB）和地上生物量（AB），地上生物量的蒸腾作用影响基质吸力和土—水特征曲线，同时也影响土体表层蒸发；地下生物量则是直接影响土壤持水特性。因此，亟须通过研究不同复合土对草本植物生物量的影响机制。本章中草本植物地上生物量为白三叶的叶片和茎、黑麦草叶片；地下生物量为白三叶和黑麦草的根系，其生物量为烘干（105℃）后的干重（g）。H 代表黑麦草，B 代表白三叶，下同。

如表 7-2 所示，不同红壤复合土对草本植物生物量的影响存在明显差异，相对于素土，糯米胶复合土对植物生物量增量最大，其中地上生物量最大增量大于地下生物量最大增量，黑麦草生物量大于白三叶生物量。地上生物量影响程度由大到小为糯米胶复合土＞木纤维复合土＞素土＞混合复合土；地下生物量影响程度由大到小为糯米胶复合土＞素土＞木纤维复合土＞混合复合土。在白三叶根土体中，不同重构材料对植物生物量的影响不一，糯米胶对植物生物量提高最大，其中地上生物量和地下生物量影响程度由大到小均为糯米胶复合土＞素土＞木纤维复合土＞混合复合土。

随着糯米胶添加量的增加，相对于素土，黑麦草和白三叶的生物量呈先增大后减小的变化趋势，其中 2.5% 糯米胶复合土对植物生物量提高最大，地上生物量增量明显高于地下生物量增量。木纤维复合土和混合复合土随着添加量的增加，生物量逐渐减少；木纤维复合土和混合复合土的地上生物量略低于素土的地上生物量，而地下生物量明显低于素土地下生物量，表明木纤维复合土和混合复合土添加会抑制草本植物叶茎和根系的正常生长。

表 7-2 根土体草本植物的生物量统计表

处理组		地上生物量 /g			地下生物量 /g		
		0.5%	2.5%	5.0%	0.5%	2.5%	5.0%
H	CK（H）	3.53 ~ 5.12			0.51 ~ 7.92		
	糯米胶复合土	5.43 ~ 12.31	6.31 ~ 18.27	4.81 ~ 10.35	1.38 ~ 4.77	0.88 ~ 9.08	0 ~ 3.38
	木纤维复合土	2.19 ~ 5.03	1.09 ~ 3.49	0.22 ~ 2.02	0.3 ~ 5.1	0.4 ~ 1.98	0.12 ~ 1.9
	混合复合土	2.78 ~ 4.00	0.97 ~ 1.88	1.12 ~ 1.62	0.6 ~ 2.4	0.2 ~ 1.9	0.1 ~ 1.5
B	CK（B）	1.78 ~ 5.84			0.36 ~ 2.72		
	糯米胶复合土	6.61 ~ 9.27	5.33 ~ 11.85	3.23 ~ 11.53	0.98 ~ 3.11	1.43 ~ 4.47	0.11 ~ 4.37
	木纤维复合土	3.13 ~ 4.77	0.71 ~ 2.61	1.00 ~ 2.50	0.3 ~ 2.6	0.01 ~ 0.2	0.01 ~ 1
	混合复合土	1.66 ~ 4.62	0.32 ~ 1.00	0.29 ~ 0.57	0.2 ~ 0.9	0.04 ~ 0.82	0.01 ~ 0.67

注：H 为黑麦草；B 为白三叶。

7.3 植物参数对根土体基质吸力的影响

植物生物量是指在单位面积内存在的有机质干重总量。生物量分为地上生物量和地下生物量，地上生物量包括茎和叶，地下生物量为植物根系。植物的生物量大小直接影响土体的持水能力和植物根系的力学加筋效果，对地表蒸发、增强边坡稳定性等有较大的影响。植物的地上生物量较大时，叶片面积一般也较大，从而增强了植物的光合作用和蒸腾作用，植物根系从土体中吸收的水量也增加，土体基质吸力会相应提高。因此，结合现有研究，本章的植物参数选取根系表面积指数（RAI）、根体积比（R_V）、叶片面积指数（LAI）和地下生物量（UB）4个指标，研究其与基质吸力的响应关系和变化规律。

7.3.1 根表面积指数（RAI）与基质吸力关系

如表7-3所示，黑麦草根土体中素土的根表面积指数为11.85~26.69，基质吸力为4.20kPa~9.00kPa；糯米胶的根表面积指数为0~25.8，基质吸力为3.9kPa~39kPa；木纤维的根表面积指数为0.8~18.2，基质吸力为13.2kPa~41kPa；混合的根表面积指数为1.7~17.8，基质吸力为11.2kPa~34.2kPa。

表7-3 根土体的根表面积指数和基质吸力范围表

处理组		根表面积指数			基质吸力 /kPa		
		0.5%	2.5%	5.0%	0.5%	2.5%	5.0%
H	CK（H）	11.85~26.69			4.20~9.00		
	糯米胶复合土	9~13.5	9.7~25.8	0~13	3.9~5.9	21~39	26~29.8
	木纤维复合土	4.9~9.3	0.8~5.9	1.6~18.2	13.2~16	28.7~36.8	31.6~41
	混合复合土	7.9~17.8	1.7~8.1	3.6~14	11.7~23	22.7~34.2	11.2~25.3
B	CK（B）	1.21~21.54			2.93~7.12		
	糯米胶复合土	4.8~9.3	6~23.6	1.6~18	0.7~2.9	1.7~29	8.2~11.7
	木纤维复合土	3.2~11.3	0.1~2	0.3~1.8	4.7~10.3	24.2~34	17.1~31
	混合复合土	2~10.5	0.5~1.6	0.14~2	3.7~5.1	18.9~22.2	14.1~28.2

注：H为黑麦草；B为白三叶。

白三叶根土体中素土的根表面积指数为 1.21~21.54，基质吸力为 2.93kPa~7.12kPa；糯米胶的根表面积指数为 1.6~23.6，基质吸力为 0.7kPa~29kPa；木纤维的根表面积指数为 0.1~11.3，基质吸力为 4.7kPa~34kPa；混合的根表面积指数为 0.14~10.5，基质吸力为 3.7kPa~28.2kPa。

7.3.1.1 糯米胶复合土根土体

如图 7-1 所示，草本植物黑麦草和白三叶根土体基质吸力随着 RAI 的增加总体趋势增大，两者满足线性函数关系，这说明草本植物 RAI 的增加可以增大基质吸力。其中，5.0% 糯米胶复合土中黑麦草和白三叶的斜率分别为 0.2994 和 0.2077，0.5% 糯米胶复合土中黑麦草和白三叶的斜率分别为 0.3797 和 0.8308。其次，基质吸力增加最大的为 2.5% 糯米胶复合土生长下的黑麦草和白三叶，斜率分别为 1.0449 和 1.4127，这说明糯米胶含量的增加可以使基质吸力增大，含量超过 5.0%，基质吸力随根表面积指数斜率变化不明显，但是基质吸力有着明显的增加。可能是由于根土面积比影响了根系和土壤的接触面积，根土的接触面积影响根系在土壤中的吸水面积，从而影响土壤的基质吸力。5.0% 糯米胶复合土中的根表面积指数范围较广，为 0~19；0.5% 糯米胶复合土中的根表面积指数主要集中在 4.5~14；2.5% 糯米胶复合土中的根表面积指数主要集中在 6~26。表明了 2.5% 糯米胶复合土中的草本植物生长最好，增加了根表面积指数，有可能是糯米胶具有亲水性，当糯米胶含量为 2.5% 时恰好达到最优含水率，而较大的根表面积意味着根土的接触面积更大，从而有更大的吸水面积，能吸收更多的水分，所以生长最好。

如图 7-1（b）所示，0.5% 糯米胶复合土中的根表面积指数在 4.8~13.5，黑麦草的基质吸力比白三叶大；随着糯米胶含量增加，如图 7-1（c）和图 7-1（d）所示，黑麦草基质吸力逐渐比白三叶基质吸力大，且 2.5% 糯米胶复合土中的斜率变化幅度最为明显，基质吸力变化最大。

7.3.1.2 木纤维复合土根土体

如图 7-2 所示为木纤维复合土根土体中，基质吸力与 2 种草本植物根表面积指数的关系。含量为 0.5% 木纤维复合土根土体和 5.0% 木纤维复合土根土体的基质吸力与 RAI 都存在着良好的线性关系，2.5% 木纤维复合土根土体的白三叶根表面积指数呈曲线关系。如图 7-2（a）和图 7-2（c）所示，草本植物黑麦草和白三叶根土体基质吸力随着 RAI 的增加总体趋势增大，两者满足线性函数关系，这说明草本植物 RAI 的增加可以增大基质吸力。

其中，0.5% 木纤维复合土中黑麦草和白三叶的斜率分别为 0.1338 和 0.374，2.5% 木纤维复合土中黑麦草的斜率为 1.842。基质吸力增加最大的为 5.0% 木

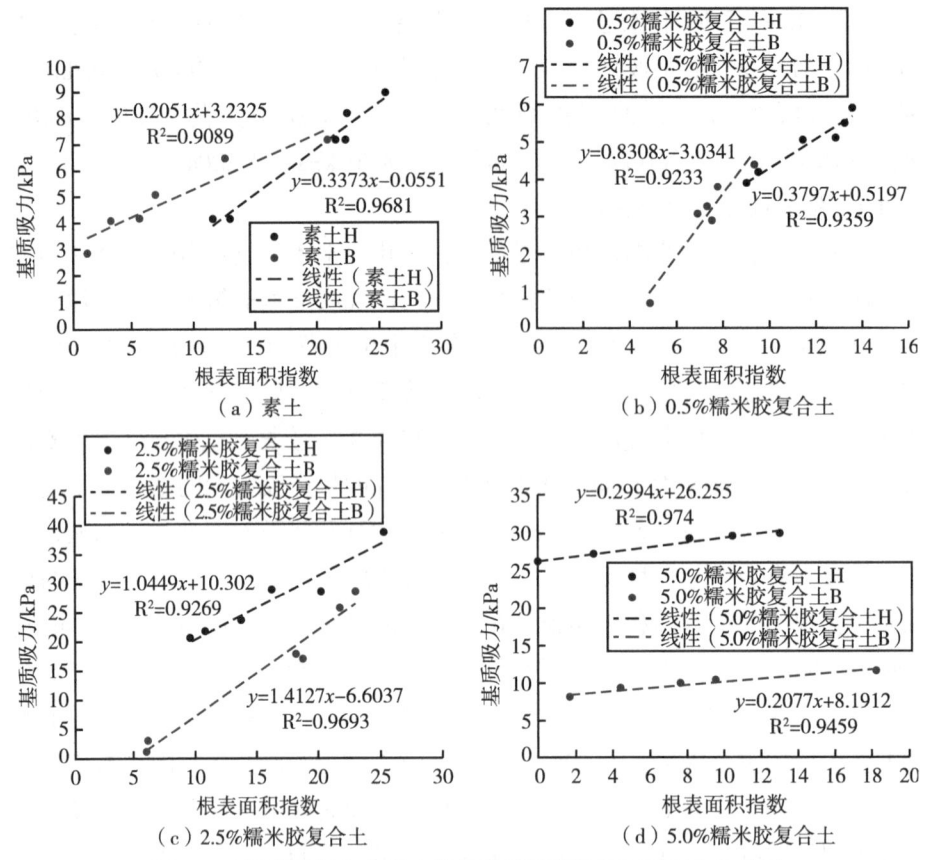

图 7-1　糯米胶复合土根土体根表面积指数与基质吸力的关系

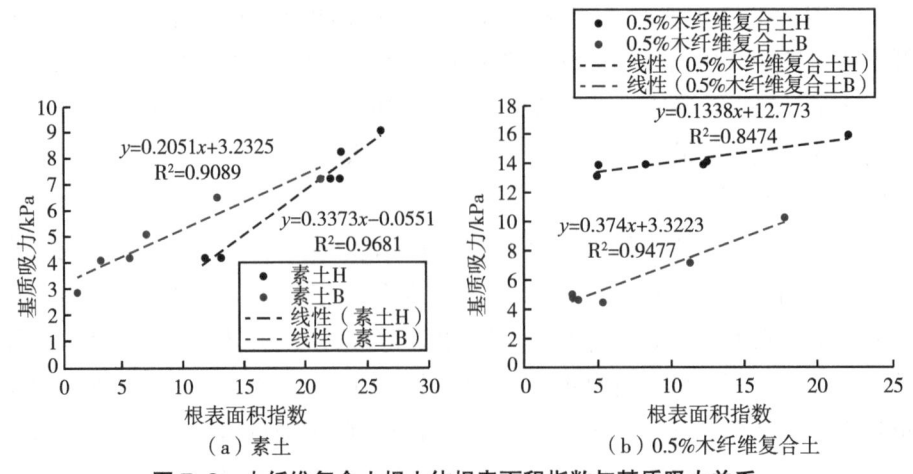

图 7-2　木纤维复合土根土体根表面积指数与基质吸力关系

（c）2.5%木纤维复合土　　　　　　（d）5.0%木纤维复合土

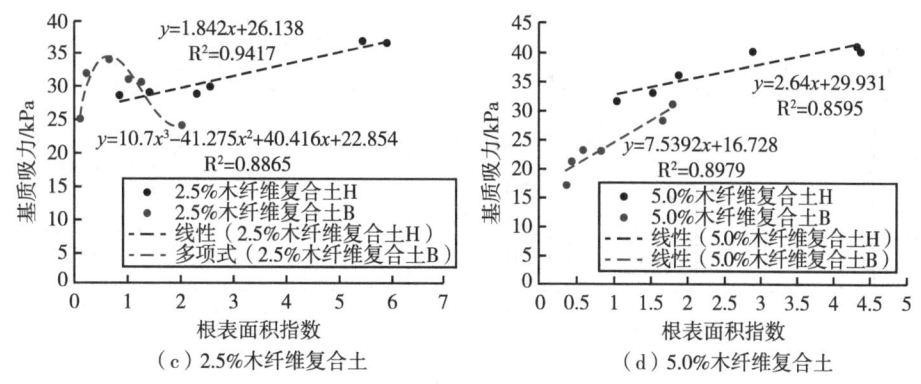

图7-2（续）　木纤维复合土根土体根表面积指数与基质吸力关系

纤维复合土生长下的黑麦草和白三叶，斜率分别为2.64和7.5392，说明木纤维含量的增加可以使草本植物基质吸力增大。白三叶在2.5%木纤维复合土生长下的基质吸力随着RAI的增加呈先增大，出现峰值后随着RAI的增加而减小的趋势，两者满足二阶多项式函数关系，这说明白三叶在2.5%木纤维复合土的生长下，RAI的增加可以增大基质吸力，但是超过临界值后，基质吸力就会降低。

0.5%木纤维复合土中的根表面积指数范围最广，主要集中在3~22。2.5%木纤维复合土和5.0%木纤维复合土中的根表面积指数分别集中在0~6和0~4.5，表明了0.5%木纤维复合土中的草本植物生长最好，增加了根表面积指数，但基质吸力变化幅度最大的是5.0%木纤维复合土，有可能是因为木纤维具有亲水性，木纤维含量为0.5%时达到最优含水率，而较大的根表面积意味着根土的接触面积更大，从而有更大的吸水面积，能吸收更多的水分，所以生长最好。但5.0%木纤维复合土基质吸力变化幅度最大则是因为木纤维材料的影响幅度超过了含水率对基质吸力的影响。

如图7-2所示，随着木纤维含量增加，黑麦草基质吸力逐渐比白三叶基质吸力大，斜率变化幅度最为明显的是5.0%木纤维复合土，基质吸力变化最大且增加最大。

7.3.1.3　混合复合土根土体

如图7-3所示，草本植物黑麦草和白三叶根土体基质吸力随着RAI的增加总体趋势增大，两者满足线性函数关系，这说明草本植物RAI的增加可以增大基质吸力。

其中，0.5%混合复合土中黑麦草和白三叶的斜率分别为1.2008和0.1467，2.5%混合复合土中黑麦草的斜率为1.6887，白三叶的斜率为3.0366。基质吸

图 7-3 混合复合土根土体根表面积指数与基质吸力的关系

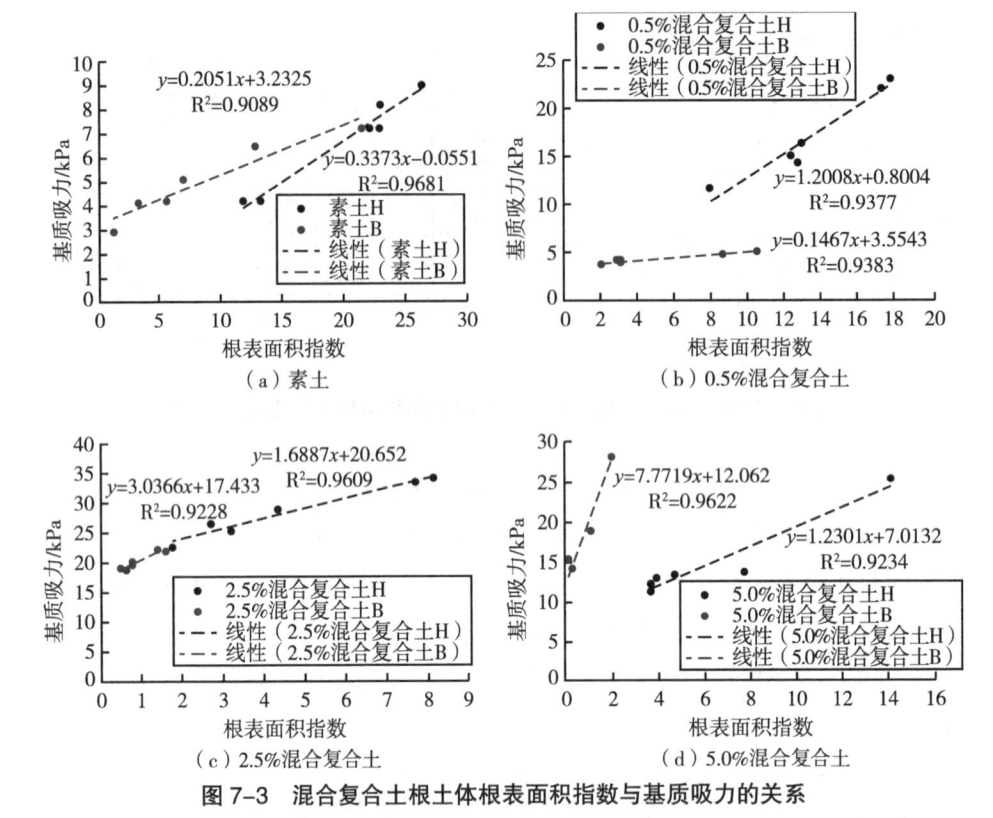

力增加最大的为 5.0% 混合复合土生长下的白三叶，斜率为 7.7719，说明混合含量的增加可以使白三叶基质吸力增大。如图 7-3（c）所示，在 2.5% 混合复合土中，RAI 与基质吸力关系满足线性关系，两者的关系并不显著，这说明含量为 0.5% 和 5.0% 的混合复合土改良材料显著影响了白三叶的基质吸力，可能是由于混合复合土根土体逐渐失水，黏结固化并依附在土粒的表面，使土体孔隙逐渐扩大，释放水流通路，从而使含水率降低，基质吸力增加，而混合含量为 2.5% 时为最优含水率，所以影响没有那么显著，反而含水率较低的 0.5% 和 2.5% 混合改良材料对白三叶基质吸力影响显著。如图 7-3（a）、图 7-3（b）和图 7-3（c）所示，明显看出随着混合改良材料含量的增加，白三叶的基质吸力明显增加，黑麦草的基质吸力在 2.5% 混合复合土中达到峰值，5.0% 混合复合土中黑麦草基质吸力斜率反而降低。

0.5% 混合复合土中的 RAI 范围最广，黑麦草、白三叶的 RAI 分别集中在 7.9~17.8 和 2~10.6。2.5% 混合复合土中的 RAI 范围最小，黑麦草和白三叶的 RAI 分别集中在 1.7~8.2 和 0.5~1.7。5.0% 混合复合土中，黑麦草和白三叶的 RAI 分别集中在 3.6~14 和 0.1~2。表明了混合复合土中，随着混合含量的增加，白三叶基质吸力变化幅度最大。0.5%混合复合土中的植物生长最好，增加了RAI，但基质吸力变化幅度最大的是5.0%混合复合土，有可能是因为混合不具有亲水性，混合含量为0.5%时达到最优含水率，而较大的根表面积意味着根土的接触面积更大，从而有更大的吸水面积，能吸收更多的水分，所以生长最好。

如图7-3所示，随着混合含量增加，白三叶基质吸力迅速增大，甚至超过黑麦草变化幅度，斜率变化幅度最为明显的是5.0%混合复合土，基质吸力变化最大且增加最大。

7.3.2 根系体积比（R_V）与基质吸力关系

如表7-4所示，黑麦草根土体中素土的根系体积比为37.88~136.56，基质吸力为4.20kPa~9.00kPa；糯米胶复合土的根系体积比为0~91.3，基质吸力为3.9kPa~39kPa；木纤维复合土的根系体积比为2.9~119，基质吸力为13.2kPa~41kPa；混合复合土的根系体积比为5.2~81.4，基质吸力为11.2kPa~34.2kPa。

白三叶根土体中素土的根系体积比为9.87~99.07，基质吸力为2.93kPa~7.12kPa；糯米胶复合土的根系体积比为4.7~88.2，基质吸力为0.7kPa~29kPa；木纤维复合土的根系体积比为0.1~72.6，基质吸力为4.7kPa~34kPa；混合复合土的根系体积比为0.5~68.8，基质吸力为3.7kPa~28.2kPa。

表7-4 根土体的根系体积比和基质吸力范围表

处理组		根系体积比 ×10^{-4}			基质吸力 /kPa		
		0.5%	2.5%	5.0%	0.5%	2.5%	5.0%
H	CK（H）	37.88~136.56			4.20~9.00		
	糯米胶复合土	31.5~49.4	31.6~91.3	0~34.6	3.9~5.9	21~39	26~29.8
	木纤维复合土	26.4~119	2.9~22	3.3~15.6	13.2~16	28.7~36.8	31.6~41
	混合复合土	28.6~81.4	5.2~24	11.1~63	11.7~23	22.7~34.2	11.2~25.3
B	CK（B）	9.87~99.07			2.93~7.12		
	糯米胶复合土	15.5~27.8	18.2~88.2	4.7~72.8	0.7~2.9	1.7~29	8.2~11.7
	木纤维复合土	11.9~72.6	0.1~6.1	1.2~4.9	4.7~10.3	24.2~34	17.1~31
	混合复合土	28.6~68.8	1.4~5.3	0.5~9.3	3.7~5.1	18.9~22.2	14.1~28.2

注：H为黑麦草；B为白三叶。

7.3.2.1 糯米胶复合土根土体

如图 7-4 所示为糯米胶复合土根土体中显示基质吸力与 2 种草本植物根系体积比的关系。所有不同改良土体的基质吸力与 R_V 都存在着良好的线性关系。如图 7-4（a）至图 7-4（d）所示，草本植物黑麦草和白三叶根土体基质吸力随着 R_V 的增加总体趋势增大，两者满足线性函数关系，这说明草本植物 R_V 的增加可以增大基质吸力。

其中，5.0%糯米胶复合土中黑麦草和白三叶的斜率分别为 0.2994 和 0.2077，0.5%糯米胶复合土中黑麦草和白三叶的斜率分别为 0.3797 和 0.8308。基质吸力增加最大的为 2.5%糯米胶复合土生长下的黑麦草和白三叶，斜率分别为 1.0449 和 1.4127，这说明糯米胶含量的增加可以使基质吸力增大，含量超过 5.0%，基质吸力随根系体积比的斜率变化不明显，但是基质吸力有着明显的增加。可能是由于根系体积比影响了根土的接触面积，根土的接触面积影响根系在土壤中的吸水面积，从而影响土壤的基质吸力。

5.0%糯米胶复合土中的根系体积比范围较广，黑麦草和白三叶的根系体

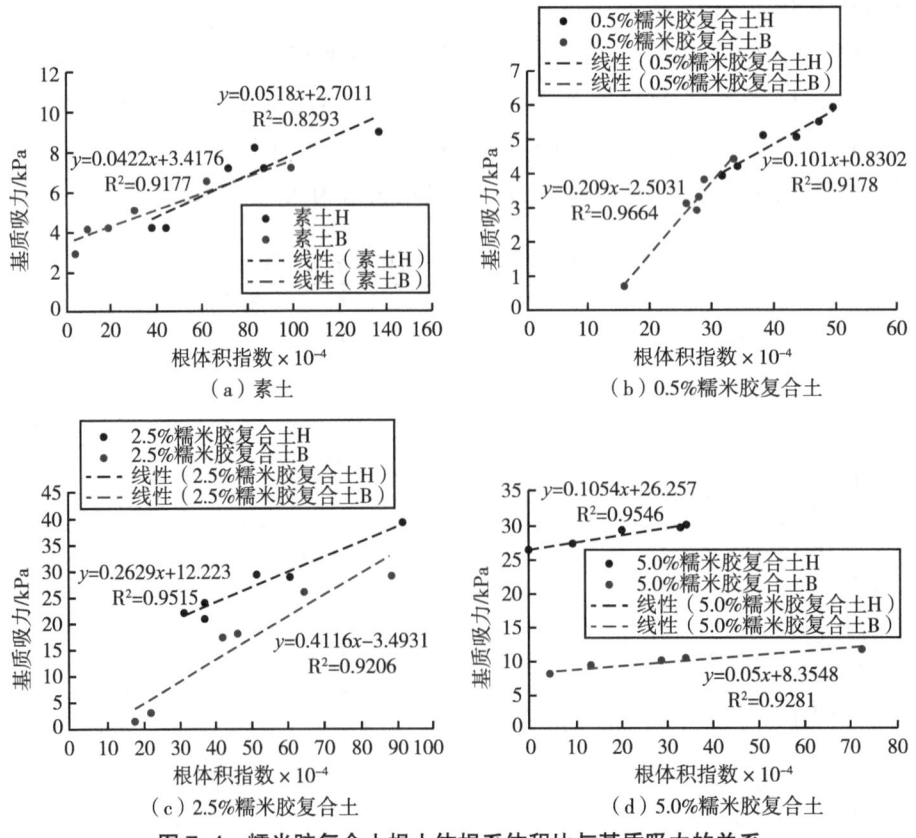

图 7-4 糯米胶复合土根土体根系体积比与基质吸力的关系

积比集中在 3.95~99。5.0% 糯米胶复合土 R_V 范围最小，黑麦草和白三叶的根系体积比分别集中在 0~34.6 和 4.7~72.8；0.5% 糯米胶复合土中黑麦草和白三叶的根系体积比分别集中在 31.5~49.4 和 15.5~28.7；2.5% 糯米胶复合土中黑麦草和白三叶的根系体积比分别集中在 31.6~91.4 和 18.2~88.2，表明了 2.5% 糯米胶复合土中的草本植物生长最好，增加了根系体积指数，有可能是因为糯米胶具有亲水性，当糯米胶含量为 2.5% 时恰好达到最优含水率，而较大的根体积意味着根土的接触面积更大，从而有更大的吸水面积，能吸收更多的水分，所以生长最好。

如图 7-4 所示，随着糯米胶含量增加，黑麦草基质吸力逐渐比白三叶基质吸力大，且 2.5% 糯米胶复合土的斜率变化幅度最为明显，基质吸力变化最大。

7.3.2.2 木纤维复合土根土体

如图 7-5 所示，草本植物黑麦草和白三叶根土体基质吸力随着 R_V 的增加总体趋势增大，两者满足线性函数关系，这说明草本植物 R_V 的增加可以增大基质吸力。

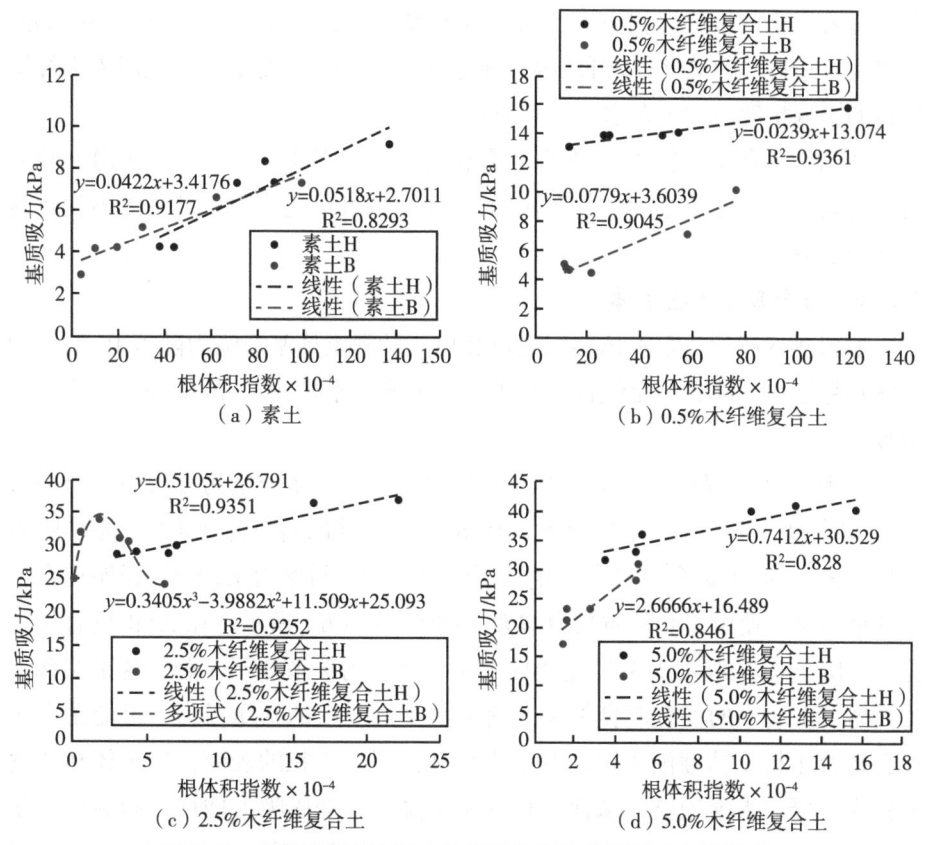

图 7-5 木纤维复合土根土体根系体积比与基质吸力的关系

其中，0.5% 木纤维复合土中黑麦草和白三叶的斜率分别为 0.1338 和 0.374，2.5% 木纤维复合土中黑麦草的斜率为 1.842。基质吸力增加最大的为 5.0% 木纤维复合土生长下的黑麦草和白三叶，斜率分别为 2.64 和 7.5392，说明木纤维含量的增加可以使草本植物基质吸力增大。白三叶在 2.5% 木纤维复合土生长下的基质吸力随着 R_V 的增加呈先增大，出现峰值后随着 R_V 的增加而减小的趋势，两者满足二阶多项式函数关系，这说明白三叶在 2.5% 木纤维复合土的生长下，R_V 的增加可以增大基质吸力，但是超过临界值后，基质吸力就会降低。

0.5% 木纤维复合土中的根系体积比范围最广，其中黑麦草和白三叶的根系体积比分别集中在 11.9~57.7 和 13.5~119。2.5% 木纤维复合土和 5.0% 木纤维复合土中的黑麦草根系体积比分别集中在 2.9~22 和 3.3~15.6，白三叶为 0.1~6.19，表明了 0.5% 木纤维复合土下的草本植物生长最好，增加了根系体积比，但基质吸力变化幅度最大的是 5.0% 木纤维复合土，有可能是因为木纤维具有亲水性，木纤维含量为 0.5% 时达到最优含水率，而较大的根表面积意味着根土的接触面积更大，从而有更大的吸水面积，能吸收更多的水分，所以生长最好。但 5.0% 木纤维复合土基质吸力变化幅度最大则是因为木纤维材料的影响幅度超过了含水率对基质吸力的影响。

如图 7-5 所示，随着木纤维含量增加，黑麦草基质吸力逐渐比白三叶基质吸力大，斜率变化幅度最为明显的是 5.0% 木纤维复合土，基质吸力变化最大且增加最大。

7.3.2.3 混合复合土根土体

如图 7-6 所示，草本植物黑麦草和白三叶根土体基质吸力随着 R_V 的增加总体趋势增大，两者满足线性函数关系，说明草本植物 R_V 的增加可以增大基质吸力。

其中，0.5% 混合复合土中黑麦草和白三叶的斜率分别为 0.2219 和 0.031，2.5% 混合复合土中黑麦草的斜率为 0.584，白三叶的斜率为 0.9027。基质吸力增加最大的为 5.0% 混合复合土生长下的白三叶，斜率为 1.7023，说明混合含量的增加可以使白三叶基质吸力增大。如图 7-7（b）所示，在 2.5% 混合复合土中，R_V 与基质吸力关系满足线性关系，两者的关系并不显著，这说明含量为 0.5% 和 5.0% 的混合改良材料显著影响了白三叶的基质吸力，可能是由于混合复合土根土体逐渐失水，黏结固化并依附在土粒的表面，使土体孔隙逐渐扩大，释放水流通路，从而使得含水率降低，基质吸力增加，而混合含量为 2.5% 时为最优含水率，所以影响没有那么显著，反而含水率较低的 0.5%

和 2.5% 混合改良材料对白三叶基质吸力影响显著。如图 7-7（a）、图 7-7（b）和图 7-7（c）所示，明显看出随着混合改良材料含量的增加，白三叶的基质吸力明显增加，黑麦草的基质吸力在 2.5% 混合复合土中达到峰值，5.0% 混合复合土中，黑麦草基质吸力斜率反而降低。

0.5% 混合复合土中的 R_V 范围最广，黑麦草和白三叶的 R_V 分别集中在 28.6~81.4 和 28.6~68.8。2.5% 混合复合土中的 R_V 范围最小，黑麦草和白三叶的 R_V 分别集中在 5.2~24 和 1.4~5.3。5.0% 混合复合土中，黑麦草和白三叶的 R_V 分别集中在 11.1~63 和 0.5~9.3，表明了混合复合土中，随着混合含量的增加，白三叶基质吸力变化幅度最大。0.5% 混合复合土中的植物生长最好，增加了 R_V，但基质吸力变化幅度最大的是 5.0% 混合复合土，有可能是因为混合不具有亲水性，混合含量为 0.5% 时达到最优含水率，而较大的根表面积意味着根土的接触面积更大，从而有更大的吸水面积，能吸收更多的水分，所以生长最好。但混合含量为 5.0% 的复合土基质吸力变化幅度最大含水率则是最低。

如图 7-6 所示，随着混合含量增加，白三叶基质吸力迅速增大，甚至超

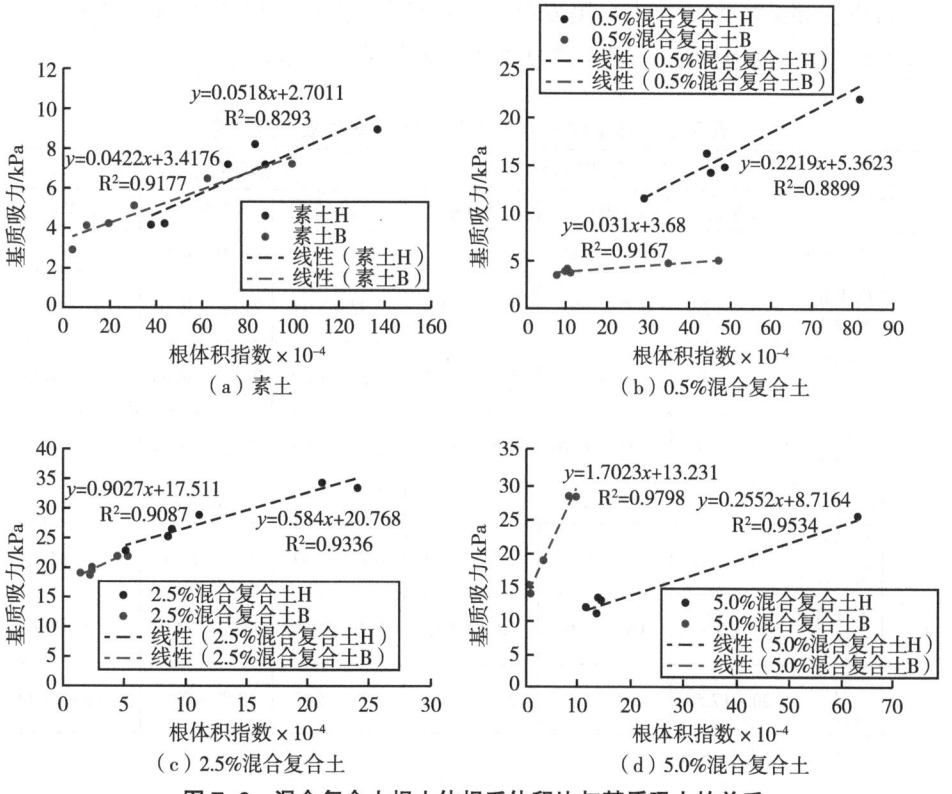

图 7-6 混合复合土根土体根系体积比与基质吸力的关系

过黑麦草变化幅度，斜率变化幅度最为明显的是混合含量为 5.0% 的混合复合土，基质吸力变化最大且增加最大。

7.3.3 叶片面积指数（LAI）与基质吸力关系

如表 7-5 所示，黑麦草根土体中素土的叶片面积指数为 3.42～3.99，基质吸力为 4.20kPa～9.00kPa；糯米胶复合土的叶片面积指数为 0.72～6.32，基质吸力为 3.93kPa～39.00kPa；木纤维复合土的叶片面积指数为 0.64～3.54，基质吸力为 13.22kPa～41.02kPa；混合复合土的叶片面积指数为 15.23～42.63，基质吸力为 11.23kPa～34.21kPa。

白三叶根土体中素土的叶片面积指数为 1.95～4.35，基质吸力为 2.93kPa～7.12kPa；糯米胶复合土的叶片面积指数为 1.54～7.10，基质吸力为 0.13kPa～29.02kPa；木纤维复合土的叶片面积指数为 0.51～3.83，基质吸力为 4.70kPa～34.01kPa；混合复合土的叶片面积指数为 1.22～17.50，基质吸力为 3.73kPa～28.24kPa。

相对于素土，随着复合土添加量的增加，黑麦草和白三叶根土体的基质吸力也在逐渐增大。其中，黑麦草根土体的基质吸力的增量总体高于白三叶根土体的基质吸力增量，且两者基质吸力增量的差异值逐渐增大。

表 7-5　根土体的叶片面积指数和基质吸力范围表

处理组		叶片面积指数			基质吸力 /kPa		
		0.5%	2.5%	5.0%	0.5%	2.5%	5.0%
H	CK（H）	3.42～3.99			4.20～9.00		
	糯米胶复合土	4.01～6.32	0.72～1.92	1.52～2.83	3.93～5.94	21.02～39.00	26.01～29.83
	木纤维复合土	2.23～3.54	1.01～2.23	0.64～2.02	13.22～16.01	28.73～36.81	31.64～41.02
	混合复合土	38.73～42.63	15.54～25.01	15.23～20.92	11.72～23.01	22.72～34.21	11.23～25.31
B	CK（B）	1.95～4.35			2.93～7.12		
	糯米胶复合土	3.91～5.82	5.73～7.10	1.54～6.30	0.73～2.92	1.73～29.02	8.22～11.73
	木纤维复合土	3.03～3.83	0.51～1.14	0.63～2.22	4.70～10.34	24.23～34.01	17.12～31.02
	混合复合土	8.20～17.50	1.22～7.73	2.33～3.02	3.73～5.12	18.92～22.2	14.13～28.24

注：H 为黑麦草；B 为白三叶。

7.3.3.1 糯米胶复合土根土体

如图7-7所示,草本植物黑麦草和白三叶根土体基质吸力随着LAI的增加总体趋势增大,两者满足线性函数关系,这说明草本植物LAI的增加可以增大基质吸力。

其中,5.0%糯米胶复合土下黑麦草和白三叶的斜率分别为4.0452和0.2983,0.5%糯米胶复合土中黑麦草和白三叶的斜率分别为1.0685和0.7492。基质吸力增加最大的为2.5%糯米胶复合土生长下的黑麦草和白三叶,斜率分别为4.0452和0.2983,这说明糯米胶含量的增加可以使基质吸力增大,含量超过2.5%,基质吸力随叶片面积指数的斜率变化不明显,但是基质吸力有着明显的增加。可能是由于根土面积比影响了根系和土壤的接触面积,根土的接触面积影响根系在土壤中的吸水面积,从而影响土壤的基质吸力。

5.0%糯米胶复合土中的叶片面积指数范围较广,黑麦草和白三叶中的叶片面积指数集中在3.42~4,5.0%糯米胶复合土黑麦草和白三叶的叶片面积指数分别集中在1.52~2.83和1.54~6.3;0.5%糯米胶复合土黑麦草和白三叶的叶片面积指数分别集中在4.01~6.32和3.91~5.82;2.5%糯米胶复合土

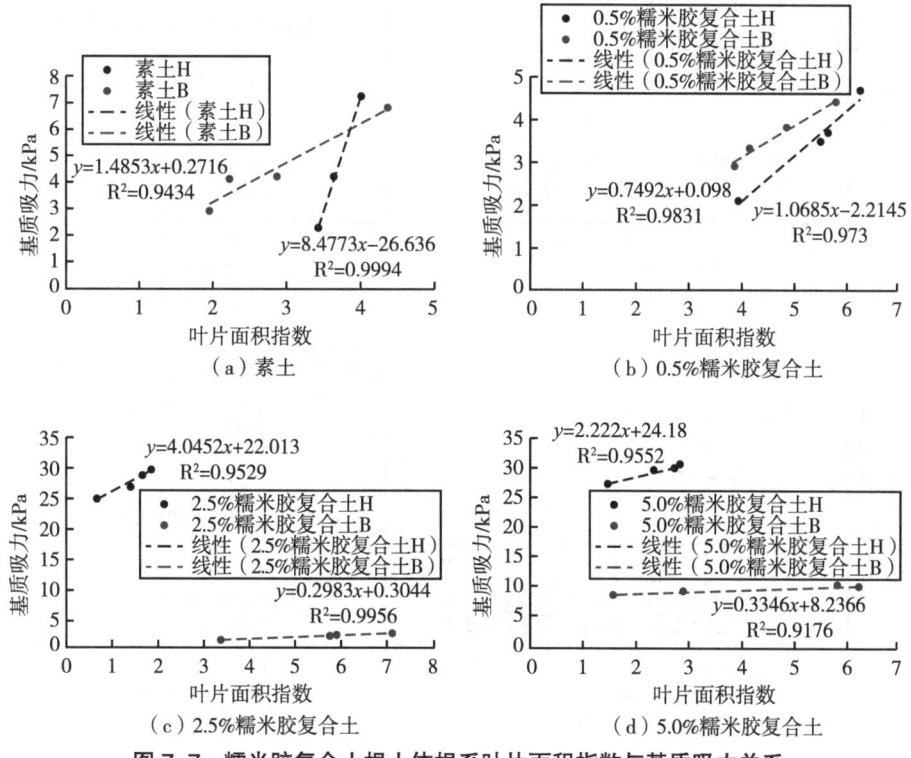

图7-7 糯米胶复合土根土体根系叶片面积指数与基质吸力关系

黑麦草和白三叶的叶片面积指数分别集中在 0.72~1.92 和 5.73~7.1，表明了 2.5% 糯米胶复合土中的草本植物生长最好，增加了叶片面积指数，有可能是因为糯米胶具有亲水性，当糯米胶含量为 2.5% 时恰好达到最优含水率，而较大的叶片面积意味着植被能够吸收更多的太阳辐射能量，从而增加了植物的蒸腾量。

如图 7-7 所示，随着糯米胶含量增加，黑麦草基质吸力逐渐比白三叶基质吸力大，且 2.5% 糯米胶复合土的斜率变化幅度最为明显，基质吸力变化最大。

7.3.3.2 木纤维复合土根土体

如图 7-8 所示为木纤维复合土根土体中，基质吸力与 2 种草本植物叶片面积指数的关系。0.5% 木纤维复合土和 5.0% 木纤维复合土的基质吸力与 LAI 都存在着良好的线性关系，2.5% 木纤维复合土的白三叶叶片面积指数呈曲线关系。如图 7-8 所示，草本植物黑麦草和白三叶根土体基质吸力随着 LAI 的增加总体趋势增大，两者满足线性函数关系，这说明草本植物 LAI 的增加可以增大基质吸力。

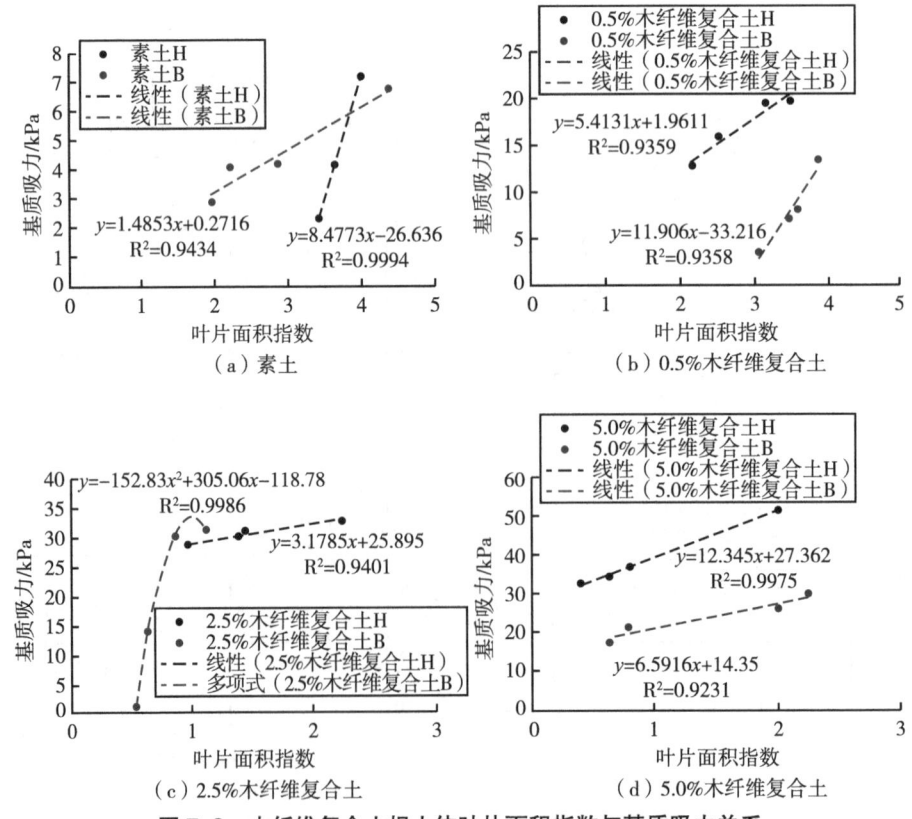

（a）素土

（b）0.5% 木纤维复合土

（c）2.5% 木纤维复合土

（d）5.0% 木纤维复合土

图 7-8　木纤维复合土根土体叶片面积指数与基质吸力关系

其中，0.5% 木纤维复合土中黑麦草和白三叶的斜率分别为 5.4313 和 11.906，2.5% 木纤维复合土中黑麦草的斜率为 3.1785。基质吸力增加最大的为 5.0% 木纤维复合土生长下的黑麦草和白三叶，斜率分别为 12.345 和 6.5916，说明木纤维含量的增加可以使草本植物基质吸力增大。白三叶在 2.5% 木纤维复合土生长下的基质吸力随着 LAI 的增加呈先增大，出现峰值后随着 LAI 的增加而减小的趋势，两者满足二阶多项式函数关系，这说明白三叶在 2.5% 木纤维复合土的生长下，LAI 的增加可以增大基质吸力，但是超过临界值后，基质吸力就会降低。

0.5% 木纤维复合土中的叶片面积指数范围最广，黑麦草和白三叶的叶片面积指数分别集中在 2.23～3.54 和 3.03～3.83。2.5% 木纤维复合土和 5.0% 木纤维复合土中黑麦草和白三叶的叶片面积指数分别集中在 1.01～2.23 和 0.51～1.14 和 0.64～2.02、063～2.22，表明了 0.5% 木纤维复合土下的草本植物生长最好，增加了叶片面积指数，但基质吸力变化幅度最大的是 5.0% 木纤维复合土，有可能是因为木纤维具有亲水性，木纤维含量为 0.5% 时达到最优含水率，而较大的叶片面积意味着植被能够吸收更多的太阳辐射能量，从而增加了植物的蒸腾量。而 5.0% 木纤维复合土基质吸力变化幅度最大则是因为木纤维材料的影响幅度超过了植物蒸腾作用。

如图 7-8 所示，随着木纤维含量增加，黑麦草基质吸力逐渐比白三叶基质吸力增大，增量和变化幅度最为明显的是 5.0% 木纤维复合土。

7.3.3.3 混合复合土根土体

如图 7-9 所示，草本植物黑麦草和白三叶根土体基质吸力随着 LAI 的增加总体趋势增大，两者满足线性函数关系，这说明草本植物 LAI 的增加可以增大基质吸力。

其中，0.5% 混合复合土中黑麦草和白三叶的斜率分别为 2.7474 和 0.2224，2.5% 混合复合土中黑麦草的斜率为 0.6259，白三叶的斜率为 1.1567。基质吸力增加最大的为 5.0% 混合复合土生长下的白三叶，斜率为 16.04，说明混合含量的增加可以使白三叶基质吸力增大。如图 7-9（c）所示，黑麦草在 2.5% 混合复合土生长下的基质吸力随着 LAI 的增加呈先增大，出现峰值后随着 LAI 的增加而减小的趋势，两者满足二阶多项式函数关系，这说明黑麦草在 2.5% 混合复合土的生长下，LAI 的增加可以增大基质吸力，但是超过临界值后，基质吸力就会降低。在 2.5% 混合复合土中，LAI 与基质吸力关系满足线性关系，两者的关系并不显著，这说明含量为 0.5% 和 5.0% 的混合改良材料显著影响了白三叶的基质吸力，可能是由于混合复合土根土体逐渐失水，黏

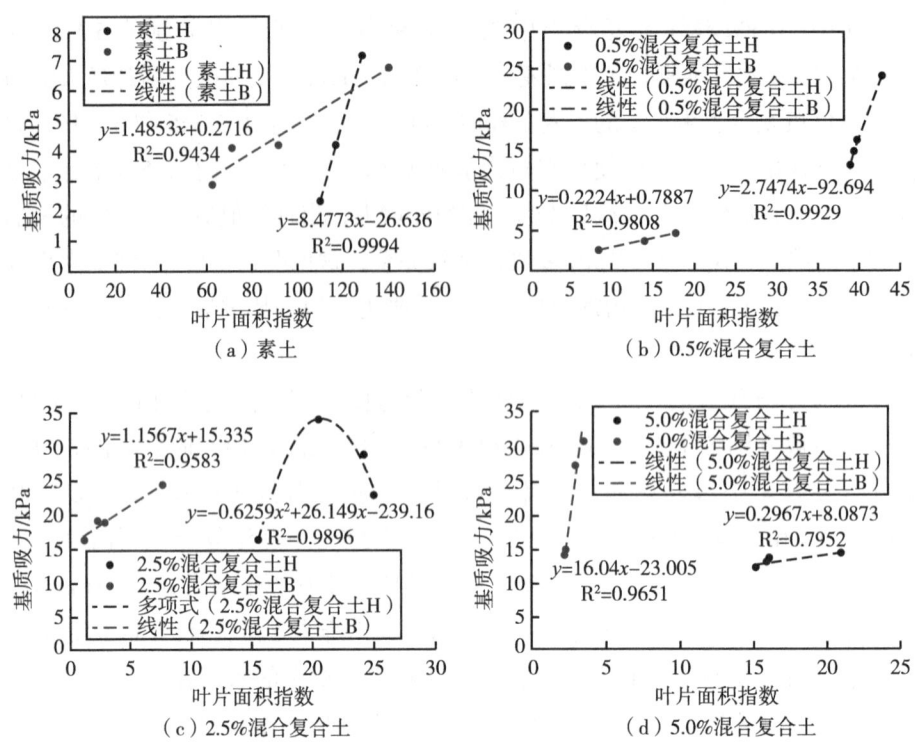

图 7-9 混合复合土根土体根系叶片面积指数与基质吸力的关系

结固化并依附在土粒的表面，使土体孔隙逐渐扩大，释放水流通路，从而使含水率降低，基质吸力增加，而混合含量为 2.5% 时为最优含水率，所以影响没有那么显著，反而含水率较低的 0.5% 和 2.5% 混合改良材料对白三叶基质吸力影响显著。如图 7-9（a）、图 7-9（b）和图 7-9（c）所示，明显看出随着混合改良材料含量的增加，白三叶的基质吸力明显增加，黑麦草的基质吸力在 2.5% 混合复合土中达到峰值，5.0% 混合复合土中，黑麦草基质吸力斜率反而降低。

0.5% 混合复合土中的 LAI 范围最广，黑麦草和白三叶的 LAI 分别集中在 38.7～42.6 和 8.2～17.5。2.5% 混合复合土中的 LAI 范围最小，黑麦草和白三叶的 LAI 分别集中在 15.5～25 和 1.2～7.7。5.0% 混合复合土中，黑麦草和白三叶的 LAI 分别集中在 15.2～20.9 和 2.3～3，表明了复合土中，随着混合含量的增加，白三叶基质吸力变化幅度最大。0.5% 混合复合土中的植物生长最好，增加了 LAI，但基质吸力变幅最大的是 5.0% 混合复合土，有可能是因为混合不具有亲水性，混合含量为 0.5% 时达到最优含水率，而较大的叶片面积意味着植被能够吸收更多的太阳辐射能量，从而增加了植物的蒸腾量。而

5.0%混合复合土基质吸力变化幅度最大含水率则是最低。

如图7-9所示，随着混合含量增加，白三叶基质吸力迅速增大，甚至超过黑麦草变化幅度，斜率变化幅度最为明显的是5.0%混合复合土，基质吸力变化最大且增加最大。

相对于素土，随着混合复合土添加量的增加，黑麦草和白三叶根土体的基质吸力也在逐渐增大。其中，0.5%和2.5%混合复合土+黑麦草根土体的基质吸力的增量总体高于白三叶根土体的基质吸力增量，且两者基质吸力增量的差异值逐渐增大；5.0%的混合复合土+白三叶根土体的基质吸力的增量总体高于黑麦草根土体的基质吸力增量，且白三叶根土体的基质吸力增量的速率较快。

7.3.4 地下生物量（UB）与基质吸力关系

如表7-6所示，黑麦草根土体中素土的地下生物量为0.51~7.92g，基质吸力为4.20kPa~9.00kPa；糯米胶复合土的地下生物量为0~9.00g，基质吸力为3.93kPa~39.01kPa；木纤维复合土的地下生物量为0.13~5.12g，基质吸力为13.22kPa~41.03kPa；混合复合土的地下生物量为0.11~2.41g，基质吸力为11.21kPa~34.21kPa。

表7-6 根土体的地下生物量和基质吸力表

处理组		地下生物量/g			基质吸力/kPa		
		0.5%	2.5%	5.0%	0.5%	2.5%	5.0%
H	CK（H）	0.51~7.92			4.20~9.00		
	糯米胶复合土	1.41~9.00	0.93~4.84	0~3.43	3.93~5.92	21.00~39.01	26.00~29.82
	木纤维复合土	0.31~5.12	0.43~2.01	0.13~1.92	13.22~16.01	28.7~36.8	31.62~41.03
	混合复合土	0.63~1.91	0.21~1.52	0.11~2.41	11.71~23.02	22.73~34.21	11.21~25.34
B	CK（B）	0.12~3.71			2.93~7.12		
	糯米胶复合土	1.00~3.11	1.43~4.54	0.13~4.42	0.73~2.91	1.72~29.02	8.23~11.72
	木纤维复合土	0.31~2.62	0.01~0.2	0.01~1.00	4.74~10.32	24.23~34.01	17.12~31.03
	混合复合土	0.22~0.91	0.04~0.2	0.01~0.67	3.73~5.11	18.91~22.22	14.12~28.21

注：H为黑麦草；B为白三叶。

白三叶根土体中素土的地下生物量为0.12~3.71g，基质吸力为2.93kPa~7.12kPa；糯米胶复合土的地下生物量为0.13~4.54g，基质吸力为0.73kPa~29.02kPa；木纤维复合土的地下生物量为0.01~2.62g，基质吸力为4.74kPa~34.01kPa；混合复合土的地下生物量为0.01~0.91g，基质吸力为3.73kPa~28.21kPa。

7.3.4.1 糯米胶复合土根土体

如图7-10所示，草本植物黑麦草和白三叶根土体基质吸力随着地下生物量的增加总体趋势增大，两者满足线性函数关系，这说明草本植物地下生物量的增加可以增大基质吸力。

其中，5.0%糯米胶复合土中黑麦草和白三叶的斜率分别为1.0978和0.7441，0.5%糯米胶复合土中黑麦草和白三叶的斜率分别为0.2416和1.1144。基质吸力增加最大的为2.5%糯米胶复合土生长下的黑麦草和白三叶，斜率分别为2.6543和9.449，这说明糯米胶含量的增加可以使基质吸力增大，含量超过5.0%，基质吸力随根系地下生物量的斜率变化不明显，但是基质吸力有着明显的增加。可能是由于根土面积比影响了根系和土壤的接触面积，根土的

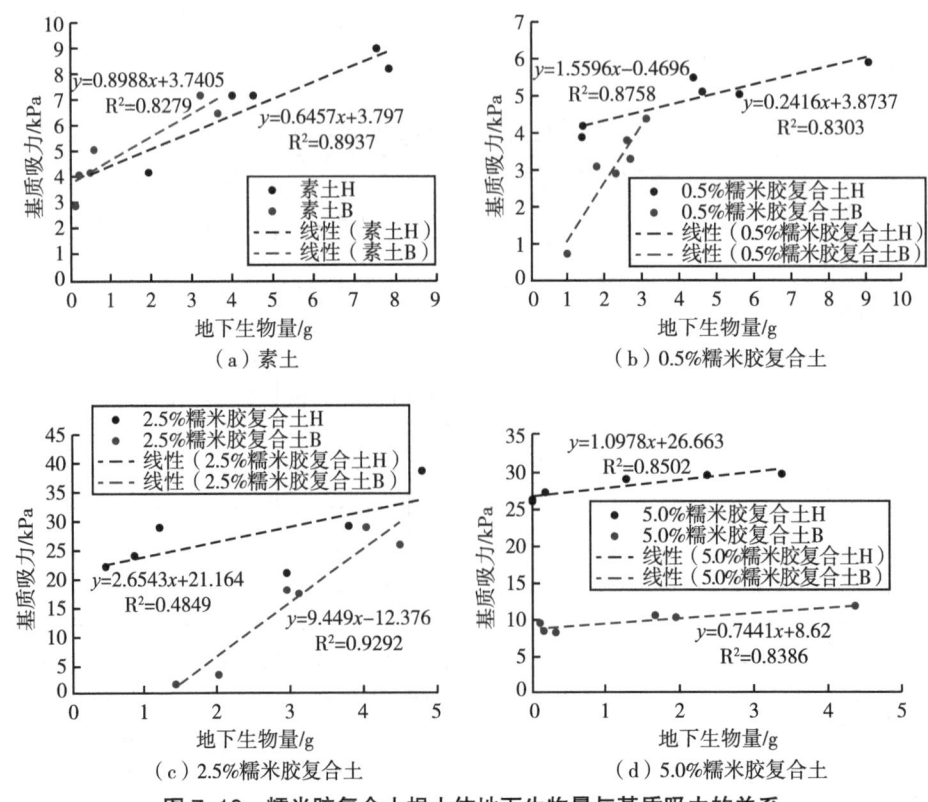

图7-10 糯米胶复合土根土体地下生物量与基质吸力的关系

接触面积影响根系在土壤中的吸水面积,从而影响土壤的基质吸力。

5.0%糯米胶复合土中的地下生物量范围较广,黑麦草和白三叶的地下生物量分别集中在 0~3.38g 和 0.17~4.37 g;0.5%糯米胶复合土黑麦草和白三叶的地下生物量主要集中在 1.41~9.00 g 和 1.00~3.11 g;2.5%糯米胶复合土黑麦草和白三叶的生物量分布主要集中在 0.93~4.84 g 和 1.43~4.54 g,表明了 2.5%糯米胶复合土中的草本植物生长最好,增加了地下生物量,有可能是糯米胶具有亲水性,当糯米胶含量为 2.5%时恰好达到最优含水率,而较大的地下生物量意味着生物量较大的植物,叶片面积较大,光合作用时吸收 CO_2 的能力也越强,蒸腾量会增加,所以生长最好。

如图 7-10 所示,0.5%糯米胶复合土中的地下生物量为 0.98~4.05g,黑麦草的基质吸力比白三叶大;随着糯米胶含量增加,如图 7-10(b)、图 7-10(c)和图 7-10(d)所示,黑麦草基质吸力逐渐比白三叶基质吸力大,且 2.5%糯米胶斜率变化幅度最为明显,基质吸力变化最大。

7.3.4.2 木纤维复合土根土体

如图 7-11 所示为木纤维复合土根土体中,基质吸力与 2 种草本植物根系地下生物量的关系。0.5%木纤维复合土根土体和 5.0%木纤维复合土根土体

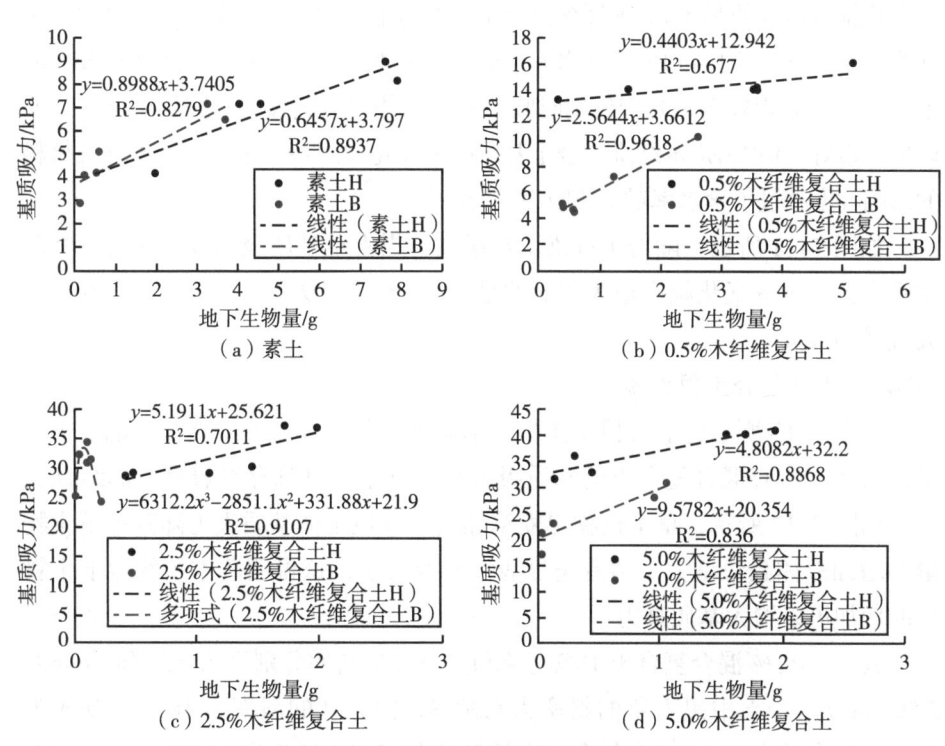

图 7-11 木纤维复合土根土体地下生物量与基质吸力的关系

的基质吸力与地下生物量都存在着良好的线性关系，2.5%木纤维复合土根土体的白三叶根表面积指数呈曲线关系。如图7-11所示，草本植物黑麦草和白三叶根土体基质吸力随着地下生物量的增加总体趋势增大，两者满足线性函数关系，这说明草本植物地下生物量的增加可以增大基质吸力。

其中，0.5%木纤维复合土中黑麦草和白三叶的斜率分别为0.4403和2.5644，2.5%木纤维复合土中黑麦草的斜率为5.1911。基质吸力增加最大的为5.0%木纤维复合土生长下的黑麦草和白三叶，斜率分别为4.8082和10.5782，说明木纤维含量的增加可以使草本植物基质吸力增大。白三叶在2.5%木纤维复合土生长下的基质吸力随着地下生物量的增加呈先增大，出现峰值后随着地下生物量的增加而减小的趋势，两者满足二阶多项式函数关系，这说明白三叶在2.5%木纤维复合土的生长下，地下生物量的增加可以增大基质吸力，但是超过临界值后，基质吸力就会降低。

0.5%木纤维复合土中的地下生物量范围最广，黑麦草和白三叶的地下生物量分别集中在0.31~5.12 g和0.31~2.62 g。2.5%木纤维复合土和5.0%木纤维复合土中黑麦草和白三叶的地下生物量分别集中在0.43~2.01 g和0.01~1.00 g，表明了0.5%木纤维复合土中的草本植物生长最好，增加了地下生物量，但基质吸力变化幅度最大的是5.0%木纤维复合土，有可能是因为木纤维具有亲水性，木纤维含量为0.5%时达到最优含水率，而较大的地下生物量意味着生物量较大的植物，叶片面积较大，光合作用时吸收CO_2的能力也越强，蒸腾量会增加，所以生长最好。但5.0%木纤维复合土基质吸力变化幅度最大则是因为木纤维材料的影响幅度超过了含水率对基质吸力的影响。

如图7-11所示，随着木纤维含量增加，黑麦草基质吸力逐渐比白三叶基质吸力大，斜率变化幅度最为明显的是5.0%木纤维复合土，基质吸力变化最大且增加最大。

7.3.4.3 混合复合土根土体

如图7-12所示为混合根土体中，基质吸力与2种草本植物根系地下生物量的关系。所有混合复合土的基质吸力与地下生物量都存在着良好的线性关系。如图7-12所示，草本植物黑麦草和白三叶根土体基质吸力随着地下生物量的增加总体趋势增大，两者满足线性函数关系，这说明草本植物地下生物量的增加可以增大基质吸力。

其中，0.5%混合复合土中黑麦草和白三叶的斜率分别为7.7537和1.6468，2.5%混合复合土中黑麦草的斜率为6.3008，白三叶的斜率为18.16。基质吸力增加最大的为5.0%混合复合土生长下的白三叶，斜率为1.7023，说明混合含量的增加可以使白三叶基质吸力增大。如图 7-12（c）所示，在 2.5% 混合复合土中，地下生物量与基质吸力关系满足线性关系，两者的关系并不显著，这说明含量为 0.5% 和 5.0% 混合改良材料显著影响了白三叶的基质吸力，可能是由于混合复合土根土体逐渐失水，黏结固化并依附在土粒的表面，使土体孔隙逐渐扩大，释放水流通路，从而使得含水率降低，基质吸力增加，而混合含量为 2.5% 时为最优含水率，所以影响没有那么显著，反而含水率较低的 0.5% 和 2.5% 混合改良材料对白三叶基质吸力影响显著。

如图 7-12 所示，随着混合改良材料含量的增加，白三叶的基质吸力明显增加，黑麦草的基质吸力在 2.5% 混合复合土下达到峰值，5.0% 混合复合土下，黑麦草基质吸力斜率反而降低。

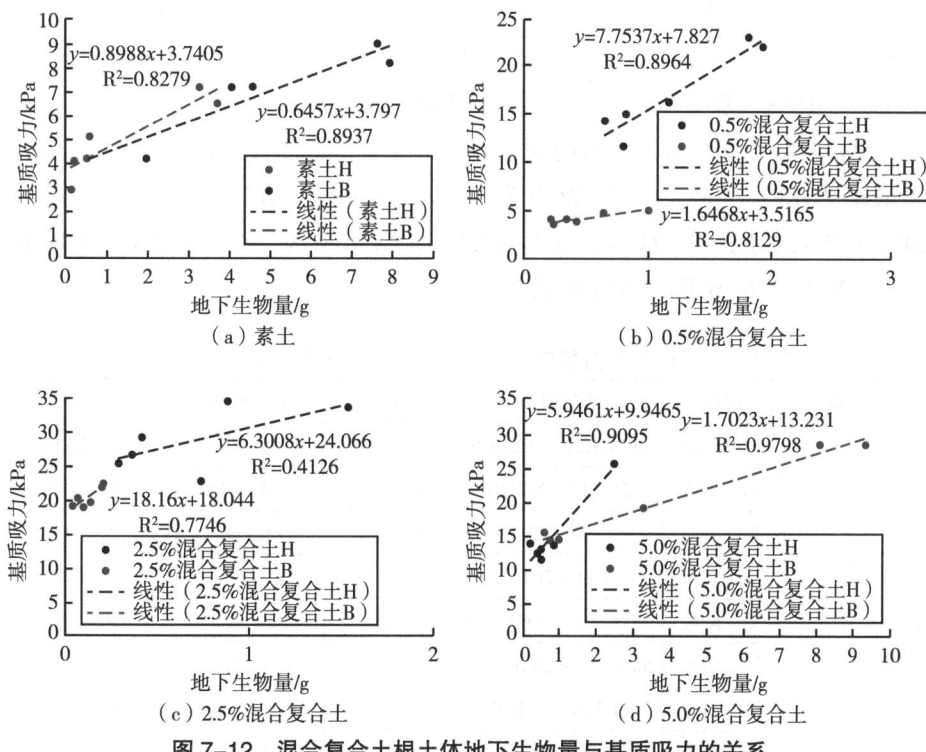

图 7-12　混合复合土根土体地下生物量与基质吸力的关系

7.4　基于 Logistic 模型的白三叶根土体 SWCC 模拟

本节中 B-1、B-2 分别代表白三叶的第一阶段（2021 年 7~8 月，下同）和第二阶段（2021 年 9~10 月，下同）；H-1、H-2 分别代表黑麦草的第一阶段和第二阶段。不同阶段土—水特征曲线（SWCC）中体积含水率和基质吸力提高值的百分数称为增幅（下同）。

素土第一阶段生长时间为 2021.7.27～2021.8.6，株高为 2～3.5cm，含水率为 13.5%～40.2%，基质吸力为 1.05kPa～20.63kPa；第二阶段生长时间为 2021.9.13～2021.10.2，株高为 3.5～7.4cm，含水率为 18.4%～41.6%，基质吸力为 1.1kPa～57.9kPa。

糯米胶复合土第一阶段生长时间为 2021.7.27～2021.9.20，株高为 4～12.5cm，含水率为 14.9%～36.4%，基质吸力为 1.1kPa～71.6kPa；第二阶段生长时间为 2021.9.13～2021.10.2，株高为 8～20.5cm，含水率为 23.4%～54.1%，基质吸力为 1.1kPa～65.2kPa。

木纤维复合土第一阶段生长时间为 2021.7.28～2021.8.24，株高为 1～4.5cm，含水率为 12.7%～31.5%，基质吸力为 1.7kPa～75.86kPa；第二阶段生长时间为 2021.9.20～2021.10.18，株高为 2.3～13.9cm，含水率为 15.4%～35.9%，基质吸力为 1.1kPa～73.1kPa。

混合复合土第一阶段生长时间为 2021.7.27～2021.8.12，株高为 0.6～4cm，含水率为 13%～28%，基质吸力为 1.1kPa～47kPa；第二阶段生长时间为 2021.9.17～2021.10.5，株高为 2.7～12.2cm，含水率为 15%～37.1%，基质吸力为 1.2kPa～76.36kPa。具体如表 7-7 所示。

表 7-7 不同生长阶段白三叶根土体的含水率和基质吸力变化

处理组		时段	测试时间	株高/cm	含水率/%	基质吸力/kPa
素土		第一阶段	2021.7.27～2021.8.6	2～3.5	13.5～40.2	1.05～20.63
		第二阶段	2021.9.13～2021.10.2	3.5～7.4	18.4～41.6	1.1～57.9
糯米胶复合土	0.5%	第一阶段	2021.7.27～2021.9.20	4.4～9.8	17.6～36.4	1.35～71.6
		第二阶段	2021.9.21～2021.10.16	8.4～18.8	23.4～37.6	1.1～18.6
	2.5%	第一阶段	2021.7.27～2021.9.20	4～12.5	22～34.5	1.1～5.5
		第二阶段	2021.9.21～2021.10.16	8～20.5	36.1～54.1	1.2～23.1
	5.0%	第一阶段	2021.7.27～2021.9.20	4～8	14.9～35.8	1.1～65.2
		第二阶段	2021.9.21～2021.10.16	8～18.6	25.1～44.5	1.2～65.2
木纤维复合土	0.5%	第一阶段	2021.7.28～2021.8.24	2～3.5	15.2～31.5	2～75.86
		第二阶段	2021.9.20～2021.10.18	3.4～11.3	23.1～35.9	1.26～70.7
	2.5%	第一阶段	2021.7.28～2021.8.24	1～3.3	12.7～25.7	1.7～47.1
		第二阶段	2021.9.20～2021.10.18	2.3～13.9	15.4～30.5	2.1～73.1
	5.0%	第一阶段	2021.7.28～2021.8.24	2～4.5	14.1～15.7	24.5～56
		第二阶段	2021.9.20～2021.10.18	5.9～13.8	18.8～26.6	1.1～68.8

续表

处理组		时段	测试时间	株高（cm）	含水率（%）	基质吸力（kPa）
混合复合土	0.5%	第一阶段	2021.7.28~2021.8.12	2.5~4	14.6~24.5	1.2~23.8
		第二阶段	2021.9.17~2021.10.5	3.4~12.2	20.5~32.8	1.2~30.4
	2.5%	第一阶段	2021.7.28~2021.8.12	0.7~2	13.2~28	1.6~47
		第二阶段	2021.9.17~2021.10.5	2.7~11.2	17.6~18.9	1.9~30.1
	5.0%	第一阶段	2021.7.28~2021.8.12	0.6~1.4	13~28	1.1~27.1
		第二阶段	2021.9.17~2021.10.5	3.7~11.4	15~37.1	2.5~76.36

7.4.1 糯米胶复合土根土体

如图 7-13 所示，随着基质吸力的增大，0.5% 糯米胶复合土根土体、2.5% 糯米胶复合土根土体和素土各阶段的土—水特征曲线在基质吸力为 0.5kPa 附近时发生转折，而 5.0% 糯米胶复合土根土体则是在 1kPa 处发生转折。随着

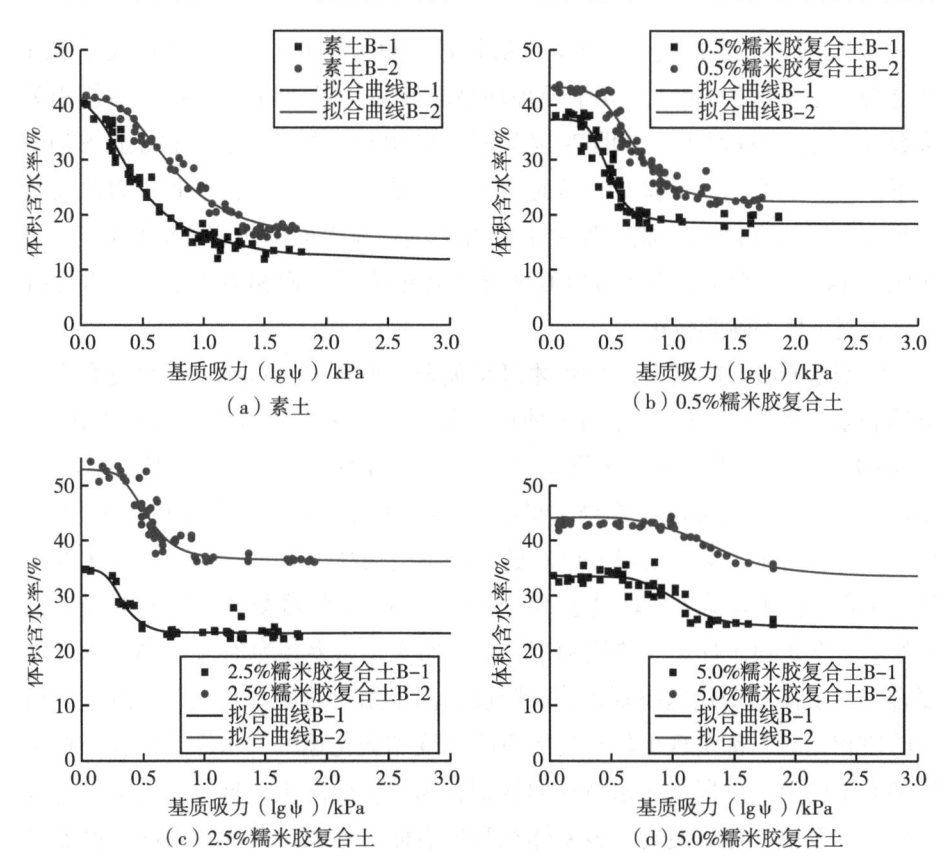

（a）素土

（b）0.5% 糯米胶复合土

（c）2.5% 糯米胶复合土

（d）5.0% 糯米胶复合土

图 7-13 Logistic 模型拟合糯米胶复合土根土体的土—水特征曲线

基质吸力的进一步增长，土—水特征曲线都趋于平缓。2.5%糯米胶复合土根土体和5.0%糯米胶复合土根土体第二阶段SWCC的变化幅度均高于第一阶段，0.5%糯米胶复合土根土体则是第一阶段高于第二阶段。相对于素土，糯米胶复合土根土体第一阶段和第二阶段的变化速率较为均匀。素土第一阶段与第二阶段相比较，都呈现出较均匀的下降幅度和变化速率。糯米胶复合土根土体和素土的第二阶段土—水特征曲线都在第一阶段之上，这是因为第二阶段植物更加茂盛，株高更高，根系体积和根表面积增大，叶片获得的光照能量也越大，叶片表面的气孔越多，植物的蒸腾也相对较高，相对的，植物的水分消耗更多，基质吸力更强。所以在同一体积含水率的情况下，第二阶段的基质吸力更大。

综上所述，素土根土体的体积含水率下降幅度与变化速率最大，5.0%糯米胶复合土根土体下降幅度与变化速率最小。

7.4.2 木纤维复合土根土体

本章运用Logistic模型，建立能够较好预测草本植物不同生长阶段下木纤维复合土根土体的SWCC，4个处理均呈较好的"S"型曲线，拟合曲线相关系数R^2均在0.99以上。如图7-14所示，红壤和木纤维复合土根土体SWCC在不同生长阶段均有所降低，这是由于木纤维复合土根土体在各吸力阶段的体积含水量出现降低，此时吸力主要由土壤颗粒表面的短程吸附作用产生。如图7-14（a）所示，素土SWCC明显大幅度降低，而相对于素土，木纤维复合土根土体的降幅较小。

随着基质吸力的增大，2.5%木纤维复合土根土体、5.0%木纤维复合土根土体和素土各阶段的土—水特征曲线在基质吸力为0.5kPa附近时发生转折，而0.5%木纤维复合土根土体则是在1kPa处发生转折。随着基质吸力的进一步增长，土—水特征曲线都趋于平缓。2.5%木纤维复合土根土体和5.0%木纤维复合土根土体第二阶段SWCC的下降幅度均高于第一阶段，0.5%木纤维复合土根土体则是第一阶段高于第二阶段。2.5%木纤维复合土根土体和5.0%木纤维复合土根土体第一阶段和第二阶段的变化速率较为均匀，0.5%木纤维复合土根土体的变化速率则是第一阶段的高于第二阶段。素土第一阶段与第二阶段相比较，都呈现出较均匀的下降幅度和变化速率。木纤维复合土根土体和素土的第二阶段土—水特征曲线都在第一阶段之上，这是因为第二阶段植物更加茂盛，株高更高，根系体积和根表面积增大，叶片获得的光照能量也越大，叶片表面的气孔越多，植物的蒸腾也相对较高，相对的，植物的水分消耗更多，基质吸力更强。所以在同一体积含水率的情况下，第二阶段的基质吸力更大。

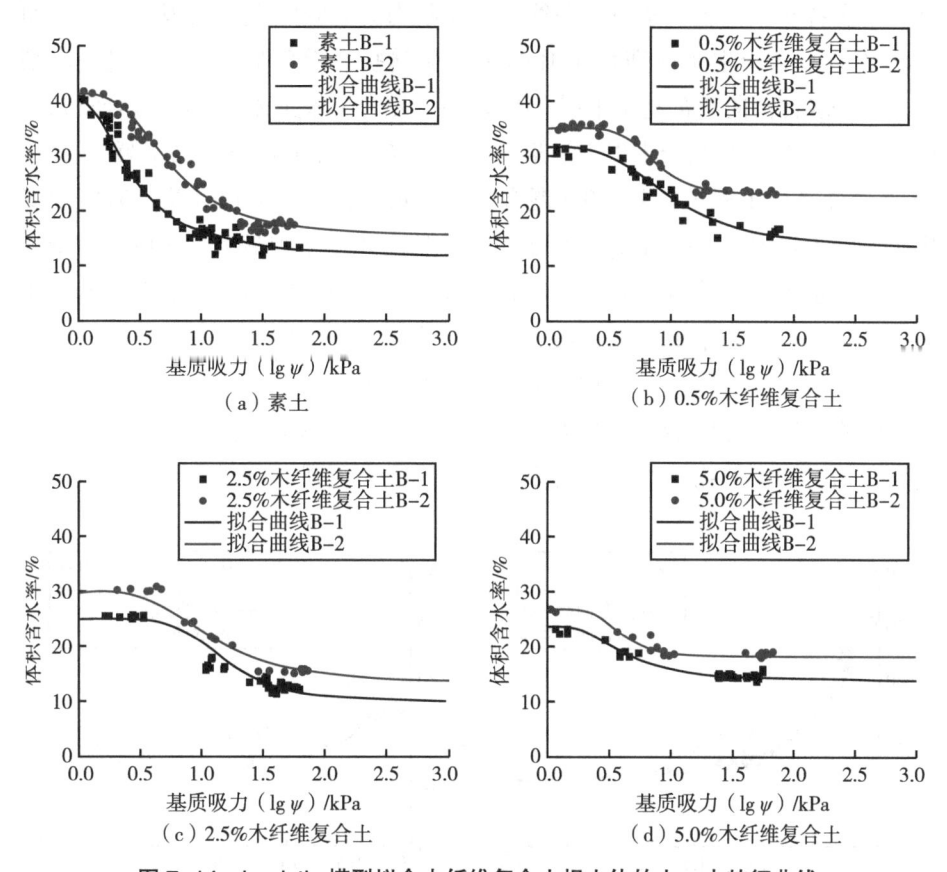

图 7-14 Logistic 模型拟合木纤维复合土根土体的土—水特征曲线

综上所述，素土根土体的体积含水率下降幅度与变化速率最大，5.0%木纤维复合土根土体下降幅度与变化速率最小。

7.4.3 混合复合土根土体

本章运用 Logistic 模型，建立能够较好预测草本植物不同生长阶段下混合复合土根土体的 SWCC，4 个处理均呈较好的"S"型曲线，拟合曲线相关系数 R^2 均在 0.99 以上。如图 7-15 和表 7-8 所示，红壤和混合复合土根土体 SWCC 在不同生长阶段均有所降低，这是由于混合复合土根土体在各吸力阶段的体积含水量出现降低，此时吸力主要由土壤颗粒表面的短程吸附作用产生。如图 7-15（a）所示，素土 SWCC 明显大幅度降低，而相对于素土，混合复合土根土体的降幅较小。

　　随着基质吸力的增大，0.5%混合复合土根土体、5.0%混合复合土根土体和素土各阶段的土—水特征曲线在基质吸力为0.5kPa附近时发生转折，而2.5%混合复合土根土体则是在1kPa处发生转折。随着基质吸力的进一步增长，土—水特征曲线都趋于平缓。0.5%混合复合土根土体、2.5%混合复合土根土体和5.0%混合复合土根土体第二阶段SWCC的下降幅度均高于第一阶段。2.5%混合复合土根土体和5.0%混合复合土根土体第一阶段和第二阶段的变化速率较为均匀，0.5%混合复合土根土体的变化速率则是第二阶段的高于第一阶段。素土第一阶段与第二阶段相比较，都呈现出较均匀的下降幅度和变化速率。混合复合土根土体和素土的第二阶段土—水特征曲线都在第一阶段之上，这是因为第二阶段植物更加茂盛，株高更高，根系体积和根表面积增大，叶片获得的光照能量也越大，叶片表面的气孔越多，植物的蒸腾也相对较高，相对的，植物的水分消耗更多，基质吸力更强。所以在同一体积含水

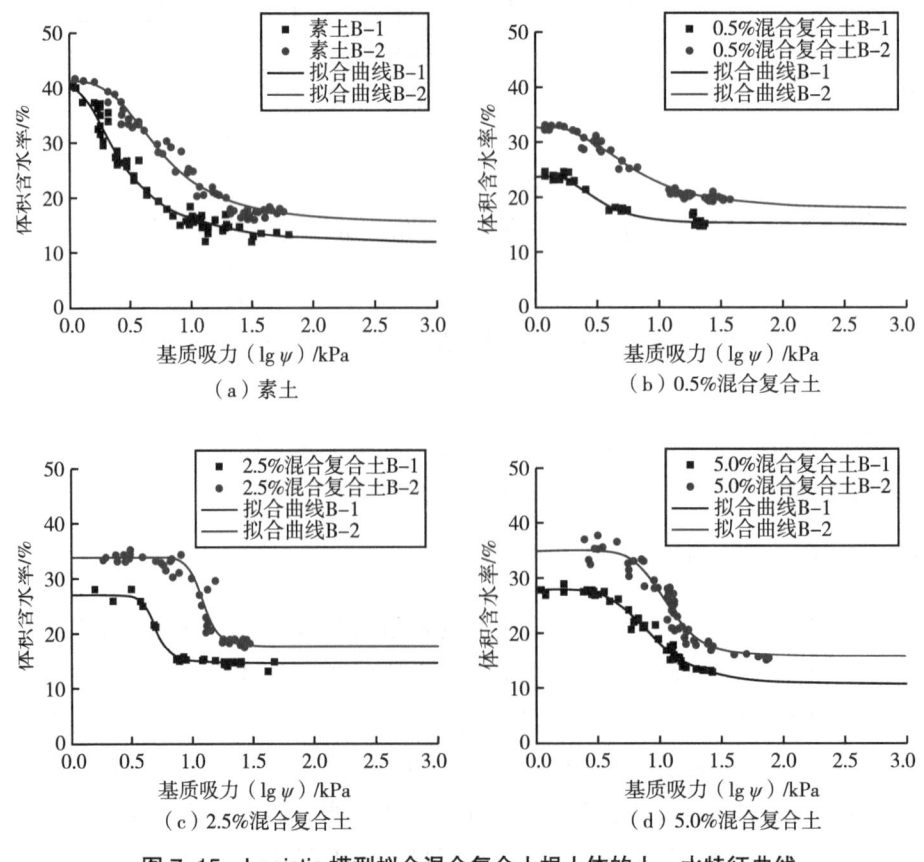

（a）素土

（b）0.5%混合复合土

（c）2.5%混合复合土

（d）5.0%混合复合土

图7-15　Logistic模型拟合混合复合土根土体的土—水特征曲线

率的情况下,第二阶段的基质吸力更大。

综上所述,素土根土体的体积含水率下降幅度与变化速率最大,0.5%混合复合土根土体下降幅度与变化速率最小。

表7-8 白三叶根土体的土—水特曲线模拟基本参数

类型		模型	切线函数1	截距 b_1	斜率 k_1	切线函数2	截距 b_2	斜率 k_2
素土	第一阶段	Logistic	$y=43.1778-38.3922x$	43.1778	-38.3922	$y=19.08118-3.59062x$	19.08118	3.59062
	第二阶段		$y=48.69147-29.90047x$	48.69147	-29.90047	$y=16.32791+1.26463x$	16.32791	1.26463
糯米胶复合土	0.5% 第一阶段		$y=55.34232-57.39078x$	55.34232	-57.39078	$y=18.70308-0.05174x$	18.70308	-0.05174
	0.5% 第二阶段		$y=55.85694-32.02219x$	55.85694	-32.02219	$y=25.02846-1.38291x$	25.02846	-1.38291
	2.5% 第一阶段		$y=38.72707-29.46207x$	38.72707	-29.46207	$y=23.12596-0.26147x$	23.12596	0.26147
	2.5% 第二阶段		$y=60.94749-31.48522x$	60.94749	-31.48522	$y=37.77248-1.19415x$	37.77248	-1.19415
	5.0% 第一阶段		$y=107.00406-70.00337x$	107.00406	-70.00337	$y=15.9762-0.68261x$	15.9762	-0.68261
	5.0% 第二阶段		$y=186.89193-130.12442x$	186.89193	-130.12442	$y=25.47296-0.07721x$	25.47296	-0.07721
木纤维复合土	0.5% 第一阶段	Logistic	$y=39.05186-16.48079x$	39.05186	-16.48079	$y=21.64678-3.33531x$	21.64678	-3.33531
	0.5% 第二阶段		$y=47.40442-21.14505x$	47.40442	-21.14505	$y=26.67164-2.16283x$	26.67164	-2.16283
	2.5% 第一阶段		$y=38.47254-17.48154x$	38.47254	-17.48154	$y=20.96954-5.29971x$	20.96954	-5.29971
	2.5% 第二阶段		$y=41.53891-18.30194x$	41.53891	-18.30194	$y=18.63294-2.01382x$	18.63294	-2.01382
	5.0% 第一阶段		$y=26.61733-12.35522x$	26.61733	-12.35522	$y=16.50798-1.38079x$	16.50798	-1.38079
	5.0% 第二阶段		$y=33.25739-19.20436x$	33.25739	-19.20436	$y=18.26026-0.1252x$	18.26026	-0.1252
混合复合土	0.5% 第一阶段		$y=27.67875-15.90256x$	27.67875	-15.90256	$y=16.47056-0.82951x$	16.47056	-0.82951
	0.5% 第二阶段		$y=46.78352-30x$	46.78352	-30	$y=25.59416-3.77251x$	25.59416	-3.77251
	2.5% 第一阶段		$y=63.56599-61.20389x$	63.56599	-61.20389	$y=14.35946-0.05101x$	14.35946	-0.05101
	2.5% 第二阶段		$y=148.97203-103.30528x$	148.97203	-103.30528	$y=25.4912-4.96183x$	25.4912	-4.96183
	5.0% 第一阶段		$y=40.28157-21.08175x$	40.28157	-21.08175	$y=23.63968-7.66146x$	23.63968	-7.66146
	5.0% 第二阶段		$y=80.34318-48.32106x$	80.34318	48.32106	$y=22.28045-3.5156x$	22.28045	-3.5156

7.5 基于 Logistic 模型的黑麦草根土体 SWCC 模拟

素土第一阶段生长时间为 2021.7.27~2021.8.20,株高为 6~11.5cm,含水率为 12.5%~34.3%,基质吸力为 1.47kPa~54.95kPa;第二阶段生长时间为 2021.9.13~2021.10.2,株高为 7.8~16.7m,含水率为 14.8%~37.8%,基质吸力为 1.69kPa~79.4kPa。

糯米胶复合土第一阶段生长时间为 2021.7.27~2021.9.20,株高为 8.2~17.1cm,含水率为 15%~34.5%,基质吸力为 1.17kPa~63.1kPa;第二阶段生长时间为 2021.9.21~2021.10.16,株高为 9.2~20.1cm,含水率为 21.5%~46.8%,基质吸力为 1.17kPa~28.84kPa。具体如表 7-9 所示。

木纤维复合土第一阶段生长时间为 2021.7.28~2021.8.24,株高为 4~14.5cm,含水率为 10.5%~28.9%,基质吸力为 1.17kPa~151.36kPa;第二阶段生长时间为 2021.9.20~2021.10.18,株高为 5.7~18.4cm,含水率为 15.1%~32.5%,基质吸力为 1.17kPa~70.79kPa。

混合复合土第一阶段生长时间为 2021.7.27~2021.8.12,株高为 3~16.2cm,含水率为 8.8%~36.2%,基质吸力为 1.10kPa~210.51kPa;第二阶段生长时间为 2021.9.17~2021.10.5,株高为 8.4~19.6cm,含水率为 18.2%~40.7%,基质吸力为 1.10kPa~75.86kPa。具体如表 7-9 所示。

表 7-9 不同生长阶段黑麦草根土体的含水率和基质吸力变化

处理组		时段	测试时间	株高 /cm	含水率 /%	基质吸力 /kPa
素土		第一阶段	2021.7.27~2021.8.20	6~11.5	12.5~34.3	1.47~54.95
		第二阶段	2021.9.13~2021.10.2	7.8~16.7	14.8~37.8	1.69~79.4
糯米胶复合土	0.5%	第一阶段	2021.7.27~2021.9.20	9.1~17.1	17.66~34.5	1.17~63.1
		第二阶段	2021.9.21~2021.10.16	11.5~19.8	23.6~39.4	1.26~15.14
	2.5%	第一阶段	2021.7.27~2021.9.20	8.6~17.1	15~33.2	1.26~63
		第二阶段	2021.9.21~2021.10.16	10.5~20.1	24~44.6	1.17~22.39
	5.0%	第一阶段	2021.7.27~2021.9.20	8.2~15.6	16.4~34.5	2~50.12
		第二阶段	2021.9.21~2021.10.16	9.2~19.3	21.5~46.8	1.48~28.84
木纤维复合土	0.5%	第一阶段	2021.7.28~2021.8.24	6~13	13.4~20.9	1.17~60.18
		第二阶段	2021.9.20~2021.10.18	5.7~18.4	19.3~25.7	1.29~70.79
	2.5%	第一阶段	2021.7.28~2021.8.24	8.7~14.5	10.5~28.9	1.86~15.14
		第二阶段	2021.9.20~2021.10.18	10.2~17.5	15.1~32.5	1.26~60.18
	5.0%	第一阶段	2021.7.28~2021.8.24	4~8	15.1~24.3	1.17~51.29
		第二阶段	2021.9.20~2021.10.18	7.1~13.8	20.1~30.5	1.17~58.88

续表

处理组		时段	测试时间	株高/cm	含水率/%	基质吸力/kPa
混合复合土	0.5%	第一阶段	2021.7.27~2021.8.12	5.7~16.2	8.8~23.9	1.10~23.99
		第二阶段	2021.9.17~2021.10.5	9.2~19.4	18.2~39.4	1.48~75.86
	2.5%	第一阶段	2021.7.27~2021.8.12	3~10.5	10.2~36.2	1.58~21.51
		第二阶段	2021.9.17~2021.10.5	8.4~18.5	20~40.7	1.10~28.18
	5.0%	第一阶段	2021.7.27~2021.8.12	4~10	12.6~25.7	1.10~21.51
		第二阶段	2021.9.17~2021.10.5	8.6~19.6	18.4~35.5	1.35~30.2

7.5.1 糯米胶复合土根土体

本章运用 Logistic 模型，建立能够较好预测草本植物不同生长阶段下糯米胶复合土根土体的 SWCC，4 个处理均呈较好的"S"型曲线，拟合曲线相关系数 R^2 均在 0.99 以上。如图 7-16 所示，红壤和糯米胶复合土根土体 SWCC 在不同生长阶段均有所降低，这是由于糯米胶复合土根土体在各吸力阶段的体积含水量出现降低，此时吸力主要由土壤颗粒表面的短程吸附作用产生。如图 7-16（a）所示，素土 SWCC 明显大幅度降低，而相对于素土，糯米胶复合土根土体的降幅较小。

随着基质吸力的增大，0.5% 糯米胶复合土根土体、2.5% 糯米胶复合土根土体和 5.0% 糯米胶复合土根土体的土—水特征曲线在基质吸力为 0.5kPa 附近时发生转折，而素土则是在 0.3kPa 处发生转折。随着基质吸力的进一步增长，土—水特征曲线都趋于平缓。2.5% 糯米胶复合土根土体和 5.0% 糯米胶复合土根土体第二阶段 SWCC 的下降幅度均高于第一阶段，0.5% 糯米胶复合土根土体则是第一阶段和第二阶段下降幅度相差不大。0.5% 糯米胶复合土根土体和 5.0% 糯米胶复合土根土体第一阶段和第二阶段的变化速率较为均匀，2.5% 糯米胶复合土根土体第一阶段变化速率低于第二阶段变化速率。素土第一阶段与第二阶段相比较，呈现出较均匀的变化速率，但第一阶段的下降幅度高于第二阶段。糯米胶复合土根土体和素土的第二阶段土—水特征曲线都在第一阶段之上，这是因为第二阶段植物更加茂盛，株高更高，根系体积和根表面积增大，叶片获得的光照能量也越大，叶片表面的气孔越多，植物的蒸腾也相对较高，相对的，植物的水分消耗更多，基质吸力更强。所以在同一体积含水率的情况下，第二阶段的基质吸力更大。

综上所述，5.0% 糯米胶复合土根土体的体积含水率下降幅度与变化速率最大，2.5% 糯米胶复合土根土体下降幅度与变化速率最小。

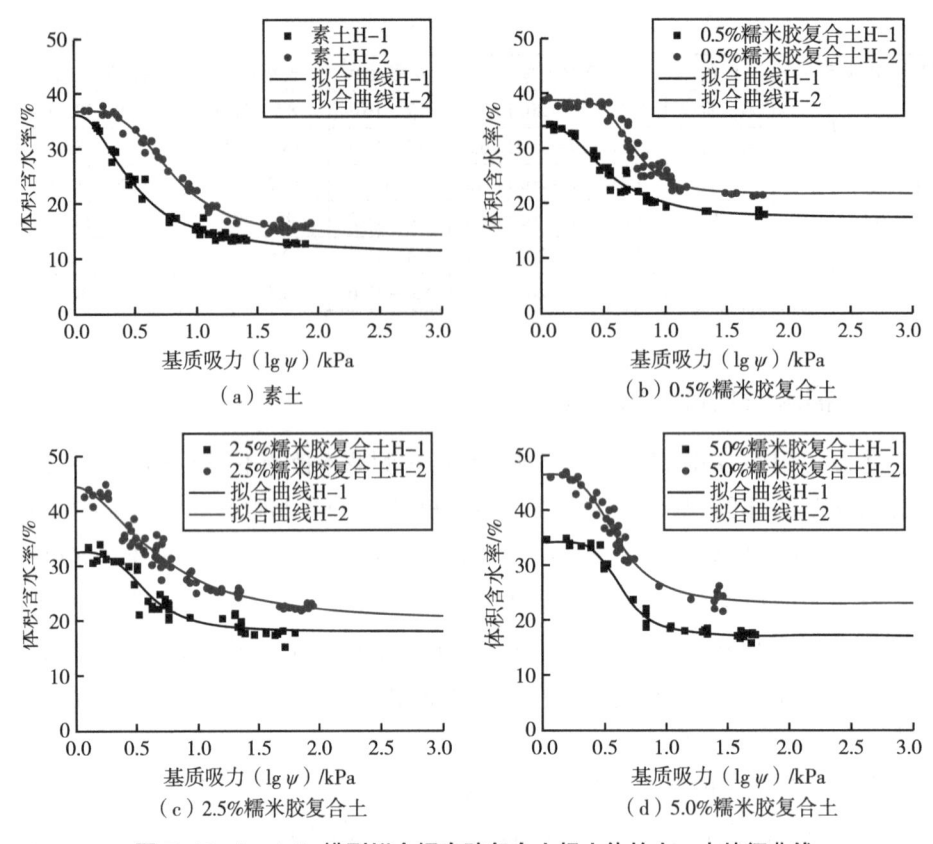

图 7-16　Logistic 模型拟合糯米胶复合土根土体的土—水特征曲线

7.5.2　木纤维复合土根土体

本章运用 Logistic 模型，建立能够较好预测草本植物不同生长阶段下木纤维复合土根土体的 SWCC，4 个处理均呈较好的"S"型，拟合曲线相关系数 R^2 均在 0.99 以上。如图 7-17 所示，红壤和木纤维复合土根土体 SWCC 在不同生长阶段均有所降低，这是由于木纤维复合土根土体在各吸力阶段的体积含水量出现降低，此时吸力主要由土壤颗粒表面的短程吸附作用产生。素土 SWCC 明显大幅度降低，而相对于素土，木纤维复合土根土体的降幅较小。

随着基质吸力的增大，5.0% 木纤维复合土根土体和素土各阶段的土—水特征曲线在基质吸力为 0.5kPa 附近时发生转折，而 0.5% 木纤维复合土根土体是在 0.3kPa 处发生转折，2.5% 木纤维复合土根土体则在 1.2kPa 处发生转折。随着基质吸力的进一步增长，土—水特征曲线都趋于平缓。0.5% 木纤维复合土根土体、2.5% 木纤维复合土根土体和 5.0% 木纤维复合土根土体各阶段 SWCC 的下降幅度相似。2.5% 木纤维复合土根土体和 5.0% 木纤维复合土根土

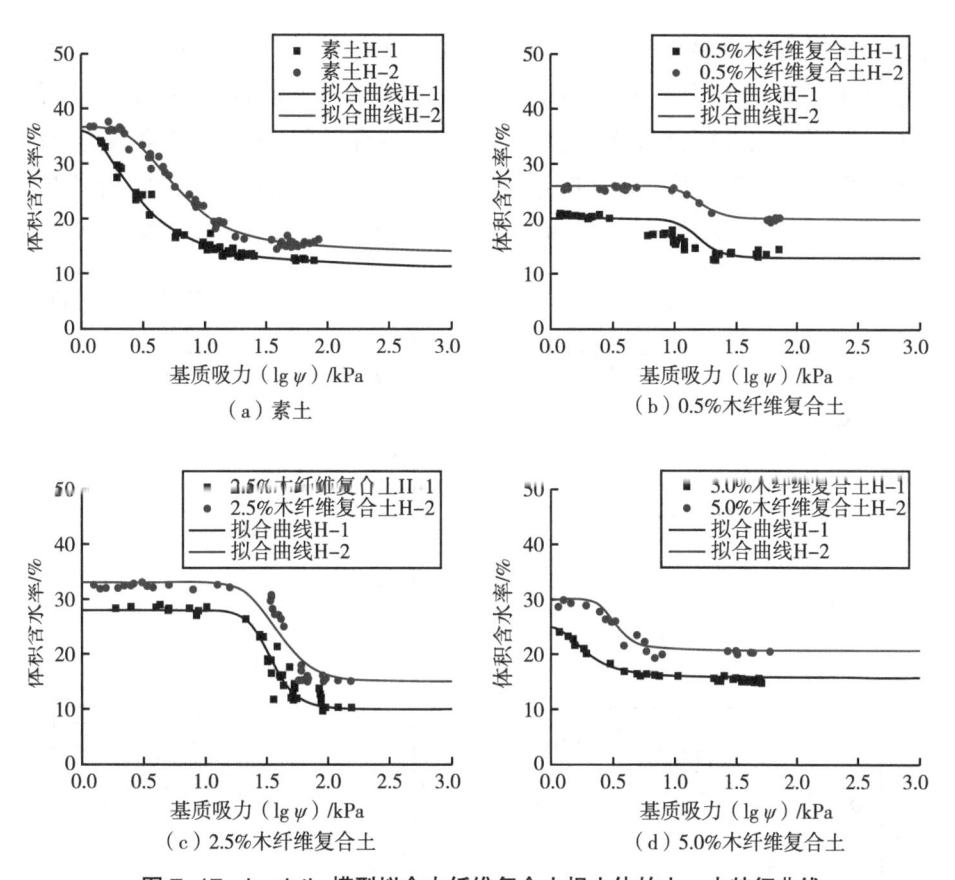

图 7-17 Logistic 模型拟合木纤维复合土根土体的土—水特征曲线

体第一阶段和第二阶段的变化速率较为均匀，0.5%木纤维复合土根土体的变化速率则是第一阶段高于第二阶段。素土第一阶段与第二阶段相比较，呈现出较均匀的变化速率，但第一阶段的下降幅度高于第二阶段。木纤维复合土根土体和素土的第二阶段土—水特征曲线都在第一阶段之上，这是因为第二阶段植物更加茂盛，株高更高，根系体积和根表面积增大，叶片获得的光照能量也越大，叶片表面的气孔越多，植物的蒸腾也相对较高，相对的，植物的水分消耗更多，基质吸力更强。所以在同一体积含水率的情况下，第二阶段的基质吸力更大。

综上所述，素土根土体的体积含水率下降幅度与变化速率最大，0.5%糯米胶根土体下降幅度与变化速率最小。

7.5.3 混合复合土根土体

本章运用 Logistic 模型，建立能够较好预测草本植物不同生长阶段下混合复合土根土体的 SWCC，4 个处理均呈较好的"S"型曲线，拟合曲线相关系数 R^2 均在 0.99 以上。如图 7-18 和表 7-10 所示，红壤和混合复合土根土体 SWCC 在不同生长阶段均有所降低，这是由于混合复合土根土体在各吸力阶段的体积含水量出现降低，此时吸力主要由土壤颗粒表面的短程吸附作用产生。素土 SWCC 明显大幅度降低，而相对于素土，混合复合土根土体的降幅较小。

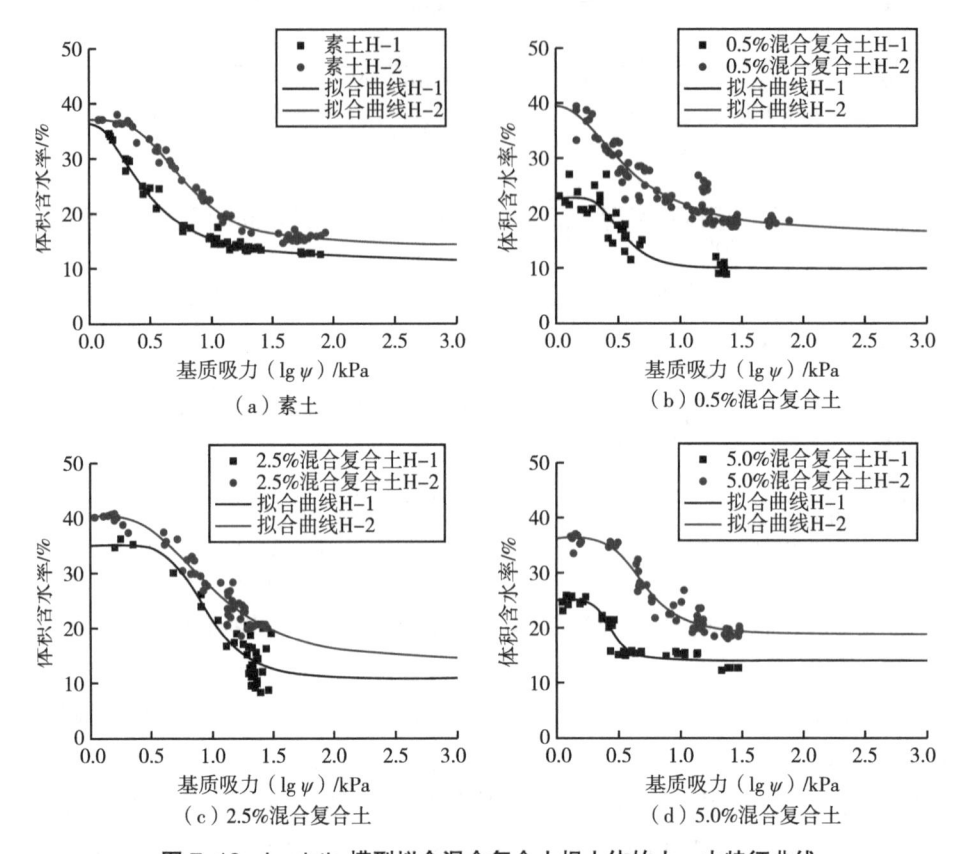

图 7-18 Logistic 模型拟合混合复合土根土体的土—水特征曲线

表 7-10 黑麦草根土体的土—水特征曲线拟合基本参数

类型		模型	切线函数1	截距 b_1	斜率 k_1	切线函数2	截距 b_2	斜率 k_2
素土	第一阶段	Logistic	$y=39.32508-32.20376x$	39.32508	-32.20376	$y=15.30805-1.60874x$	15.30805	-1.60874
	第二阶段		$y=43.97514-21.69061x$	43.97514	-21.69061	$y=18.47896-1.76849x$	18.47896	1.76849
糯米胶复合土	0.5%	第一阶段		$y=38.83436-23.98039x$	38.83436	-23.98039	$y=19.82619-0.97133x$	19.82619	-0.97133
		第二阶段		$y=46.73449-22.72595x$	46.73449	-22.72595	$y=23.29308-0.69363x$	23.29308	-0.69363

续表

类型		模型	切线函数1	截距 b_1	斜率 k_1	切线函数2	截距 b_2	斜率 k_2
糯米胶复合土	2.5%	第一阶段	$y=39.43883-24.13053x$	39.43883	−24.13053	$y=20.10144-1.23762x$	20.10144	−1.23762
		第二阶段	$y=46.84931-22.96271x$	46.84931	−22.96271	$y=32.57393-5.99469x$	32.57393	−5.99469
	5.0%	第一阶段	$y=46.79788-31.86493x$	46.79788	−31.86493	$y=19.64225-1.66409x$	19.64225	−1.66409
		第二阶段	$y=58.16855-38.26358x$	58.16855	−38.26358	$y=27.023-2.24319x$	27.023	−2.24319
木纤维复合土	0.5%	第一阶段	$y=39.33746-19.03205x$	39.33746	−19.03205	$y=13.30993-0.15503x$	13.30993	−0.15503
		第二阶段	$y=39.89654-13.87404x$	39.89654	−13.87404	$y=20.22609-0.11482x$	20.22609	−0.11482
	2.5%	第一阶段	$y=88.06742-44.91847x$	88.06742	−44.91847	$y=11.30707-0.56366x$	11.30707	−0.56366
		第二阶段	$y=105.6-50x$	105.6	−50	$y=22.10105-3.06959x$	22.10105	−3.06959
	5.0%	第一阶段	$y=26.82467-21.20175x$	26.82467	−21.20175	$y=16.54001-0.25079x$	16.54001	−0.25079
		第二阶段	$y=41.73685-29.9189x$	41.73685	−29.9189	$y=20.99701-0.01707x$	20.99701	−0.01707
混合复合土	0.5%	第一阶段	$y=34.23648-30.67148x$	34.23648	−30.67148	$y=13.23-1.1403x$	13.23	−1.1403
		第二阶段	$y=45.34844-30.66667x$	45.34844	−30.66667	$y=26.67677-4.72919x$	26.67677	−4.72919
	2.5%	第一阶段	$y=54.21177-32.38906x$	54.21177	−32.38906	$y=28.79156-10.88555x$	28.79156	−10.88555
		第二阶段	$y=102.59584-69.31345x$	102.59584	−69.31345	$y=30.5371-7.34893x$	30.5371	−7.34893
	5.0%	第一阶段	$y=36.11353-37.9155x$	36.11353	−37.9155	$y=14.50295-0.44354x$	14.50295	−0.44354
		第二阶段	$y=48.34264-29.30838x$	48.34264	−29.30838	$y=27.28936-5.95366x$	27.28936	−5.95366

模型列: Logistic

随着基质吸力的增大，0.5%混合复合土根土体、2.5%混合复合土根土体和5.0%混合复合土根土体和素土各阶段的土—水特征曲线在基质吸力为0.5kPa附近时发生转折。随着基质吸力的进一步增长，土—水特征曲线都趋于平缓。0.5%混合复合土根土体、2.5%混合复合土根土体和5.0%混合复合土根土体第二阶段SWCC的下降幅度均高于第一阶段。0.5%混合复合土根土体、2.5%混合复合土根土体和5.0%混合复合土根土体第一阶段变化速率低于第二阶段。素土第一阶段与第二阶段相比较，呈现出较均匀的变化速率，但第一阶段的下降幅度高于第二阶段。混合复合土根土体和素土的第二阶段土—水特征曲线都在第一阶段之上，这是因为第二阶段植物更加茂盛，株高更高，根系体积和根表面积增大，叶片获得的光照能量也越大，叶片表面的气孔越多，植物的蒸腾也相对较高，相对的，植物的水分消耗更多，基质吸力更强。所以在同一体积含水率的情况下，第二阶段的基质吸力更大。

综上所述，2.5%混合复合土根土体的体积含水率下降幅度与变化速率最大，5.0%混合复合土根土体下降幅度与变化速率最小。

7.6 本章小结

（1）不同红壤复合土材料对草本植物生物量的影响存在明显差异，相对于素土，糯米胶复合土可以提高草本植物生物量，其中糯米胶复合土的地上生物量最大增量明显高于地下生物量最大增量，黑麦草生物量的增量优于白三叶生物量的增量，添加适量的木纤维复合土和混合复合土添加会对草本生物量起到促进作用。

不同红壤复合土添加量对草本植物生物量的影响存在明显差异，相对于素土，糯米胶复合土可以提高草本植物生物量，随着添加量增加，糯米胶复合土中黑麦草和白三叶生物量呈先增大后减小的变化趋势，其中2.5%糯米胶复合土对草本植物生物量提高最大，添加高含量的木纤维复合土和混合复合土后，一定限度上抑制草本植物的叶茎和根系的正常生长。

（2）黑麦草根土体的基质吸力随着草本植物的根系表面积指数（RAI）、根体积比（R_V）、叶片面积指数（LAI）和地下生物量（UB）的增加而增大，两者总体呈线性函数关系。

白三叶根土体的基质吸力随着草本植物的RAI、R_V、LAI和UB的增加而增大，两者总体呈线性函数关系，但部分根土体呈先增加后减小的趋势，两者满足二阶多项式函数关系，其中2.5%木纤维复合土根土体RAI、R_V与基质吸力呈先增加后减小的趋势，最优根表面积指数、根系体积比在1左右，2.5%混合复合土根土体LAI与基质吸力呈先增加后减小的趋势，最优叶片面积指数在20左右；2.5%木纤维复合土根土体UB与基质吸力呈先增加后减小的趋势，根系生长初期基质吸力值最大，持水性最优。

相对于素土，随着复合土添加量的增加，黑麦草和白三叶根土体的基质吸力也在逐渐增大。其中，黑麦草根土体的基质吸力的增量总体高于白三叶根土体的基质吸力增量，且两者基质吸力增量的差异值逐渐增大。

（3）采用Logistic模型，分别模拟在不同生长阶段白三叶和黑麦草根土体的土—水特征曲线（SWCC）变化，其曲线变化呈较好的"S"型，拟合曲线相关系数 R^2 均在 0.99 以上，拟合效果较好。相对于第一阶段，随着草本植物株高的增大，第二阶段白三叶和黑麦草根土体 SWCC 均发生上移，白三叶和黑麦草种植后能提高红壤复合土的持水保水性能。

相对于素土，白三叶根土体随着糯米胶添加量的增加，其 SWCC 呈先增大后降低的变化趋势，且变化幅度逐渐减小，其中 2.5% 糯米胶复合土根土体的 SWCC 增幅最大；随着木纤维和混合添加量的增加，白三叶根土体 SWCC 呈逐渐降低的变化趋势，但变化幅度逐渐减小。相对于素土，黑麦草根土体随着糯米胶添加量的增加，其 SWCC 呈逐渐增大的变化趋势，且变化幅度逐渐减小，其中 5.0% 糯米胶复合土根土体的 SWCC 增幅最大；随着木纤维添加量的增加，黑麦草根土体 SWCC 呈逐渐降低的变化趋势，但变化幅度逐渐减小；黑麦草根土体随着混合添加量的增加，其 SWCC 呈先降低后增大，最后又降低的变化趋势，且变化幅度逐渐减小，其中 2.5% 糯米胶复合土根土体的 SWCC 增幅最大。

8 结论与展望

8.1 主要结论

本书以云南省红壤为研究对象，主要围绕红壤具有黏性重、易结块、高含水率、低压缩性、易失水收缩、开裂和抗剪强度低等特性。针对红壤区土地整治工程中面临的松散边坡如何稳定、土壤持水保水性能如何提升、稀缺土水资源如何保持、植物群落如何快速恢复、土壤重构过程中影响机制如何响应等主要技术和科学问题。因此，本书基于土壤重构视角，构建了"改土—调水—培植"的研究理论框架，采用理论分析、室内试验、数值模拟等研究方法，通过设置4种添加量（0、0.5%、2.5%、5.0%）的木纤维、糯米胶和混合（木纤维+糯米胶），以及2种草本植物（白三叶、黑麦草）重构红壤的土水力学特性，开展基于土壤重构的红壤复合土力学特性及影响机制研究。研究结果完善了土地整治理论方法体系，为生态脆弱区的土地整治、生态修复和水土保持等生态化工程实践提供理论依据和技术指导。本书主要取得以下结论。

（1）添加适量的糯米胶、木纤维或混合的重构材料可以增强红壤的抗剪强度，同时能抑制干湿交替作用对土体抗剪性能的衰减效应。在2次干湿交替过程中，红壤和复合土的抗剪强度及参数会降低，且趋于一个稳定值；随着重构材料的含量增加，复合土的各项抗剪指标均有不同程度的增强，其中抗剪强度和黏聚力增强是5.0%木纤维复合土最佳；添加糯米胶初期抗剪强度和黏聚力会快速提高，但随着干湿交替次数增加，抗剪强度和黏聚力出现快速降低；添加混合（木纤维+糯米胶）后在0.5%~2.5%受干湿交替衰减作用较大，0.5%混合复合土的抑制效果不明显，5.0%混合复合土对抑制干湿交替衰减效果最优。

（2）适量的重构材料添加后可以增强红壤的持水保水性能，同时能减缓干湿交替作用对红壤水力特性的滞回效应。重构材料添加对红壤基质吸力影响程度由大到小为木纤维、糯米胶、混合、素土。其中，2.5%木纤维复合土降幅最小，表明其受干湿交替作用的影响较小，添加后可提高红壤基质吸力值，可有效改善红壤的持水保水能力；干湿交替下5.0%木纤维复合土的滞回度较小，其受滞回效应的影响最小，即体积含水率变化幅度也最小。2.5%糯米胶和5.0%糯米胶添加可大幅提高土体的体积含水率，但同时其吸水和失水速率变化较大，不利于长期保持水分。在中、高含水率阶段，混合复合土受水分干扰较大，从而对基质吸力变化幅度也较大。采用Logistic模型对4个处理（素土、糯米胶、木纤维、混合）SWCC参数的拟合效果较好，其决定系数均在0.987～0.999之间。

（3）白三叶、黑麦草可以增强红壤复合土的加筋固土能力。黑麦草根土体抗剪强度增量高于白三叶根土体，相对于白三叶，黑麦草的加筋固土能力较强。随着植物RAI、R_V的增加，除了0.5%糯米胶+白三叶根土体、5.0%木纤维+黑麦草根土体的抗剪强度降低，其他试验组呈总体增大的趋势。添加糯米胶后，随着植物RAI增加，黏聚力增幅变化为：白三叶根土体＞黑麦草根土体。内摩擦角增幅则相反：黑麦草根土体＞白三叶根土体。添加木纤维后，随着植物RAI增加，木纤维+白三叶根土体的黏聚力和内摩擦角呈增大的趋势，其中当RAI>1时，内摩擦角变化趋于平缓，5.0%木纤维+白三叶根土体黏聚力的增幅最大；添加混合（糯米胶+木纤维）后，随着植物RAI增加，黏聚力呈增大的趋势，内摩擦角变化较小。

（4）添加最优配比的糯米胶复合土可以提高草本植物地上生物量和地下生物量。地上生物量增量明显高于地下生物量增量，黑麦草生物量的增量优于白三叶生物量的增量。糯米胶复合土可以提高草本植物生物量，随着添加量增加，黑麦草和白三叶生物量呈先增大后减小的变化趋势，其中2.5%糯米胶复合土对草本植物生物量提高最大；添加高含量的木纤维复合土和混合复合土后会对草本生物量起到抑制作用，影响草本植物正常生长。

（5）草本植物可以增强红壤复合土的持水保水性能。黑麦草根土体的基质吸力随着草本植物的根系表面积指数（RAI）、根体积比（R_V）、叶片面积指数（LAI）和地下生物量（UB）的增加而增大，两者总体呈线性函数关系。白三叶根土体的基质吸力随着草本植物的RAI、R_V、LAI和UB的增加而增大，两者总体呈线性函数关系，但2.5%木纤维复合土根土体呈先增加后减小的趋势，两者满足二阶多项式函数关系。随着复合土添加量的增加，黑麦草根土体的基质吸力的增量总体高于白三叶根土体的基质吸力增量且差异逐渐增大，说明黑麦草持水保水性能优于白三叶。采用Logistic模型，分别模拟在不同生长阶段白三叶和黑麦草根土体的土—水特征曲线（SWCC）变化，其曲线变化呈较好的"S"型,拟合曲线相关系数 R^2 均在 0.99 以上,拟合效果较好。随着草本植物株高的增大,白三叶和黑麦草根土体 SWCC 均发生上移,说明植物种植后能提高红壤复合土的持水保水性能。2.5% 糯米胶 + 白三叶根土体的 SWCC 增幅最佳,5.0% 糯米胶 + 黑麦草根土体的 SWCC 增幅最优。

8.2 创新点

(1) 构建"改土—调水—培植"系统化土壤重构的新理论框架,揭示重构材料和草本植物对红壤复合土的土壤、水分、植物三者要素耦合的力学特性及影响机制,为红壤区土地整治技术创新提供理论基础和新思路。

(2) 融合土力学和水力学的多学科理论方法,确定木纤维和糯米胶添加量最优配比,增强红壤的抗剪强度,提高红壤持水和保水能力,抑制干湿交替作用对红壤力学特性衰减效应的影响。

(3) 筛选根土体的最优含量配比及草本植物类型,建立草本植物参数与根土体的抗剪特性、水力特性的响应关系模型,发现适量的重构材料可以提高根土体的持水和保水能力,增加草本植物的生物量。

8.3 不足与展望

本书以云南省红壤为研究对象,针对云南省红壤的黏性重、干湿交替作用下土体失稳、极易容结块、形成裂隙、干湿交替下土水特性变化差异性显著、植被恢复困难等问题,采用木纤维、糯米胶和草本植物重构红壤,并对重构红壤力学特性及影响机制进行了深入细致的研究。但由于本书研究水平有限,仍然存在许多不足之处,作者认为未来可从以下几个方面继续加强研究。

(1) 本书仅从抗剪性和持水保水特性角度,研究木纤维、糯米胶和草本植物改良对红壤力学特性及其影响机制,但对于土壤重构材料添加后,对红壤复合土渗透性、双应力模型、团聚体结构、变形裂缝、多情景下重构效果及持续效应等影响研究并未展开,后续将基于现有研究的基础上进行持续性研究。

(2) 本书试验干湿交替下红壤复合土力学特征及影响机制的研究中,干湿交替次数仅开展 2 次模拟试验,而土体受干湿交替作用是长期且动态变化的,同时未考虑干热交替、冻融交替等作用的影响,因此后续还需要在以上方面开展更深入的探究。

（3）本书的试验土样均制备为均质的通体复合土，而实际工程应用中可能需要分层、异质、立体构建复合土。因此，后续需要对多层异质复合土重构技术的力学效应进行更深入的探究。

参 考 文 献

［1］陈星，周成虎. 生态安全：国内外研究综述［J］. 地理科学进展，2005（6）：8-20.

［2］李昊，李世平，银敏华. 中国土地生态安全研究进展与展望［J］. 干旱区资源与环境，2016，30（9）：50-56.

［3］米艳华，潘艳华，沙凌杰，等. 云南红壤坡耕地的水土流失及其综合治理［J］. 水土保持学报，2006，20（2）：17-21.

［4］段兴武，洪欢. 云南土壤地理［M］. 北京：科学出版社，2019.

［5］丁剑宏，白致威，陶余铨，等. 云南省土壤侵蚀［M］. 北京：科学出版社，2019.

［6］黄国勤，赵其国. 红壤生态学［J］. 生态学报，2014，34（18）：5173-5181.

［7］余建新，刘淑霞，郑宏刚. 云南省耕地利用评价与空间分布［M］. 北京：中国大地出版社，2015.

［8］Yan Ting M, Wei H, Henry W C, et al. Combined cultivation pattern reduces soil erosion and nutrient loss from sloping farmland on red soil in southwestern china［J］. Agronomy, 2020, 10（8）: 1071.

［9］朱洵，李国英，蔡正银，等. 湿干循环下膨胀土渠道边坡的破坏模式及稳定性［J］. 农业工程学报，2020，36（4）：159-167.

［10］Ding L, Han Z, Zou W, et al. Characterizing hydro-mechanical behaviours of compacted subgrade soils considering effects of freeze-thaw cycles［J］. Transportation Geotechnics, 2020, 24: 1-15.

［11］Lisi N, Aijun Z, Jiamin Z, et al. Study on soil-water characteristics of expansive soil under the dry-wet cycle and freeze-thaw cycle considering volumetric strain［J］. Advances in Civil Engineering, 2021, 2021: 1-13.

［12］李松青. 云南省土壤图［M］. 北京：测绘出版社，1992.

［13］胡振琪. 矿山复垦土壤重构的理论与方法［J］. 煤炭学报，2022，47（7）：2499-2515.

［14］王莉，张和生. 国内外矿区土地复垦研究进展［J］. 水土保持研究，

2013, 20（1）：294-300.

［15］张玉锴, 阎凯, 李博, 等. 中国土壤重构及其土水特性研究进展［J］. 农业资源与环境学报, 2023, 40（3）：511-524.

［16］陈孝杨, 周育智, 严家平, 等. 覆土厚度对煤矸石充填重构土壤活性有机碳分布的影响［J］. 煤炭学报, 2016, 41（5）：1236-1243.

［17］胡振琪, 邵芳, 多玲花, 等. 黄河泥沙间隔条带式充填采煤沉陷地复垦技术及实践［J］. 煤炭学报, 2017, 42（3）：557-566.

［18］胡振琪, 魏忠义, 秦萍. 塌陷地粉煤灰充填复垦土壤的污染性分析［J］. 中国环境科学, 2004（3）：56-60.

［19］许志琴. 利用城市垃圾进行采空区路基加固技术初探［J］. 山西建筑, 2014, 40（25）：168-169.

［20］郑财贵, 朱玉碧. 浅析南方丘陵地区土地平整中的表土问题及对策［J］. 中国农学通报, 2006（7）：512-515.

［21］董晓霞, 王学君, 刘兆辉, 等. 滨海盐荒地不同高度台田地下水动态变化与脱盐效果［J］. 中国生态农业学报, 2011, 19（6）：1354-1358.

［22］顾和和, 胡振琪, 秦延春, 等. 泥浆泵复垦土壤生产力的评价及其土壤重构［J］. 资源科学, 2000（5）：37-40.

［23］胡振琪, 贺日兴, 魏忠义, 等. 一种新型沉陷地复垦技术［J］. 煤炭科学技术, 2001（1）：17-19.

［24］徐艳, 王璐, 樊嘉琦, 等. 采煤塌陷区生态修复技术研究进展［J］. 中国农业大学学报, 2020, 25（7）：80-90.

［25］严建立, 章明奎, 王道泽. 磷石膏与石灰石粉配施对新垦红壤耕地的改良效果［J］. 农学学报, 2022, 12（7）：33-37.

［26］Sheng C, Tao C, Wenbin X, et al. Application Research of Biochar for the Remediation of Soil Heavy Metals Contamination：A Review［J］. Molecules, 2020, 25（14）：3167.

［27］庄文化, 冯浩, 吴普特. 高分子保水剂农业应用研究进展［J］. 农业工程学报, 2007（6）：265-270.

［28］周宇, 李国玉, 武红娟, 等. 石灰改良红层无侧限抗压强度试验研究［J］. 冰川冻土, 2021, 43（2）：535-543.

［29］王帅, 邹静蓉. 干湿循环条件下水泥改良红砂岩土的力学特性试验研究［J］. 科学技术与工程, 2020, 20（13）：5355-5362.

［30］梁谏杰, 张祖莲, 黄英, 等. 干湿循环作用下加砂对红土抗剪强度及微

结构特性的影响 [J]. 山地学报, 2019, 37 (6): 848-857.

[31] 张万涛, 吕治刚, 王睿, 等. 粉煤灰及电石渣改良膨胀土干湿循环特性研究 [J]. 山西建筑, 2019, 45 (21): 61-63.

[32] 刘晶磊, 李凯, 薛晓峰, 等. 土凝岩改良盐渍土干湿循环试验研究 [J]. 河北建筑工程学院学报, 2019, 37 (2): 12-15.

[33] 尹修安, 伞宏伟, 胡春桥, 等. 盐碱地土壤改良剂——康地宝在水稻上的应用效果 [J]. 垦殖与稻作, 2006 (2): 60-61.

[34] 张雅馥, 王金满, 王敬朋, 等. 生物炭添加对矿区压实土壤水力特性的影响 [J]. 农业工程学报, 2021, 37 (22): 58-65.

[35] 徐福银. 土壤调理剂及其在农业生产中的应用 [C]. 成都: 中国土壤学会第十二次全国会员代表大会暨第九届海峡两岸土壤肥料学术交流研讨会, 2012.

[36] 杜太生, 康绍忠, 魏华. 保水剂在节水农业中的应用研究现状与展望 [J]. 农业现代化研究, 2000 (5): 317-320.

[37] 张富仓, 康绍忠. BP保水剂及其对土壤与作物的效应 [J]. 农业工程学报, 1999 (2): 80-84.

[38] 陈义群, 董元华. 土壤改良剂的研究与应用进展 [J]. 生态环境, 2008 (3): 1282-1289.

[39] Dipendra K A, Sheetal A, Keshav R A, et al. Effect of soil conditioner on carrot growth and soil fertility status [J]. Journal of Nepal Agricultural Research Council, 2019, 5 (1): 96-100.

[40] Hong S H, Lee E Y. Restoration of eroded coastal sand dunes using plant and soil-conditioner mixture [J]. International Biodeterioration&Biodegradation, 2016, 113: 161-168.

[41] Hou J Q, Li M X, Xi B D, et al. Short-duration hydrothermal fermentation of food waste: preparation of soil conditioner for amending organic-matter-impoverished arable soils [J]. Environmental Science and Pollution Research, 2017, 24 (26): 21283-21297.

[42] Liu H L, Tan X, Guo J H, et al. Bioremediation of oil-contaminated soil by combination of soil conditioner and microorganism [J]. Journal of Soils and Sediments, 2020, 20 (4): 2121-2129.

[43] Liu S K, Qi X, Han C, et al. Novel nano-submicron mineral-based soil conditioner for sustainable agricultural development [J]. Journal of Cleaner

Production, 2017, 149: 896-903.

[44] Peter G. Composted soil conditioner and mulch promote native plant establishment from seed in a constructed seasonal wetland complex [J]. Ecological Management&Restoration, 2011, 12 (2): 151-154.

[45] Petter F A, Madari B E. Biochar: Agronomic and environmental potential in Brazilian savannah soils [J]. Revista Brasileira de Engenharia Agricola e Ambiental, 2012, 16 (7): 761-768.

[46] Sojka R E, Lentz R D. Reducing furrow irrigation erosion with polyacrylamide (PAM) [J]. Journal of Production Agriculture, 1997, 10 (1): 47-52.

[47] Shulge G, Betkers T, Vitolina S, et al. Wood processing by-products treated with the lignin-based conditioner as mulch for soil protection [J]. Journal of Environmental Engineering and Landscape Management, 2015, 23 (4): 279-287.

[48] 杨杰, 曹昀, 王秀文, 等. 保水剂对高羊茅种子萌发及幼苗生理的影响 [J]. 水土保持研究, 2017, 24 (1): 351-356.

[49] 孙蓟锋, 王旭. 土壤调理剂的研究和应用进展 [J]. 中国土壤与肥料, 2013 (1): 1-7.

[50] 王小彬, 蔡典雄, 张树勤. 土壤调理剂对旱、盐条件下草种萌发的影响 [J]. 植物营养与肥料学报, 2003 (4): 462-466.

[51] 曹宝花, 赵丹妮, 许江波, 等. 纳米黏土改良黄土力学性能试验研究 [J]. 建筑科学与工程学报, 2023, 40 (2): 138-149.

[52] 吴景芳. 红黏土改良风积沙基础物理力学性能试验研究 [J]. 广西水利水电, 2021 (1): 1-4.

[53] 于健, 雷廷武, I Shainberg, 等. 不同PAM施用方法对土壤入渗和侵蚀的影响 [J]. 农业工程学报, 2010, 26 (7): 38-44.

[54] 刘东, 任树梅, 杨培岭. 聚丙烯酰胺（PAM）对土壤水分蓄渗能力的影响 [J]. 灌溉排水学报, 2006 (4): 56-58.

[55] Rumpel C, Chabbi A. Managing Soil Organic Carbon for Mitigating Climate Change and Increasing Food Security [J]. Agronomy, 2021, 11 (8): 1553.

[56] 董吉, 陈筠, 郧忠虎, 等. 木质素纤维红黏土强度及变形特性试验研究 [J]. 地质力学学报, 2019, 25 (3): 421-427.

[57] 吴军虎, 任敏. 羟丙基甲基纤维素作土壤改良剂对土壤溶质运移的影响 [J]. 农业工程学报, 2019, 35 (5): 141-147.

[58] 刘宏远,刘亮,李秀军,等. 植物纤维毯道路边坡防护技术综合效益评价[J]. 水土保持学报,2019,33(1):345-352.

[59] Ranju R K, Todd L, Katherine E B, et al. State of the science review: Potential for beneficial use of waste by-products for in situ remediation of metal-contaminated soil and sediment[J]. Critical Reviews in Environmental Science and Technology, 2017, 47(2): 65-129.

[60] Goh S G, Rahardjo H, Leong E C. Shear strength of unsaturated soils under multiple drying-wetting cycles[J]. Journal of Geotechnical and Geoenvironmental Engineering, 2013, 140(2): 6013001.

[61] 杨帅. 改性糯米基复合材料加固煤矸石渣土冻融侵蚀机理研究[D]. 成都:成都理工大学,2021.

[62] 郭星辰. 植物纤维改性土坯砌体抗剪力学性能试验研究[D]. 乌鲁木齐:新疆大学,2021.

[63] 贾栋钦,裴向军,张晓超,等. 改性糯米灰浆固化黄土的微观机理试验研究[J]. 水文地质工程地质,2019,46(6):90-96.

[64] George B, George M, Konstantina T, et al. Effectiveness of cellulose, straw and binding materials for mining spoils revegetation by hydro-seeding, in Central Greece[J]. Ecological Engineering, 2007, 31(3): 193-199.

[65] 黄雨晗,况欣宇,曹银贵,等. 草原露天矿区复垦地与未损毁地土壤物理性质对比[J]. 生态与农村环境学报,2019,35(7):940-946.

[66] 胡振琪,多玲花,王晓彤. 采煤沉陷地夹层式充填复垦原理与方法[J]. 煤炭学报,2018,43(1):198-206.

[67] 王云平,师学义,金志南,等. 煤矿塌陷区不同复垦方法及年限土壤肥力变化研究[J]. 山西农业科学,1999(1):62-65.

[68] 陈龙乾,邓喀中,唐宏,等. 矿区泥浆泵复垦土壤物理特性的时空演化规律[J]. 土壤学报,2001(2):277-283.

[69] 娄义宝,史东梅,蒋平,等. 紫色丘陵区城镇化不同地貌单元的水文特征及土壤重构[J]. 土壤学报,2018,55(3):650-663.

[70] Wang S F, Cao Y G, Geng B J, et al. Succession law and model of reconstructed soil quality in an open-pit coal mine dump of the loess area, China[J]. Journal of Environmental Management, 2022, 312: 114923.

[71] 张学礼,胡振琪,初士立. 矿山复垦土壤压实问题分析[J]. 能源环境保护,2004(3):1-4.

［72］吴龙国，张瑶. 浅层土壤水分特征曲线模拟与运移机理研究［J］. 农机化研究，2021，43（11）：165-170.

［73］涂安国. 层状土壤水分入渗与溶质运移研究进展［J］. 江西农业大学学报，2017，39（4）：818-825.

［74］曹瑞雪，邵明安，贾小旭. 层状土壤饱和导水率影响的试验研究［J］. 水土保持学报，2015，29（3）：18-21.

［75］陈帅，毛晓敏，胡海珠. 参数平均方式对层状夹砂土壤积水入渗数值模拟的影响［J］. 中国农业大学学报，2017，22（1）：76-84.

［76］王春颖，毛晓敏，赵兵. 层状夹砂土柱室内积水入渗试验及模拟［J］. 农业工程学报，2010，26（11）：61-67.

［77］白东升. 煤矸石堆积区生态重构模式与土壤水文性质优化的驱动要素［D］. 绵阳：西南科技大学，2022.

［78］Bai D S, Yang X, Lai J L, et al. In situ restoration of soil ecological function in a coal gangue reclamation area after 10 years of elm/poplar phytoremediation［J］. Journal of Environmental Management，2022，305：114400.

［79］于亚军，任珊珊，郭李凯，等. 两种利用类型煤矸山复垦重构土壤贮水特性研究［J］. 水土保持研究，2016，23（2）：44-48.

［80］徐良骥，朱小美，刘曙光，等. 不同粒径煤矸石温度场影响下重构土壤水分时空响应特征［J］. 煤炭学报，2018，43（8）：2304-2310.

［81］陈敏，陈孝杨，王校刚，等. 煤矿区重构土壤剖面水气变化及其对温度梯度的响应［J］. 煤炭学报，2021，46（4）：1309-1319.

［82］李新举，胡振琪，李晶，等. 采煤塌陷地复垦土壤质量研究进展［J］. 农业工程学报，2007（6）：276-280.

［83］Chen X Y, Yan J P, Yang X F. Physio-chemical properties and hydraulic characteristics of reconstruction soil filling with fly ash［J］. Advanced Materials Research，2012，356-360（5）：2669-2672.

［84］吕刚，吴祥云. 土壤入渗特性影响因素研究综述［J］. 中国农学通报，2008（7）：494-499.

［85］孙增慧，张扬，王欢元. 基于HYDRUS-1D模型的土壤容重对水分入渗影响的研究［J］. 西部大开发（土地开发工程研究），2017，2（7）：20-27.

［86］荣颖，王淳，胡振琪. 表土替代材料不同夹层位置对风沙土水分入渗和蒸发的影响［J］. 农业资源与环境学报，2022，39（5）：967-977.

[87] 王晓彤, 胡振琪, 赖小君, 等. 黏土夹层位置对黄河泥沙充填复垦土壤水分入渗的影响[J]. 农业工程学报, 2019, 35 (18): 86-93.

[88] Wang X T, Hu Z Q, Liang Y S. Impact of interlayer on moisture characteristics of reclaimed soil backfilled with Yellow River sediments[J]. International Journal of Agricultural and Biological Engineering, 2020, 13 (1): 153-159.

[89] 陈秋计, 吴锦忠, 侯恩科, 等. 采煤塌陷裂缝区重构土壤水分特性研究[J]. 煤炭技术, 2015, 34 (11): 308-310.

[90] 孙洁. 露天矿区采煤水位下降和土壤重构对地下水补给的影响[J]. 煤矿安全, 2021, 52 (5): 59-65.

[91] 杨永刚, 苏帅, 焦文涛. 煤矿复垦区土壤水动力学特性对下渗过程的影响[J]. 生态学报, 2018, 38 (16): 5876-5882.

[92] 郭婷婷. 矿区不同重构方式下土壤水文性质研究[D]. 太原: 山西大学, 2020.

[93] 王晓彤, 胡振琪, 梁宇生. 基于Hydrus-1D的黄河泥沙充填复垦土壤夹层结构优化[J]. 农业工程学报, 2022, 38 (2): 76-86.

[94] 李品芳, 杨永利, 兰天, 等. 天津滨海盐渍土客土改良后的土壤理化性质与持水特性[J]. 农业工程学报, 2017, 33 (7): 149-156.

[95] 汪怡珂, 罗昔联, 花东文, 等. 毛乌素沙地复配土壤水分特征曲线模型筛选研究[J]. 干旱区资源与环境, 2019, 33 (6): 167-173.

[96] 王鑫, 肖武, 刘慧芳, 等. 锡林浩特矿区土壤水分特征曲线和有效含水量预测[J]. 煤炭科学技术, 2020, 48 (4): 169-177.

[97] 陈勇, 王智炜, 戴明月, 等. 干湿循环对土-水特征曲线影响的预测模型[J]. 工业建筑, 2017, 47 (12): 21-25, 95.

[98] Bordoni M, Bittelli M, Valentino R, et al. Improving the estimation of complete field soil water characteristic curves through field monitoring data[J]. Journal of Hydrology, 2017, 552: 283-305.

[99] 袁志辉. 干湿循环下黄土的强度及微结构变化机理研究[D]. 西安: 长安大学, 2015.

[100] 池秋慧, 董金玉. 不同饱和度下黏粒含量对土体强度特性的影响[J]. 土工基础, 2020, 34 (2): 190-193.

[101] Kalachuk T G, Shirina N V. About Irreversible Changes in Soils Strength Properties after Dynamic Loads[J]. IOP Conference Series: Materials

Science and Engineering, 2020, 753(2): 22051-22057.

[102] 申春妮, 方祥位, 王和文, 等. 吸力、含水率和干密度对重塑非饱和土抗剪强度影响研究[J]. 岩土力学, 2009, 30(5): 1347-1351.

[103] Khasanov A Z, Khasanov Z A. Experimental and Theoretical Study of Strength and Stability of Soil[M]. London: CRC Press, 2019.

[104] 邓华锋, 肖瑶, 方景成, 等. 干湿循环作用下岸坡消落带土体抗剪强度劣化规律及其对岸坡稳定性影响研究[J]. 岩土力学, 2017, 38(9): 2629-2638.

[105] 李焱, 汤红英, 邹晨阳. 多次干湿循环对红土裂隙性和力学特性影响[J]. 南昌大学学报(工科版), 2018, 40(3): 253-256.

[106] 汪时机, 杨振北, 李贤, 等. 干湿交替下膨胀土裂隙演化与强度衰减规律试验研究[J]. 农业工程学报, 2021, 37(5): 113-122.

[107] 周健, 徐洪钟, 胡文杰. 干湿循环效应对膨胀土边坡稳定性影响研究[J]. 岩土工程学报, 2013, 35(S2): 152-156.

[108] 卫杰, 张晓明, 张鹤, 等. 干湿循环对崩岗不同层次土体无侧限抗压强度的影响[J]. 水土保持学报, 2016, 30(5): 107-111.

[109] 简文彬, 胡海瑞, 罗阳华, 等. 干湿循环下花岗岩残积土强度衰减试验研究[J]. 工程地质学报, 2017, 25(3): 592-597.

[110] Chen R, Xu T, Lei W D, et al. Impact of multiple drying-wetting cycles on shear behaviour of an unsaturated compacted clay[J]. Environmental Earth Sciences, 2018, 77(19): 1-9.

[111] Aldaood A, Bouasker M, Al-Mukhtar M. Impact of wetting-drying cycles on the microstructure and mechanical properties of lime-stabilized gypseous soils[J]. Engineering Geology, 2014, 174: 11-21.

[112] Sayem H M, Kong L, Yin S. Effect of drying-wetting cycles on saturated shear strength of undisturbed residual soils[J]. American Journal of Civil Engineering, 2016, 4(4): 143-150.

[113] Lu N, Kim T H, Sture S, et al. Tensile strength of unsaturated sand[J]. Journal of Engineering Mechanics, 2009, 135(12): 1410-1419.

[114] 李宝安. 冻融循环和干湿交替对黄土力学性质的影响及其在边坡工程中的应用[D]. 兰州: 兰州理工大学, 2017.

[115] Mehrdad K, Kamarudin A, Nazri A, et al. Collapse/swell potential of residual laterite soil due to wetting and drying-wetting cycles[J]. National

Academy Science Letters, 2014, 37(2): 147–153.

[116] 于佳静, 陈东霞, 王晖, 等. 干湿循环下花岗岩残积土抗剪强度及边坡稳定性分析[J]. 厦门大学学报(自然科学版), 2019, 58(4): 614–620.

[117] 汤连生, 桑海涛, 宋晶, 等. 非饱和花岗岩残积土粒间联结作用与脆弹塑性胶结损伤模型研究[J]. 岩土力学, 2013, 34(10): 2877–2888.

[118] 王晖. 干湿循环作用下花岗岩残积土边坡模型试验研究及数值分析[D]. 厦门: 厦门大学, 2018.

[119] Hong L, Yan W, Tian P Z, et al. Dry and Wet Cycle Tri-Axial Test Research of Silt[J]. Applied Mechanics and Materials, 2011, 90–93: 41–43.

[120] 陈留凤, 彭华. 干湿循环对硬黏土的土水特性影响规律研究[J]. 岩石力学与工程学报, 2016, 35(11): 2337–2344.

[121] Gallage C, Tavo U, et al. Direct shear testing on unsaturated silty soils to investigate the effects of drying and wetting on shear strength parameters at low suction[J]. Journal of geotechnical and geoenvironmental engineering, 2016, 142(3): 1–9.

[122] 许旭堂, 简文彬, 吴能森. 反复吸湿循环对原状残积土剪切特性的影响[J]. 中国公路学报, 2017, 30(2): 33–40.

[123] 黄英, 程富阳, 金克盛. 干湿循环下云南非饱和红土土—水特性研究[J]. 水土保持学报, 2018, 32(6): 97–106.

[124] 李兆瑞. 合肥地区重塑膨胀土土水特征曲线研究[D]. 合肥: 安徽建筑大学, 2018.

[125] 吴珺华, 杨松. 滤纸法测定干湿循环下膨胀土基质吸力变化规律[J]. 农业工程学报, 2017, 33(15): 126–132.

[126] 冯立, 张茂省, 孙萍萍, 等. 非饱和土脱湿与吸湿水力特性对比研究[J]. 水文地质工程地质, 2016, 43(2): 134–139.

[127] Aubertin M, Mbonimpa M, Bussière B, et al. A model to predict the water retention curve from basic geotechnical properties[J]. Canadian Geotechnical Journal, 2003, 40(6): 1104–1122.

[128] Thyagaraj T, Rao S M. Influence of osmotic suction on the soil-water characteristic curves of compacted expansive clay[J]. Journal of Geotechnical

and Geoenvironmental Engineering, 2010, 136 (12): 1695-1702.

［129］Villar M V, Lloret A. Influence of temperature on the hydro-mechanical behaviour of a compacted bentonite［J］. Applied Clay Science, 2003, 26 (1): 337-350.

［130］Trinh M T, Harianto R, Eng-Choon L. Soil-water characteristic curve and consolidation behavior for a compacted silt［J］. Canadian Geotechnical Journal, 2007, 44 (3): 266-275.

［131］何芳婵, 张俊然. 原状膨胀土干湿过程中持水特性及孔隙结构分析［J］. 应用基础与工程科学学报, 2022, 30 (3): 736-747.

［132］易亮. 红黏土土水特征及湿化特性试验研究［D］. 湘潭: 湖南科技大学, 2015.

［133］张芳枝, 陈晓平. 反复干湿循环对非饱和土的力学特性影响研究［J］. 岩土工程学报, 2010, 32 (1): 41-46.

［134］赵佳敏, 张爱军, 牛丽思, 等. 考虑体应变及干湿循环的黑龙江膨胀土土水特征研究［J］. 西北农林科技大学学报（自然科学版）, 2021, 49 (1): 143-154.

［135］马学宁, 张宇钦, 张沛云, 等. 反复干湿循环对重塑非饱和黄土力学特性影响［J］. 铁道工程学报, 2022, 39 (1): 1-6.

［136］张沛云. 干湿循环条件下重塑非饱和黄土强度演化机理及边坡稳定性研究［D］. 兰州: 兰州交通大学, 2019.

［137］杨继凯, 郑明新. 密度及干湿循环影响下的煤系土土—水特征曲线［J］. 华东交通大学学报, 2018, 35 (3): 91-96.

［138］李向宁, 倪万魁, 王熙俊, 等. 干湿循环过程中压实黄土的胀缩变形特性研究［J］. 地下空间与工程学报, 2021, 17 (1): 179-188.

［139］汪时机, 王晓琪, 李达, 等. 膨胀土干湿循环裂隙演化及其土—水特征曲线研究［J］. 岩土工程学报, 2021, 43 (S1): 58-63.

［140］Leong E C. Unsaturated soil mechanics with probability and statistics［J］. International Journal of Geotechnical Engineering, 2022, 16 (6): 786.

［141］赵天宇, 王锦芳. 考虑密度与干湿循环影响的黄土土水特征曲线［J］. 中南大学学报（自然科学版）, 2012, 43 (6): 2445-2453.

［142］胡大为. 基于干湿循环效应的红黏土力学特性与孔隙结构研究［D］. 湘潭: 湖南科技大学, 2017.

［143］Calusi B, Tramacere F, Gualtieri S, et al. Plant root penetration and growth as a mechanical inclusion problem［J］. International Journal of Non-Linear Mechanics, 2020, 120: 103344.

［144］Burylo M, Hudek C, Rey F. Soil reinforcement by the roots of six dominant species on eroded mountainous manly slopes (Southern Alps, France)［J］. Catena, 2011, 84 (1-2): 70-78.

［145］刘武江, 赵燚柯, 段青松, 等. 不同播种方式草本植物土壤团聚体特征及对根系固土力的影响［J］. 水土保持研究, 2021, 28 (6): 25-31.

［146］刘向峰, 张强, 郝国亮, 等. 草本植物根系类型和分布对根土复合体无侧限抗压强度的影响［J］. 长江科学院院报, 2023, 40 (9): 106-111, 117.

［147］段青松, 王金霞, 和贵祥, 等. 不同草本植物根土复合体无侧限抗压强度增量与根系分布特征关系［J］. 云南大学学报（自然科学版）, 2019, 41 (4): 832-841.

［148］王保辉, 朱连奇. 不同布根形式对草本植物根土复合体抗剪强度试验［J］. 水土保持学报, 2018, 32 (6): 118-122.

［149］张立芸, 段青松, 李永梅. 坡耕地山原红壤大豆根系构型及根土复合体力学特性［J］. 中国生态农业学报（中英文）, 2022, 30 (9): 1464-1476.

［150］张立芸, 段青松, 范茂攀, 等. 玉米和大豆根系对滇中地区坡耕地红黏土抗剪强度的影响［J］. 土壤学报, 2022, 59 (6): 1527-1539.

［151］许桐, 刘昌义, 胡夏嵩, 等. 柴达木盆地4种盐生植物根系力学特性及根—土复合体抗剪强度研究［J］. 水土保持研究, 2021, 28 (3): 101-110.

［152］王耕, 周腾禹, 韦杰. 紫色土和黄壤草本根土复合体抗剪性能试验研究［J］. 中国水土保持, 2019 (4): 34-37.

［153］李本锋, 朱海丽, 谢彬山, 等. 黄河源区河岸带高寒草甸植物根—土复合体抗拉特性研究［J］. 岩石力学与工程学报, 2020, 39 (2): 424-432.

［154］杨锐婷, 格日乐, 郝需婷, 等. 不同类型土壤—柠条根系复合抗剪力学特性的比较［J］. 土壤通报, 2021, 52 (4): 821-827.

［155］苏日娜, 格日乐, 郝需婷, 等. 3种植物根—土复合体抗剪特性的影响因素［J］. 内蒙古农业大学学报（自然科学版）, 2021, 42 (3): 26-31.

[156] 袁亚楠, 刘静, 李诗文, 等. 小叶锦鸡儿根土界面摩阻特性及复合体抗剪强度研究[J]. 干旱区资源与环境, 2022, 36 (7): 173-179.

[157] 肖宏彬, 田青青, 李珍玉, 等. 林草混交根—土复合体的抗剪强度特性[J]. 中南林业科技大学学报, 2014, 34 (2): 1-5.

[158] 陈攀, 葛永刚, 孙庆敏, 等. 根—土复合体抗剪强度影响因素研究[J]. 应用力学学报, 2024 (4).

[159] 田佳, 及金楠, 钟琦, 等. 贺兰山云杉林根土复合体提高边坡稳定性分析[J]. 农业工程学报, 2017, 33 (20): 144-152.

[160] 吕春娟, 陈丽华, 陈卫国, 等. 根土复合体的抗剪特性研究[J]. 灌溉排水学报, 2016, 35 (3): 13-19.

[161] 王月, 杜峰, 周敏, 等. 陕北林草混交根土复合体抗剪强度研究[J]. 水土保持研究, 2018, 25 (2): 213-219.

[162] 田佳, 曹兵, 及金楠, 等. 花棒根—土复合体直剪试验的有限元数值模拟与验证[J]. 农业工程学报, 2015, 31 (16): 152-158.

[163] 田佳, 曹兵, 及金楠, 等. 防风固沙灌木花棒沙柳根系生物力学特性[J]. 农业工程学报, 2014, 30 (23): 192-198.

[164] 徐华, 袁海莉, 王歆宇, 等. 根系形态和层次结构对根土复合体力学特性影响研究[J]. 岩土工程学报, 2022, 44 (5): 926-935.

[165] 睢子凡. 植物根系固土机理及边坡稳定性分析[D]. 长沙: 中南林业科技大学, 2021.

[166] 周云艳, 陈建平, 王晓梅. 植物根系固土护坡机理的研究进展及展望[J]. 生态环境学报, 2012, 21 (6): 1171-1177.

[167] Stokes A, Douglas G B, Fourcaud T, et al. Ecological mitigation of hillslope instability: ten key issues facing researchers and practitioners [J]. Plant and Soil, 2014, 377 (1-2): 1-23.

[168] Lin D G, Huang B S, Lin S H. 3-D numerical investigations into the shear strength of the soil-root system of Makino bamboo and its effect on slope stability [J]. Ecological Engineering, 2010, 36 (8): 992-1006.

[169] 吴宏伟. 大气—植被—土体相互作用: 理论与机理[J]. 岩土工程学报, 2017, 39 (1): 1-47.

[170] 刘琦. 植被对土体基质吸力及力学效应影响的试验研究[D]. 宜昌: 三峡大学, 2018.

[171] 郑宏刚, 尚彦, 廖晓虹, 等. 流域生态环境中土地—水—植物资源利

用三角形稳定关系研究[J]. 云南农业大学学报, 2005 (6): 96-101.

[172] 张甘霖, 史舟, 朱阿兴, 等. 土壤时空变化研究的进展与未来[J]. 土壤学报, 2020, 57 (5): 1060-1070.

[173] 谢红虹. 我国土壤发生学分类和系统分类之间的参比研究[J]. 赤峰学院学报（自然科学版）, 2014, 30 (12): 40-41.

[174] 李小雁. 水文土壤学面临的机遇与挑战[J]. 地球科学进展, 2012, 27 (5): 557-562.

[175] 龚杰, 陈瑜欣, 付小秋, 等. 土壤酸化改良剂对烟株农艺性状、土壤pH值及青枯病发生的影响[J]. 植物医生, 2021, 34 (1): 35-40.

[176] 石彦琴, 陈源泉, 隋鹏, 等. 农田土壤紧实的发生、影响及其改良[J]. 生态学杂志, 2010, 29 (10): 2057-2064.

[177] 郭旭东, 谢俊奇. 新时代中国土地生态学发展的思考[J]. 中国土地科学, 2018, 32 (12): 1-6.

[178] 郭旭东, 谢俊奇, 李双成, 等. 土地生态学发展历程及中国土地生态学发展建议[J]. 中国土地科学, 2015, 29 (9): 4-10.

[179] 甄李, 黄岩. 谈土地生态学理论构架[J]. 黑龙江科技信息, 2012 (22): 108.

[180] 杨万勤, 宋光煜, 韩玉萍. 土壤生态学的理论体系及其研究领域[J]. 生态学杂志, 2000, 19 (4): 53-56.

[181] 田慧, 谭周进, 屠乃美, 等. 少免耕土壤生态学效应研究进展[J]. 耕作与栽培, 2006 (5): 10-12.

[182] 朱永官, 陈保冬, 付伟. 土壤生态学研究前沿[J]. 科技导报, 2022, 40 (3): 25-31.

[183] 姚华荣, 吴绍洪, 曹明明, 等. 区域水土资源的空间优化配置[J]. 资源科学, 2004 (1): 99-106.

[184] Claessens L, Hopkinson C, Rastetter E, et al. Effect of historical changes in land use and climate on the water budget of an urbanizing watershed [J]. Water Resources Research, 2006, 42 (3): 1-13.

[185] Cheng K, Fu Q, Chen X, et al. Adaptive allocation modeling for a complex system of regional water and land resources based on information entropy and its application [J]. Water Resources Management, 2015, 29 (14): 4977-4993.

[186] Zsolnay A, Hermosin M C, Piccolo A, et al. The effect of soil mineral-

organic matter interaction on simazine adsorption and desorption [J]. Developments in Soil Science, 2002, 28 (1): 137-142.

[187] 周鹏, 邓伟, 彭立, 等. 典型山地水土要素时空耦合特征及其成因 [J]. 地理学报, 2019, 74 (11): 2273-2287.

[188] 崔学刚, 方创琳, 刘海猛, 等. 城镇化与生态环境耦合动态模拟理论及方法的研究进展 [J]. 地理学报, 2019, 74 (6): 1079-1096.

[189] 李丹, 胡国华, 黎夏, 等. 耦合地理模拟与优化的城镇开发边界划定 [J]. 中国土地科学, 2020, 34 (5): 104-114.

[190] 郝康宁. 非饱和网纹红土土—水特征曲线的研究 [D]. 长沙: 中南大学, 2014.

[191] 叶云雪, 徐帆, 刘小文, 等. 基于各向等压压缩和土的收缩试验预测脱湿路径下的土水特征曲线 [J]. 岩土工程学报, 2023, 45 (4): 847-854.

[192] 荀佳常. 压力板测定土水特征曲线与非饱和渗透系数的试验研究 [D]. 西安: 长安大学, 2022.

[193] 贾升安, 李春阳, 黄海峰, 等. 基于土—水特征曲线试验的非饱和土强度预测 [J]. 水运工程, 2022 (12): 225-231.

[194] 颜荣涛, 徐玉博, 颜梦秋. 含水合物土体的土水特征曲线及渗透系数 [J]. 岩土工程学报, 2023, 45 (5): 921-930.

[195] 张洁, 阳帅, 谭泽颖, 等. 基于粒径分布曲线的非饱和砂土土水特征曲线概率预测模型 [J]. 工程地质学报, 2022, 30 (2): 301-308.

[196] 王长虹, 杜昊东, 柳伟, 等. 考虑非饱和渗透系数随机场统计特征的库岸老滑坡稳定性分析 [J]. 岩土工程学报, 2023, 45 (2): 327-335.

[197] 伏映鹏, 廖红建, 吕龙龙, 等. 考虑接触角及粒径级配影响的土水特征曲线滞回模型 [J]. 岩土工程学报, 2022, 44 (3): 502-513.

[198] 李军, 刘奉银, 王磊, 等. 关于土水特征曲线滞回特性影响因素的研究 [J]. 水利学报, 2015, 46 (S1): 194-199.

[199] 谢定义. 非饱和土土力学 [M]. 北京: 高等教育出版社, 2015.

[200] 蔡佳亮, 殷贺, 黄艺. 生态功能区划理论研究进展 [J]. 生态学报, 2010, 30 (11): 3018-3027.

[201] 汪丽媛, 强鹏翔, 文震. 中国矿区环境生态系统研究 [J]. 科技传播, 2010 (9): 96-97.

[202] 白中科, 周伟, 王金满, 等. 再论矿区生态系统恢复重建 [J]. 浙江

国土资源，2019（1）：20.

[203] 杨新国，刘春虹，王磊，等. 荒漠草原生态恢复与重建：人工植被推动下水分介导的系统响应、生态阈值与互馈作用［J］. 生态学报，2023，43（1）：95-104.

[204] 曹永强，郭明，刘思然，等. 基于文献计量分析的生态修复现状研究［J］. 生态学报，2016，36（8）：2442-2450.

[205] 陈亚宁，李卫红，陈亚鹏，等. 科技支撑新疆塔里木河流域生态修复及可持续管理［J］. 干旱区地理，2018，41（5）：901-907.

[206] 李新荣，张志山，刘玉冰，等. 长期生态学研究引领中国沙区的生态重建与恢复［J］. 中国科学院院刊，2017，32（7）：790-797.

[207] 王军，钟莉娜. 景观生态学在土地整治中的应用研究进展［J］. 生态学报，2017，37（12）：3982-3990.

[208] 赵凌美，张时煌，王辉民. 基于生态服务功能评价方法的小流域生态恢复效果研究［J］. 生态经济，2012（2）：24-28.

[209] 安文明，韩晓阳，李宗善，等. 黄土高原不同植被恢复方式对土壤水分坡面变化的影响［J］. 生态学报，2018，38（13）：4852-4860.

[210] 张莹. 挠力河流域耕地利用水土资源优化配置研究［D］. 沈阳：东北大学，2019.

[211] 姚英. 农用地整治综合效益评价及利用模式研究［D］. 泰安：山东农业大学，2022.

[212] 张玲玲. 基于系统动力学的南极磷虾资源可持续发展研究［D］. 南京：南京大学，2013.

[213] 桂宝义. 云南大面积红壤的改良和利用［J］. 生态经济，1989（1）：49-52.

[214] 王辉，黄正忠，谭帅，等. 再生水灌溉对红壤水力特性的影响［J］. 农业工程学报，2019，35（17）：120-127.

[215] Wang W, Zhang C, Guo J, et al. Investigation on the triaxial mechanical characteristics of cement-treated subgrade soil admixed with polypropylene fiber［J］. Applied Sciences，2019，9（21）：4557.

[216] 张灿印，张学建，张云龙. 纤维加筋改良土的研究进展［J］. 北方建筑，2023，8（1）：6-9.

[217] 朱超杰. 干湿循环作用下水泥改良土的路用性能研究［D］. 张家口：河北建筑工程学院，2022.

[218] 蒋潇伊. 木质素纤维—水泥改良土力学性能与微观结构研究[D]. 南昌: 东华理工大学, 2022.

[219] 胡振琪, 魏忠义, 秦萍. 矿山复垦土壤重构的概念与方法[J]. 土壤, 2005(1): 8-12.

[220] 李晋川, 白中科, 柴书杰, 等. 平朔露天煤矿土地复垦与生态重建技术研究[J]. 科技导报, 2009, 27(17): 30-34.

[221] Smagin A V, Sadovnikova N B. Creation of soil-like constructions[J]. Eurasian Soil Science, 2015, 48(9): 981-990.

[222] 程纪元, 白中科, 杨博宇, 等. 土地复垦美学视觉评价: 以黄土高原矿区为例[J]. 地学前缘, 2021, 28(4): 165-174.

[223] 欧阳扬, 李叙勇. 干湿交替频率对不同土壤CO_2和N_2O释放的影响[J]. 生态学报, 2013, 33(4): 1251-1259.

[224] Xu J, Xiong W, Guo X, et al. Properties of using excavated soil waste as fine and coarse aggregates in unfired clay bricks after dry-wet cycles[J]. Case Studies in Construction Materials, 2022, 17: e1471.

[225] 白培勋, 余建. 干湿交替对土壤结构、土壤抗蚀性的影响机理述评[J]. 水土保持应用技术, 2022(4): 45-48.

[226] 董青山. 地基处理与基坑支护工程[J]. 工程造价管理, 2017(2): 16-17.

[227] 何群, 冷伍明, 魏丽敏. 软土抗剪强度与固结度关系的试验研究[J]. 铁道科学与工程学报, 2005(2): 51-55.

[228] 倪九派, 高明, 魏朝富, 等. 土壤含水率对浅层滑坡体不同层次土壤抗剪强度的影响[J]. 水土保持学报, 2009, 23(6): 48-50.

[229] 龚晓南. 软黏土地基土体抗剪强度若干问题[J]. 岩土工程学报, 2011, 33(10): 1596-1600.

[230] 王军, 崔志鹏, 严刚, 等. 考虑应力历史及密实状态的漫滩相软土剪切强度研究[J]. 工程勘察, 2023, 51(7): 13-19.

[231] 张玲玲. 冻融循环作用下黄土抗剪强度及微观结构研究[D]. 太原: 太原理工大学, 2021.

[232] 刘子壮, 高照良, 杜峰, 等. 黄土高原高速公路护坡植物根系分布及力学特性研究[J]. 水土保持学报, 2014, 28(4): 66-71.

[233] 彭泽乾. 植被对欠稳定边坡自我修复影响机制研究[D]. 重庆: 重庆交通大学, 2018.

[234] 李云鹏, 陈建业, 陈学平, 等. 五种护坡草本植物根系固土效果研究 [J]. 中国水土保持, 2021 (1): 41-45.

[235] 曹磊, 马海天才. 不同草本植物根系力动力学及抗压力特征研究 [J]. 干旱区资源与环境, 2019, 33 (1): 164-170.

[236] 张旭. 黄河下游堤防生态护坡措施试验与效果评价 [D]. 济南: 济南大学, 2022.

[237] 赵奕博, 尹钊, 史常青, 等. 大清河流域河岸植被带污染物净化能力研究 [J]. 水土保持学报, 2022, 36 (5): 130-135.

[238] 张璐, 刘渊博, 雷孝章. 黑麦草密度对坡面水流阻力影响的试验研究 [J]. 灌溉排水学报, 2020, 39 (6): 99-106.

[239] 吴旭, 牛耀彬, 高照良, 等. 不同治理措施下高速公路堆积体土壤团聚体变化特征 [J]. 水土保持研究, 2022, 29 (3): 71-77.

[240] 李玉亭婷. 不同种植模式对废弃地重构土体改良效果研究 [D]. 咸阳: 西北农林科技大学, 2019.

[241] 程平. 剪切速率对直剪固结快剪试验指标的影响浅析 [J]. 城市道桥与防洪, 2019 (10): 164-166.

[242] Yuan K Z, Ni W K, Lü XF. Collapse Behavior and Microstructural Change of Loess under Different Wetting-Drying Cycles [J]. IOP Conference Series Earth and Environmental Science, 2020, 598: 012036.

[243] Wang Y, Zhang A, Ren W, et al. Study on the soil water characteristic curve and its fitting model of ili loess with high level of soluble salts [J]. Journal of Hydrology, 2019, 578: 1-10.

[244] 谌文武, 刘鹏, 刘伟, 等. 接触面滑坡滑带土吸力的滤纸法测试 [J]. 岩土工程学报, 2018, 40 (S1): 112-117.

[245] 李华, 李同录, 江睿君, 等. 基于滤纸法的非饱和渗透性曲线测试 [J]. 岩土力学, 2020, 41 (3): 895-904.

[246] 张爱军, 王毓国, 邢义川, 等. 伊犁黄土总吸力和基质吸力土水特征曲线拟合模型 [J]. 岩土工程学报, 2019, 41 (6): 1040-1049.

[247] 唐栋, 李典庆, 金浩飞, 等. 国产"双圈"牌滤纸吸力率定曲线研究 [J]. 武汉大学学报 (工学版), 2016, 49 (1): 1-8.

[248] 沈世钊. 大跨空间结构理论研究和工程实践 [J]. 中国工程科学, 2001 (3): 34-41.

[249] 李秋元, 孟德顺. Logistic 曲线的性质及其在植物生长分析中的应用 [J].

西北林学院学报，1993（3）：81-86.

[250] Zhao Y Q, Wang W K, Wang Z F, et al. Physico-empirical methods for estimating soil water characteristic curve under different particle size［J］. IOP Conference Series：Earth and Environmental Science，2018，191（1）：012018.

[251] 刘奉银，张昭，周冬，等. 密度和干湿循环对黄土土—水特征曲线的影响［J］. 岩土力学，2011，32（S2）：132-136.

[252] Zhang C, Liu W, Li X, et al. Study on the influence of composite soil on the slope stability of farmland during in land consolidation［J］. Environmental Earth Sciences，2022，81（5）：1-12.

[253] Ning L, Murat K, Brian D C, et al. Hysteresis of unsaturated hydromechanical properties of a silty soil［J］. Journal of Geotechnical and Geoenvironmental Engineering，2013，139（3）：507-510.

[254] Mu Q Y, Dong H, Liao H J, et al. Water-retention curves of loess under wetting-drying cycles［J］. Géotechnique Letters，2020，10（1）：1-6.

[255] Robinson R G, Allam M M. Cyclic swelling behavior of clays：Closure［J］. Journal of Geotechnical and Geoenvironmental Engineering，1997，123（8）：784-785.

[256] 张川，张玉锴，李淑芳，等. 干湿交替下木纤维重构红壤的水力特性［J］. 农业工程学报，2023，39（8）：103-110.

[257] 黄钢，郑明新，王庆，等. 鄂州航空港通渠河岸植物根系加固土体的机理［J］. 水土保持通报，2021，41（1）：15-21，28.

[258] 姚喜军. 四种灌木、半灌木根系枝叶耦合固土力学特性差异性［D］. 呼和浩特：内蒙古农业大学，2014.

[259] 刘武江，段青松，杨松，等. 不同改良剂对红壤土水特征曲线及吸附强度的影响［J］. 灌溉排水学报，2023，42（9）：68-78.

[260] 谢祥荣，陈正发，朱贞彦，等. 根土复合体力学效应及其模型构建研究进展与展望［J］. 水土保持学报，2024，38（2）：13-28.

[261] 张川，谢祥荣，段青松，等. 木纤维重构红壤下根系特征对根土复合体剪切特性的影响［J］. 农业工程学报，2024，40（4）：143-151.

[262] Zhang C, Li H X, Li B, et al. Effect of contact angle hysteresis on measuring matric suction in unsaturated sandy soil［J］. Geomatics, Natural Hazards and Risk，2023，14（1）：2232677.